摄影测量学

SHEYING CELIANGXUE

龚 涛·编著

西南交通大学出版社
·成 都·

图书在版编目（CIP）数据

摄影测量学 / 龚涛编著. —成都：西南交通大学出版社，2014.4（2017.6 重印）

ISBN 978-7-5643-2992-1

Ⅰ. ①摄… Ⅱ. ①龚… Ⅲ. ①摄影测量学 Ⅳ. ①P23

中国版本图书馆 CIP 数据核字（2014）第 055070 号

摄影测量学

龚 涛 编著

责任编辑	杨 勇
助理编辑	姜锡伟
特邀编辑	曾荣兵
封面设计	墨创文化
出版发行	西南交通大学出版社 （四川省成都市二环路北一段 111 号 西南交通大学创新大厦 21 楼）
发行部电话	028-87600564 028-87600533
邮政编码	610031
网 址	http: //press.swjtu.edu.cn
印 刷	成都蓉军广告印务有限责任公司
成品尺寸	185 mm × 260 mm
印 张	14.5
字 数	361 千字
版 次	2014 年 4 月第 1 版
印 次	2017 年 6 月第 2 次
书 号	ISBN 978-7-5643-2992-1
定 价	32.00 元

前　言

摄影测量学是通过摄影影像，研究信息的获取、处理、分析和成果表达的一门信息科学。自 1839 年法国涅普斯和达盖尔发明了摄影术，1851 年法国陆军上校劳塞达将摄影术应用于测绘领域开始，摄影测量便迅速发展为 20 世纪以来大面积获取地形信息和空间数据的快速而有效的方法，并广泛应用于国家基础测绘以及有空间数据需求的各个领域。

作为一门科学技术，历经近两百年的发展，摄影测量学不仅形成了自成系统的成熟理论、技术方法和实用设备，而且还形成了独具特色的从航空摄影到外业工作到内业处理的严密作业流程。为此，本书完整地介绍了摄影测量的基本原理和技术处理方法，全面地介绍了航空摄影、外业控制测量和调绘的作业设计与实施，并介绍了摄影测量不断发展的摄影设备和摄影测量处理设备。

20 世纪 90 年代，随着数字摄影测量的突破性发展，摄影测量进入了新的里程碑式阶段，为此，本书详细地介绍了数字摄影测量的关键技术，以及摄影测量数字产品的表达形式和方法。

本书对摄影测量的各个环节进行了详细、全面的介绍，目的是为广大摄影测量教师、学生以及工程人员提供一本能够自学、参考、实用的摄影测量文献。

感谢西南交通大学重点专业（地理信息系统）建设专项基金对本书出版的经费支持！感谢西南交通大学教材建设研究课题的支持！

黄璐、龚勤在本书的编撰过程中，对作者给予了极大的帮助和支持，付出了辛勤的劳动，在此表示诚挚感谢！感谢陈宇坤、何睿、陈东、鲁艺玲、毛金艳在本书文字录入中给予的帮助！

感谢西南交通大学出版社万方总编辑、曾荣兵编辑对本书的认真审校和热情支持！

摄影测量还在不断的发展中，尤其是计算机技术和测绘新技术与摄影测量的交叉和渗透，将促使摄影测量技术和相关生产设备更上新台阶，促使摄影测量的应用领域不断拓宽发展。由于编者水平有限，书中难免存在不足之处，诚恳欢迎读者批评指正。

龚　涛

2013 年 10 月成都西南交通大学

目 录

第1章 绪 论 …… 1
1.1 摄影测量学的定义与任务 …… 1
1.2 摄影测量学的发展历程 …… 2
思 考 题 …… 7
第2章 影像获取 …… 8
2.1 摄影机 …… 8
2.2 航空摄影的基础知识 …… 18
2.3 航空摄影 …… 23
思 考 题 …… 28
第3章 摄影测量的解析基础 …… 29
3.1 摄影测量的常用坐标系 …… 29
3.2 航摄像片的方位元素 …… 31
3.3 坐标变换 …… 34
3.4 中心投影的构像方程 …… 39
3.5 单像空间后方交会 …… 42
3.6 立体视觉原理与立体观测 …… 48
3.7 立体像对的特殊点、线、面 …… 54
3.8 多像空间前方交会 …… 55
3.9 双像解析的空间后方交会-前方交会方法 …… 57
3.10 解析法相对定向 …… 58
3.11 解析法绝对定向 …… 69
3.12 光束法双像摄影测量 …… 76
3.13 双像解析摄影测量三种方法的比较 …… 79
思 考 题 …… 79
第4章 解析空中三角测量 …… 81
4.1 概 述 …… 81
4.2 像点坐标量测与系统误差预改正 …… 82
4.3 航带法空中三角测量 …… 85
4.4 光束法区域网空中三角测量 …… 97
4.5 独立模型法空中三角测量简介 …… 103

4.6 三种区域网空中三角测量方法的比较……105
4.7 解析空中三角测量的精度分析……107
4.8 系统误差补偿与自检校光束法空中三角测量……109
4.9 GPS 辅助空中三角测量……113
4.10 机载 POS 系统对地定位……117
思考题……121

第 5 章 摄影测量的外业工作……122

5.1 摄影测量外业工作的任务和作业流程……122
5.2 像片联测……123
5.3 像片调绘……129
思考题……132

第 6 章 数字摄影测量……133

6.1 数字影像……133
6.2 数字影像的采样与量化……135
6.3 特征提取……141
6.4 核线影像……154
6.5 影像匹配的基本原理和方法……159
6.6 最小二乘影像匹配……172
6.7 特征匹配……180
思考题……191

第 7 章 摄影测量成果的数字表达……192

7.1 数字高程模型……192
7.2 数字正射影像……211
7.3 数字摄影测量系统……219
思考题……225

参考文献……226

第1章　绪　论

1.1　摄影测量学的定义与任务

摄影测量学是通过影像研究信息获取、处理、分析和成果表达的一门信息科学。摄影测量学的基本含义是基于影像的量测和解译。

国际摄影测量与遥感学会 ISPRS（International Society of Photogrammetry and Remote Sensing）1988 年给摄影测量与遥感的定义是：摄影测量与遥感是对非接触传感器系统获得的影像及其数字表达，进行记录、量测和解译，从而获得自然物体及其环境的可靠信息的一门工艺、科学和技术。

摄影测量学的主要任务是用于测制各种比例尺的地形图，建立地形数据库，为各种地理信息系统、土地信息系统以及各种工程应用提供空间基础数据，同时服务于非地形领域，如工业、建筑、生物、医学、考古等领域。

摄影测量学的研究内容包括：目标物影像的获取；影像处理的理论、技术和方法；影像信息的提取及成果表达的方法和相应设备。

摄影测量学的主要特点有：无需接触目标物本身，可直接在影像上进行量测和解译；受自然和地理条件的限制少；能够快速、大面积地获取目标物及其背景的空间信息；可以摄得动态物体的瞬间影像。摄影测量所摄得的像片及其他各种类型的影像，均是客观物体或目标的真实反映，信息丰富、逼真，从中可获得所研究物体的大量几何信息和物理信息。这些物体可以是固体的、液体的、气体的；可以是静态的、动态的；可以是微小的（如电子显微镜下放大几千倍的细胞），也可以是巨大的（如宇宙星体）。

上述灵活性使得摄影测量学成为能够多方面应用的一种测量手段和空间数据集成与分析的方法。随着现代航天技术、传感器技术、数字图像处理技术、模式识别技术和计算机技术的飞速发展，摄影测量学的学科领域得到了更为广泛的拓展，可以这样说：只要物体能够被摄影成像，都可以使用摄影测量技术解决某一方面的问题。

摄影测量学可以从不同的角度进行分类：

（1）根据摄影机平台与目标物距离的远近，可分为航天摄影测量、航空摄影测量、地面摄影测量、近景摄影测量和显微摄影测量。

（2）根据技术处理手段，可分为模拟摄影测量、解析摄影测量和数字摄影测量。

（3）根据用途不同，可分为地形摄影测量和非地形摄影测量。地形摄影测量的目的是测制各种比例尺的地形图，建立地形数据库；而非地形摄影测量则不是以测制地形图为目的，其服务领域和研究对象千差万别，如工业、建筑、考古、军事、生物医学、变形监测、资源调查、体育等方面。

1.2 摄影测量学的发展历程

摄影测量有着悠久的历史，它的发展经历了三个阶段：从最初的模拟摄影测量阶段，发展到解析摄影测量阶段，现在已进入数字摄影测量阶段。

早在 18 世纪，数学家兰勃特就在他的著作中论述了摄影测量的基础——透视几何理论。1839 年法国涅普斯和达盖尔发明了摄影术，并用于测量，摄影测量学就开始了它的发展历程。

1851—1859 年，法国陆军上校劳塞达利用“明箱”装置测制了万森城堡图，当时采用的是图解法进行逐点交会摄影测量。由于当时飞机尚未发明，摄影测量的几何交会仅限于处理地面正面摄影，主要用作建筑摄影测量，并未用于地形测量。劳塞达被称为摄影测量之父，这一阶段被视为摄影测量学的真正起点。

20 世纪初有了基于影像的立体观察方法，1901 年有了立体坐标量测仪，1909 年维也纳军事地理研究所按照奥雷尔的构想研制了“1318 立体测图仪”。当时，这些仪器主要用于地面摄影测量。

在 1858 年，纳达首次在气球上获得从空中拍摄地面的照片。1903 年莱特兄弟发明了飞机，使航空摄影测量成为可能。1906 年劳伦士用 17 只风筝拍下了旧金山大火的珍贵历史性大幅照片。第一次世界大战中第一台航空摄影机问世。

由于航空摄影较地面摄影具有明显的优势，如视场开阔、无前景遮挡后景、可快速获取大面积地区的像片等，使得航空摄影测量成为 20 世纪以来大面积测制地形图的最有效的快速方法。

1.2.1 模拟摄影测量

20 世纪 30 年代，德国 Zeiss 厂进一步发展了“1318 立体测图仪”，成功地制造了能够处理航空摄影像片的实用立体测图仪。这类仪器设备可根据航空摄影像片，利用光学和机械方法交会出被摄物的空间位置，故称之为模拟测图仪。其间各国测量仪器厂研制和生产了各种类型的模拟测图仪，主要针对地形的航空摄影测量处理和测图。至此，摄影测量进入了模拟摄影测量阶段。

模拟摄影测量是用光学或机械方法模拟摄影过程，采用两个或两个以上的投影器恢复并模拟摄影时相邻像片的空间位置、姿态和相互关系，形成一个与实地相似的缩小的几何模型。这一模拟过程称为摄影过程的几何反转，如图 1.1 和图 1.2 所示。在此几何模型上量测相当于在实地进行量测。根据所得的结果，通过机械或齿轮传动方式直接在绘图桌上绘出各种图件，如地形图或各种专题图。

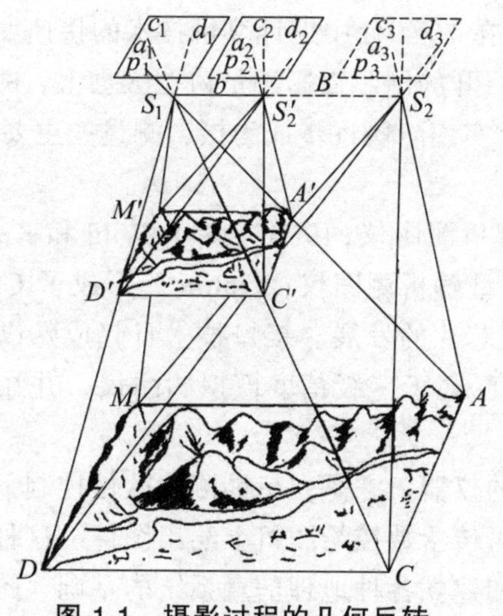

图 1.1　摄影过程的几何反转

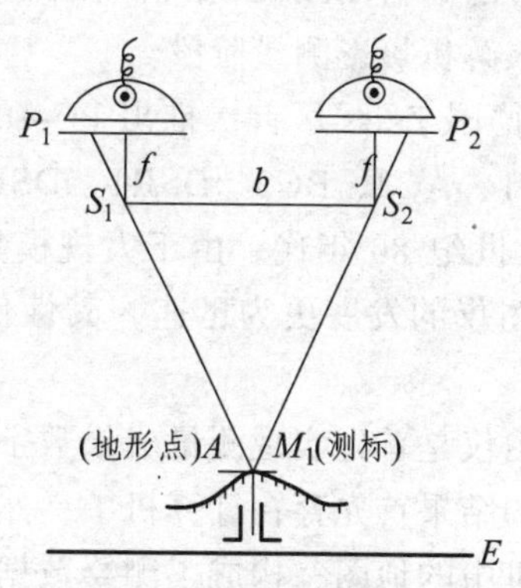

图 1.2　立体量测

在模拟摄影测量半个多世纪的发展阶段中，摄影测量的发展可以说基本上是围绕着十分昂贵的模拟测图仪进行的，到 20 世纪 60 ~ 70 年代，模拟测图仪发展到了顶峰。这一时期的摄影测量工作者都自豪地欣赏着德国摄影测量大师 Gruber 的一句名言：摄影测量就是能够避免烦琐计算的一种技术。在我国，航空摄影测量始于 1930 年，模拟摄影测量一直延伸到 20 世纪 80 年代。图 1.3、图 1.4 是不同类型的模拟立体测图仪。

图 1.3　Wild　A10 模拟立体测图仪

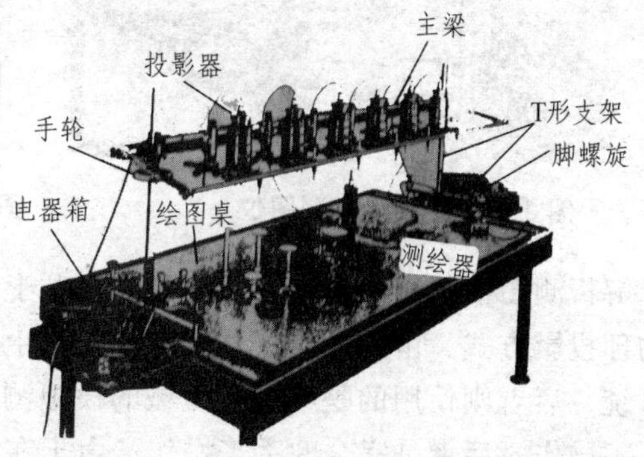

图 1.4　多倍仪

1.2.2　解析摄影测量

随着计算机的问世，人们自然会想到如何用它来完成摄影测量中复杂的几何解算和大量的数值计算。这便出现了始于 20 世纪 50 年代末的解析空中三角测量技术。解析空中三角测量是快速并大面积精确测定点位的摄影测量方法。它是计算机技术用于摄影测量的第一项成果，先后发展了航带法解析空中三角测量、独立模型法解析空中三角测和光束法解析空中三角测三种方法。光束法原理由施密特教授提出，独立模型法归功于阿克曼教授。

美国著名摄影测量学者 Helava 教授于 1957 年提出了利用计算机技术进行解析测图的思想。1961 年，意大利的 OMI 公司确信 Helava 教授的新思想是摄影测量仪器设备的发展方向，并与美国的 Bendix 公司合作制造出了第一台解析测图仪 AP/1。限于计算机的发展水平，解析测图仪经历了近二十年的研制和试用阶段，在70年代中期计算机技术的快速发展使得解析测图仪进入了商用阶段。1976年在赫尔辛基召开的国际摄影测量协会大会上，由7家厂商展出了8种型号的解析测图仪，解析测图仪走上实用阶段逐步成为摄影测量的主要设备。至此，摄影测量进入解析摄影测量阶段。

1976年德国Zeiss厂首次推出PC-100解析测图仪；1980年瑞士Wild和Kern厂相继推出AC1、BC1、AC2、BC2、DSR1、DSR11型解析测图仪；Opton厂形成了C系列解析测图仪。到20世纪80年代，由于大规模集成芯片的发展、接口技术日趋成熟以及微机的发展，解析测图仪的发展更为迅速，其性价比已高于一级精度模拟测图仪，并在全世界得到广泛应用。

解析测图仪是首先实现测量成果数字化的仪器。它是在机助测图软件控制下，将在立体模型上测得的结果首先存在计算机中，然后再传给数控绘图机上绘出图件。这种以数字形式存储在计算机中的地图，构成了测绘数据库和建立各种地理信息系统的基础。图1.5、图1.6是不同类型的解析测图仪。

图1.5 BC2解析测图仪

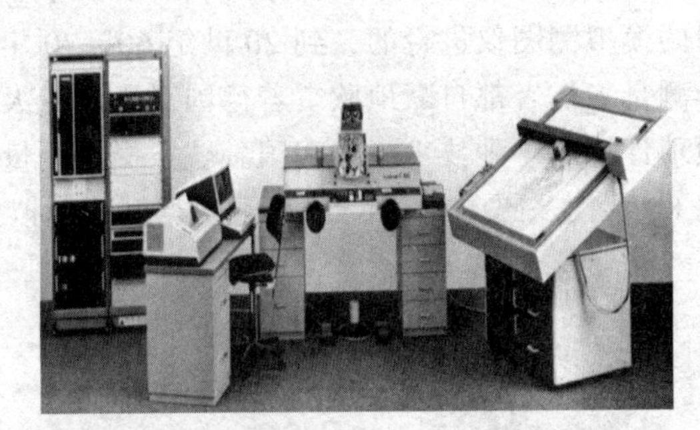

图1.6 C100解析测图仪

解析测图仪与模拟测图仪的主要区别在于：前者使用的是数字投影方式，后者使用是模拟物理投影方式，由此导致仪器设计和结构上的不同——前者是由计算机控制的影像坐标量测系统，后者则使用的是纯光学机械的模拟测图装置；操作上的不同——前者是计算机辅助的人工操作，后者是完全的手工操作；由于在解析测图仪中应用了计算机，因此免除了定向的烦琐过程及测图过程中的许多手工作业方式。但解析测图仪与模拟测图仪都只能处理光学像片，并都需要人眼立体观测和人工操作测图，其产品主要是模拟产品，即描绘在纸上的线画地图或印在相纸上的影像图。

为了使解析测图仪得到的数字地图更好地满足建立数据库的要求，自1987年以来，解析测图仪的发展已进入以数据库管理系统控制下的数据采集工作站的第三个发展阶段。解析测图仪也不再是一种专门由国际上大型摄影测量仪器公司生产的仪器，有的图像处理公司也能生产。例如：Zeiss厂的P系列是在PHOCUS这一航测与制图通用数据库系统下进行数据采集；Wild厂和Prime公司联合推出的System 9是以面向特征的数据库管理系统为中心，在该系统上配有BC3解析测图仪的P工作站或实现地图数字化的D工作站，以及图形编辑E工作站；Kern厂的DSR-15也与相应的地理信息系统INFOCAM相连接。这样一来，摄影测量就成为地理信息系统获取数据和更新数据的重要手段。

解析摄影测量时期的另一类仪器是生产正射影像的数控正射投影仪。随着模数转换技术、电子计算机与自动控制技术的发展，由于正射影像比传统的线画地图更形象、直观，且信息量丰富，正射影像作为摄影测量的产品受到广泛的欢迎。数控正射投影仪是利用数字投影方法进行量测、制图和制作正射影像的摄影测量设备。图 1.7 和图 1.8 即数控正射投影仪。

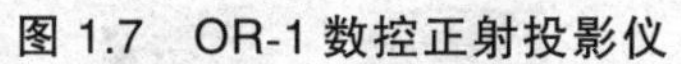

图 1.7　OR-1 数控正射投影仪

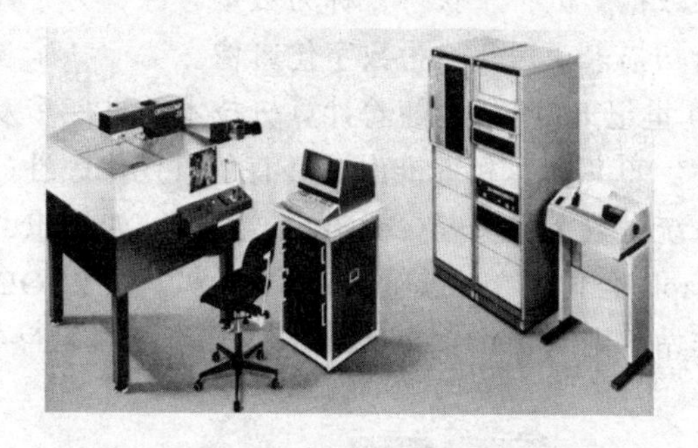

图 1.8　Z-2 数控正射投影仪

解析摄影测量的发展，使得非地形摄影测量不再受模拟测图仪的限制，而有了新的生命力。其中尤其是近景摄影测量，它通过对所测目标进行各种方式的摄影来研究和监测其外形和几何位置，包括不规则物体的外形测量、动态目标的轨迹测量、燃烧爆炸与晶体生长等不可接触物体的外形测量，在非地形领域开拓了广泛的应用范围。

1.2.3　数字摄影测量

数字摄影测量的发展起源于摄影测量自动化的实践，即利用相关技术，实现自动化测图。摄影测量自动化是摄影测量工作者多年来所追求的理想，它主要研究如何用计算机代替人完成摄影测量的任务，如同名像点的识别与量测、立体模型的建立等。

1950 年，美国工程兵研究发展实验室与 Bausch and Lomb 光学仪器公司合作研制了第一台摄影测量自动化测图仪，当时是将像片上灰度的变化转换成电信号，利用电子相关技术实现自动化。这种努力经历了多年的发展，先后在模拟测图仪、解析测图仪上实施。

与此同时，摄影测量学者也进行着将影像灰度转换成的电信号，进一步转变成数字信号的数字相关技术研究，最终成功应用于摄影测量的自动化测图。美国于 20 世纪 60 年代初研制成功的 DAMC 系统就是属于这种全数字的自动化测图系统。它采用 Wild 厂生产的 STK-1 精密立体坐标量测仪进行影像数字化，然后用一台 IBM7094 计算机实现摄影测量自动化。中国王之卓教授于 1978 年提出了发展全数字自动化测图系统的设想与方案，并于 1985 年完成了全数字自动化测图系统 WUDAMS，采用的是数字方式实现摄影测量自动化。因此，数字摄影测量是摄影测量自动化测图的必然产物。

数字摄影测量是将摄影测量的基本原理与计算机视觉相结合，从数字影像中自动提取所摄目标用数字方式表达的几何与物理信息，从而获得各种形式的数字产品和可视化产品。实现数字影像自动化测图的系统称为数字摄影测量系统，它实质上是一个普通的计算机影像数据处理系统。

这里的数字产品包括数字高程模型 DEM（Digital Elevation Model）、数字正射影像 DOM（Digital Orthophoto Map）、数字线划图 DLG（Digital Line Graphic）、测量数据库、地理信息

系统 GIS（Geographic Information System）等；可视化产品包括地形图、专题图、纵横剖面图、透视图、正射影像图、电子地图、动画地图等。

数字影像或数字化影像的获取方法：一是直接用各种类型的数字摄影机（如 CCD 阵列扫描仪或摄影机）来获得，称为数字影像；另一种是用各种数字化扫描仪对以胶片记录的像片进行扫描来获得，称为数字化影像。

20 世纪 80 年代，随着计算机技术的进一步发展，开始研究数字摄影测量的全数字化处理软件。90 年代，相继推出了具有划时代代表性的数字摄影测量工作站，它是利用强大的计算机系统对数字影像进行摄影测量处理，如 Leica 公司的 Helava 数字摄影测量系统 DPW、Intergraph 公司的 ImageStation、Zeiss 厂的 PHODIS、中国适普公司的 VirtuoZo 数字摄影测量工作站（见图 1.9）、北京四维公司的 JX-4 数字摄影测量工作站（见图 1.10）等。

图 1.9　VirtuoZo 数字摄影测量工作站

图 1.10　JX-4 数字摄影测量工作站

随着计算机技术、数字图像处理、模式识别、人工智能、专家系统以及计算机视觉等多学科的相互渗透和不断发展，数字摄影测量的内涵已远远地超出了传统摄影测量的范围，现已被公认为摄影测量的第三个发展阶段。数字摄影测量与传统的模拟摄影测量和解析摄影测量的最大区别在于：它处理的原始资料是数字影像或数字化影像，最终是以计算机视觉代替人的立体观测，因而所使用的仪器最终将只是通用计算机及其相应外部设备；其产品是数字形式的，传统的产品只是该数字产品的模拟输出。

数字摄影测量的发展还导致了实时摄影测量的问世。实时摄影测量是用 CCD 等数字摄影机直接对目标进行数字影像获取，并直接输入计算机系统，在实时软件作用下，在一个视频周期内获得和提取所需的信息，并用来控制对目标的操作，主要用于医学诊断、工业过程控制、机器人视觉等。由于这种方法能用计算机代替人眼的立体观测过程，因而是一种计算机视觉方法。

综上所述，摄影测量经历了模拟摄影测量、解析摄影测量和数字摄影测量三个发展阶段。表 1.1 所示为摄影测量三个发展阶段的主要特点。

表 1.1　摄影测量三个发展阶段的主要特点

发展阶段	原始资料	投影方式	仪器	操作方式	产品
模拟摄影测量	像片	物理投影	模拟测图仪	作业员手工	模拟产品
解析摄影测量	像片	数字投影	解析测图仪	机助作业员操作	模拟产品 数字产品
数字摄影测量	数字化影像 数字影像	数字投影	计算机+外围设备	自动化操作+作业员的干预	数字产品 模拟产品

当代新型传感器技术、全球定位技术、通信技术以及计算机技术等相关领域的发展，为摄影测量的发展提供了机遇和广阔的前景，当代数字摄影测量的内涵已远远超出了传统摄影测量学的范畴。

思 考 题

1. 摄影测量学的定义、任务、特点及研究内容各是什么？摄影测量有哪些分类？
2. 摄影测量的三个发展阶段是什么？各有何特点？
3. 数字摄影测量与传统摄影测量的区别是什么？

第 2 章　影像获取

2.1　摄影机

2.1.1　摄影原理

摄影是根据小孔成像原理进行的。在小孔处安装一个摄影物镜，在成像处放置感光材料，物体的投射光线经摄影物镜后聚焦于感光材料上，感光材料受摄影光线的光化学作用后生成潜像，再经摄影处理得到光学影像，这一过程称为摄影。被摄物在感光材料上的影像是摄影所获取的成果，此成果称为像片。摄影的主要工具是摄影机。

2.1.2　摄影机的结构

摄影机的结构形式繁多，但其基本结构大致相同，均由镜箱和暗箱两个基本部分组成，如图 2.1 所示。

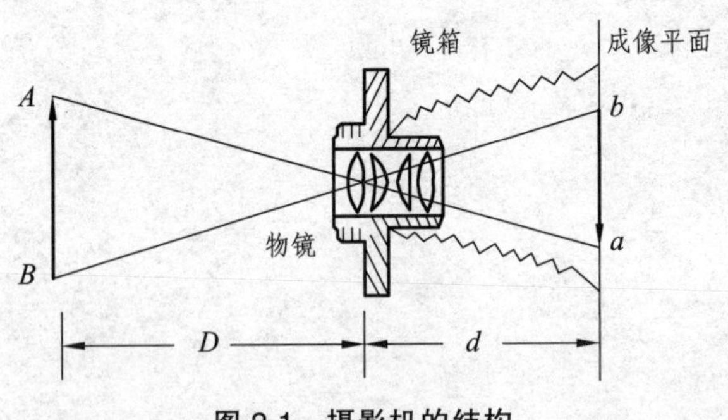

图 2.1　摄影机的结构

镜箱是摄影机的光学部分，包括物镜筒、镜箱体和像框平面。物镜筒内嵌有物镜、光圈和快门，是摄影机的重要组件；镜箱体是可以调节摄影物镜与像框平面之间距离的封闭筒；像框平面是光线通过摄影物镜后的成像平面。

1. 摄影物镜

影像的质量主要取决于摄影物镜的品质。摄影机的物镜是一个复杂的光学系统，在摄影时起成像和聚光作用。物镜能聚集被摄物较多的投射光线，使得成像平面上的影像有较高的亮度。为了克服单透镜物镜的像差影响，摄影机的物镜通常由几个透镜组合而成，物镜中各个透镜的光学中心位于同一直线上，这条直线称为主光轴。

平行于主光轴的入射光线，通过透镜后都与主光轴交于一点，称为主焦点。主焦点有两个：F_1 为物方主焦点；F_2 为像方主焦点。过焦点垂直于主光轴的平面称为焦平面。如图 2.2 所示。

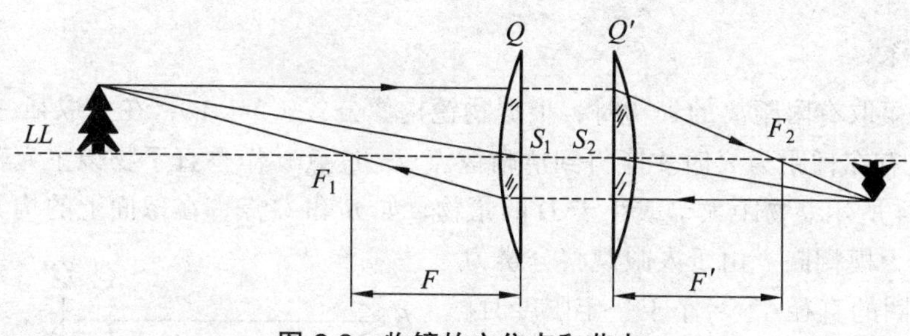

图 2.2　物镜的主焦点和节点

在镜头的主光轴上，有两个节点 S_1 和 S_2，分别称为物镜的前节点和后节点。从节点至焦点的距离称为镜头的焦距，$S_1F_1=F$，$S_2F_2=F'$ 因两节点的距离很小，通常把两个节点看做一点，称为物镜中心，用 S 表示。主光轴过物镜中心 S 与像平面垂直。

2. 物镜的构像与光圈

在图 2.3 中，物方主平面 Q 到物点 A 的距离 D，称为物距，像方主平面 Q'到像点 a 的距离 d 称为像距，物镜的焦距为 F，它们之间满足光学构像公式：

$$\frac{1}{D}+\frac{1}{d}=\frac{1}{F} \tag{2-1-1}$$

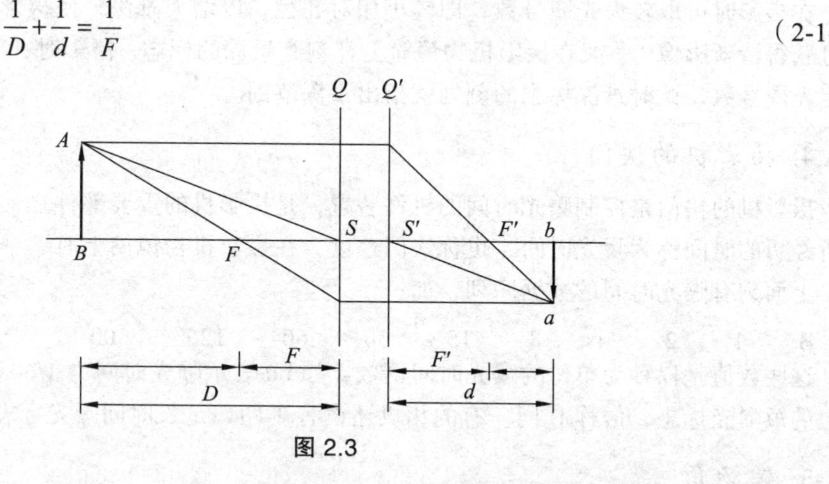

图 2.3

式（2-1-1）表示：若物点 A 发出的所有投射光线，经理想物镜聚焦后，所有对应的折射光线均会聚于像点 a 上，则这个像点是清晰的。

实际摄影时，所使用的物镜都不是理想的，通过物镜边缘部分的投射光线常常会引起较大的影像模糊和变形。为限制物镜边缘部分的使用，并控制和调节进入物镜的光量，通常在物镜筒中间设置一个光圈。

光圈为虹形形式，它由多个镰形黑色金属薄片组成，中央形成一个圆孔，孔径大小可用光圈环调节，它是一个可以改变的光栏。为了改善物镜各种像差对影像变形的影响，通常将光圈放置在物镜的两透镜组之间，可控制光束柱面积的真实光圈孔径，称为有效孔径，用 k 表示。

有效孔径 k 与物镜焦距 F 之比，作为控制影像亮度的一个因素，称为相对孔径（k/F）。相对孔径的倒数 $K = F/k$，称为光圈号数。焦平面上影像的亮度与光圈号数的平方成反比，使用的光圈号数越大，影像的亮度就越小。

3. 景　深

用摄影机摄取有限距离的景物时，根据物镜构像公式（2-1-1），在摄取某一物距为 D 的物点 A 时，只有在像距为 d 时才能得到清晰像点 a，过点 a 作垂直于物镜主光轴的平面为像平面，如图 2.4 所示。物距大于或小于 D 的景物，如 B 和 C 点，在像面上的构象将形成一个模糊圆斑，称为模糊圈。由于人眼观察分辨力有限，当模糊圈的直径 ε_1、ε_2 小于一定限度时，模糊圈的影像仍然是一个清晰点，这样，在远景点 B 和近景点 C 之间，沿主光轴这一段间距内的所有景物，在像面上的影像可以认为是清晰的。

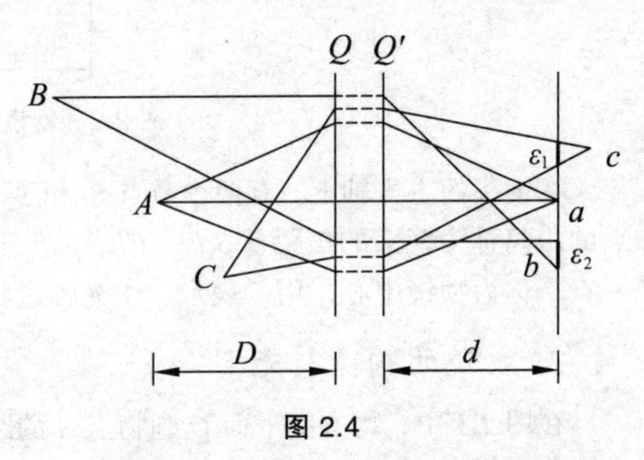

图 2.4

把摄影对光调焦于 D 距离时远景点 B 和近景点 C 之间的纵深间距称为景深。景深与物距、光圈号数及物镜焦距有关，物距越大或光圈号数越大，景深越大；焦距越大，景深越短。

在摄影时可取较大光圈号数，即较小相对孔径，以增大景深，使摄影对光不很准确时，仍可获得清晰影像。一般在摄影机物镜筒上都刻有景深的标志。摄影时，当调好焦对好光后，选定光圈号数，此时景深标志的刻划就指出景深范围。

4. 摄影机的快门

摄影机的快门是控制曝光时间的机件装置，是摄影机的重要部件之一。快门从打开到关闭所经历的时间称为曝光时间，也称快门速度。在摄影机物镜筒上有一个控制曝光时间的套环，上面刻有曝光时间的数据序列，如：

B　1　2　4　8　15　30　60　125　300

这些数值是以秒为单位的曝光时间倒数，如 60 表示曝光时间为 1/60 秒。符号 B 是 1 秒以上的短曝光标志，俗称 B 门。有的相机还设有 T 门，是长时间曝光标志。

5. 像场角

通过物镜的光线照射到焦平面上的照度是不均匀的，照度由中心到边缘逐渐降低。光线通过物镜后，焦面上照度不均匀的光亮圆称为镜头的视场。摄影时，影像相当清晰的一部分视场内的光亮圆称为像场。由物镜后节点向视场边缘射出的光线所张开的角称为视场角，用 2α 表示。由物镜后节点向像场边缘射出的光线所张开的角称为像场角，用 2β 表示。如图 2.5

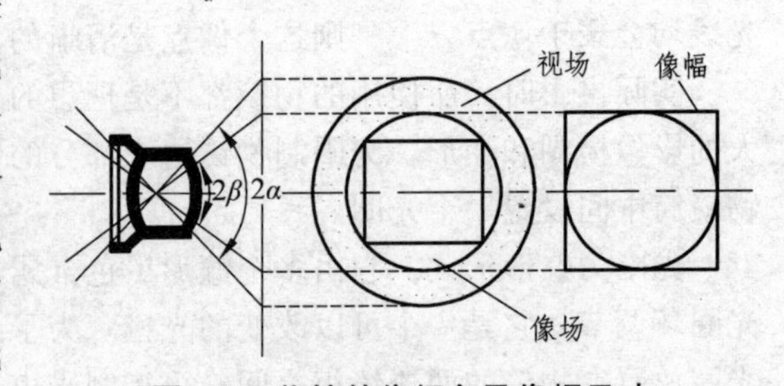

图 2.5　物镜的像场角及像幅尺寸

所示，像场内，圆内接（或外接）的正方形或矩形称为最大像幅，在焦距相同的条件下，像场角越大，摄影范围也越大；同样，在像幅尺寸相同的条件下，上述结论也成立。

6. 镜头的分辨率

镜头的分辨率 R 表示镜头对被摄物体微小细节的分辨能力，分辨率的大小是用焦平面上 1 mm 宽度内能清晰识别相互平行线的条目数来表示的，即 R = 线对/毫米（或 *lp*/mm）。标准的航摄胶片，其分辨率通常为 40 *lp*/mm，相当于 80 pixel/mm，或像元大小为 12.5 μm。

2.1.3 航空摄影机

几乎所有型号的摄影机都可用于航空摄影的影像获取，不过大部分航空摄影要求使用构造精密的专用航空摄影机，也称航摄仪。

传统的摄影测量学是利用光学摄影机所获取的摄影像片，研究和确定被摄物的形状、大小、位置、性质和相互关系的一门科学和技术。其中，光学摄影机及其相关的摄影平台或设备的工作原理构成了摄影测量影像获取的主要内容。随着摄影测量的发展以及数码相机的出现，摄影测量的影像获取方式变得非常灵活、多样。

1. 光学航空摄影机

光学航空摄影机属单镜头分幅摄影机。它的主要工作平台为飞机，其一般结构除了与普通光学摄影机一样具有物镜、光圈、快门、暗箱和检影器外，还有座架及其控制系统的各种设备以及压平装置，有的还有像移补偿器，以减少像片的压平误差和摄影过程中的像移误差。由于快门每启动一次只拍摄一幅影像，所以又称为框幅式摄影机。光学航空摄影机的结构略图如图 2.6 所示。

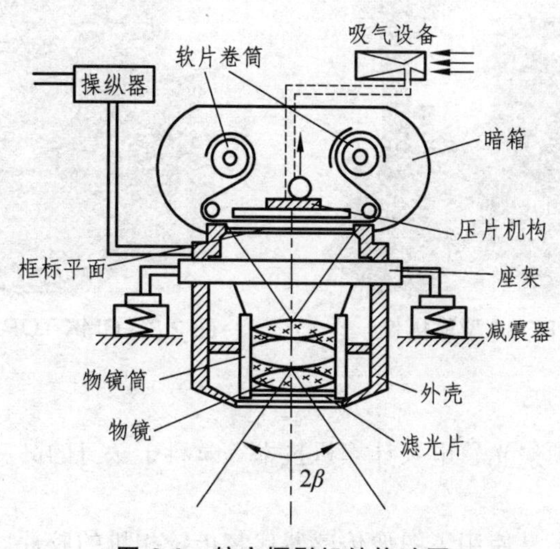

图 2.6 航空摄影机结构略图

航空摄影机的物镜要求具备良好的光学性能，其畸变差要小，分辨率要高，透光率要强。摄影机的机械结构要稳定，整个摄影系统应具备摄影过程的自动化装置，摄影机可快速连续拍摄大量像片，并能达到最佳的几何保真度。

与普通摄影机相区分的是：光学航空摄影机有框标装置，即在固定不变的承片框的四个边的中点各安置一个机械框标，或在承片框的四个角设置四个光学框标。两两相对的框标连线正交，其交点可用于确定像片像主点的概略位置。

由于航空摄影时，摄影物距比像距大很多，摄影机的物镜都是固定调焦于无穷远点处，因此，航空摄影机的物镜中心至成像平面的距离是固定值，称为摄影机的主距，通常用 f 表示。在航摄仪的设计上，主距等于摄影机物镜的焦距（$f=F$），这样的设计满足光学构像公式（2-1-1），可以保证成像始终是清晰的。

航摄仪结构设计时还要求像片的像主点（摄影机主光轴与像平面的交点称为像主点）应与框标坐标系的原点重合。由于制造技术上的误差，常常达不到完全重合的要求，所以需精确测定像主点在框标坐标系中的坐标值(x_0, y_0)。在摄影测量中，称(x_0, y_0)和 f 为像片的内方位元素。在航摄仪出厂时，厂家通常需精确测出内方位元素。因此，航摄仪的内方位元素是已知的。

在像场内，航摄像片的像幅均为圆内接正方形，尺寸为 18 cm × 18 cm 或 23 cm × 23 cm；底片暗盒能存放长达 120 m 或 152 m 的胶片。

为适应不同摄影要求，航摄仪按摄影机物镜的焦距和像场角分类，可分为：

短焦距航摄仪：焦距为 $F<150$ mm，像场角为 $2\beta>100°$。

中焦距航摄仪：焦距为 150 mm$<F<$300 mm，像场角为 $70°<2\beta<100°$。

长焦距航摄仪：焦距为 $F>300$ mm，像场角为 $2\beta\leqslant 70°$。

图 2.7 和图 2.8 是两种典型的框幅式光学航摄仪。

图 2.7 RC30 型航摄仪

图 2.8　RMK TOP 型航摄仪

2. 数码航空摄影机

数码相机技术是一项集光、电及计算机技术等学科于一身的高新技术，近年来得到快速发展和广泛应用。

数码相机的关键技术是使用了图像传感器代替传统相机的胶片。目前，数码相机图像传感器主要有电荷偶合器件（Charge Coupled Device—CCD）以及互补金属氧化物半导体（Complementary Metal-Oxide Semiconductor—CMOS）。两者都是利用感光二极管进行光电转换，将模拟信号转换为数字信号，它们的主要差异是数字数据传送的方式不同。

数码相机的结构包括：摄影物镜；图像传感器（CCD 或 CMOS）；模/数转换器（Analog/Digital—A/D 转换器），用于将 CCD 生成的模拟电信号转换为计算机可以识别的数字信号；数字信号处理器（Digital Signal Processor—DSP），对成像器件上获取的数字图像信号进行预处理；取景器（Liquid Crystal Display—LCD），利用液晶显示屏显示通过 CCD（或 CMOS）器件接收 DSP 预处理后传来的图像；存储卡等部件。

数码相机的工作过程主要有两大过程：一是将光信号转化为模拟电信号，进一步将其量化为数字信号；二是对得到的数字信号进行预处理，在 LCD 上重显出所拍摄的景物。

将 CCD（或 CMOS）排列在一行或一个矩形区域中，分别构成线阵数码相机或面阵数码相机。

为航空摄影测量目的设计制作的数码相机称为数码航空摄影机，属于专用摄影机。

数码航空摄影机可分为框幅式（也称面阵 CCD）数码航空摄影机和推扫式（也称线阵 CCD）数码航空摄影机两种。现有的商业化大像幅框幅式数码航摄仪的类型有 DMC、UCD、DiMAC、SWDC 等，推扫式数码航摄仪的类型主要有 ADS 系列（如 ADS40、ADS100）。

（1）DMC 数码航摄仪。

DMC（Digital Mapping Camera）由 Z/I Imaging 公司研制开发。它是基于面阵 CCD 技术的大像幅框幅式量测型数码航摄仪，其外形见图 2.9（a）。

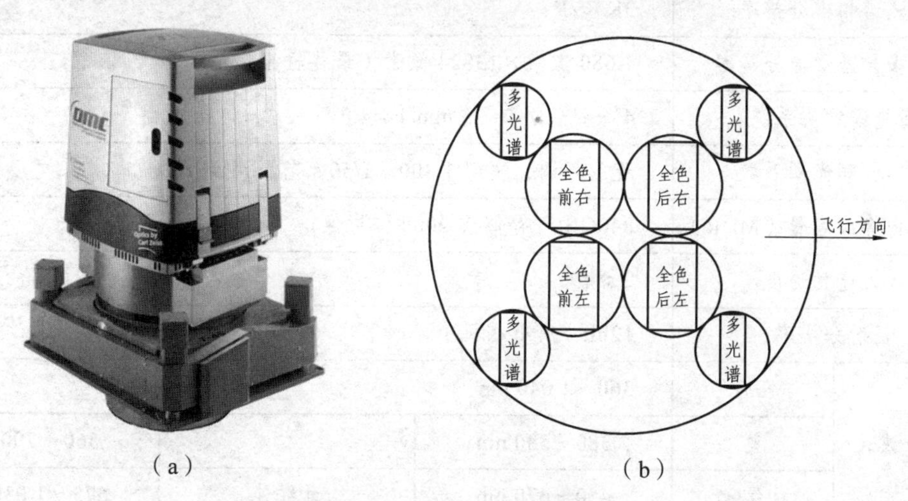

图 2.9　DMC 数码航摄仪

DMC 镜头系统由 Carl Zeiss 公司特别设计制作，由 8 个镜头组合而成。如图 2.9（b）所示，位于中间的为 4 个全色镜头，位于周围的是 4 个多光谱镜头（红、绿、蓝、近红外），每个单独镜头配有大面阵 CCD 传感器。4 个全色镜头为 7 K × 4 K 的 CCD 传感器，像素大小为 12 μm × 12 μm，提供大于 12 bit 的线性响应高动态范围；4 个多光谱镜头为 3 K × 2 K 的 CCD 传感器。

在航摄飞行中，DMC 数码航摄仪的 8 个镜头同步曝光，一次飞行可同步获取黑白、真彩色和彩红外数字影像。4 个全色镜头所获得的数字影像有部分重叠，通过拼接，可得到一幅具有虚拟投影中心、固定虚拟焦距的合成影像，影像大小为 7 680 像素 × 13 824 像素，合成影像的分辨率中间比四周高。4 个多光谱镜头所获得的影像，覆盖了 4 个全色镜头所获取的影像范围。全色影像和多光谱影像通过匹配和融合，可得到高分辨率的真彩色数字影像或彩红外影像数据，影像大小为 7 680 像素 × 13 824 像素。

DMC 采用 TDI（Time Deleyed Intergration）方式进行像移补偿，能补偿高速飞行引起的飞行方向的影像模糊。

DMC 数码航摄仪的主要性能参数见表 2.1。

表 2.1 到 DMC 数码航摄仪的主要性能参数

视场角		69.3°（旁向）×42°（航向）		
全色单一 CCD 面阵大小		7 K×4 K		
全色影像分辨率		7680 像素×13824 像素（最终输出影像）		
全色 CCD 像元尺寸		12 μm×12 μm		
像移补偿		TDI 方式		
全色镜头系统		4 个镜头，f= 12 mm/1：4.0，4 个 7 K×4 K CCD		
多光谱波段数		4 个，R、G、B、近红外（可定制其他波段）		
多光谱相机分辨率		3K×2K		
合成多光谱影像分辨率		7 680 像素×13824 像素（最终输出影像）		
多光谱镜头系统		4 个镜头，f= 25 mm/1：4.0		
快门值和光圈系数		连续可调，快门 1/300～1/50 s 光圈 f4 到 f22		
标配机内存储容量（MDR）		840GB(可存储大 2000 幅影像)		
最大连拍速度		2 s/幅		
辐射分辨率		12bit（所有相机）		
各波段波长	全色	360～1 040 nm		
	蓝	380～580 nm	红	560～700 nm
	绿	450～670 nm	近红外	675～1 030 nm

（2）ADS 数码航摄仪。

ADS（Airborne Digital Sensor）系列数码航摄仪由 Leica 公司研制开发。它是基于线阵 CCD 的推扫式数码航摄仪，其外形见图 2.10。下面介绍 ADS40 数码航摄仪。

典型的 ADS40 使用了 10 条 CCD 线阵，其中 4 条 12 K 的线阵用于彩色（蓝、绿、红）和彩红外的多光谱感光，全色波段使用了 3 对 CCD 线阵分别对前视（角度为 28.4°）、下视（角度为 0°）、后视（角度为 14.2°）三个方向感光。全色波段的每对 CCD 线阵采用 2 条 12 000 个元件的 CCD 线阵，

图 2.10 ADS40 数码航摄仪

为了获得高 1 倍的地面分辨率，2 条 CCD 线阵以半个像素的大小交错排列，可获得 24 K 宽度的条带数字影像。该航摄仪必须与 IMU/DGPS 系统集成，以对每行扫描数据进行校正。

ADS40 的成像方式不同于框幅式航摄仪的中心投影构象，它得到的是线中心投影的条带影像，每条扫描线有其独立的摄影中心，拍摄得到的是一整条带状无缝隙的影像。

推扫式成像方式可获得高质量的影像。但是在飞行过程中，由于传感器的位置和姿态的不稳定，使得扫描轨迹间不平行，得到的影像是扭曲变形的，必须使用 GPS/IMU 数据对原始影像（0 级数据）进行逐行纠正，得到具有良好的几何特征和坐标信息的 1 级数据，才能提交用户使用。ADS40 数码航摄仪的主要性能参数见表 2.2。

表 2.2　ADS40 数码航摄仪的主要性能参数

CCD 线阵动态范围	12 bit	
A/D 转换器采样率	14 bit	
数据带宽	16 bit	
数据格式	压缩 Raw 文件	
数据压缩因子	2.5～25 倍	
压缩数据辐射分辨率	8bit，适应信号水平	
线记录间隔	≥1.2 ms（≤800Hz）	
最高地面分辨率	5 cm	
焦　距	62.77 mm	
CCD 像元大小	6.5 μm	
全色波段线阵	2×12 000 像素，交叉排列	
RGB 和 NIR 波段线阵	12 000	
FOV 视场角	46°	
前视与下视方向夹角	28.4°	
后视与下视方向夹角	14.2°	
前视与后视方向夹角	42.6°	
各光普波段	波段	波长/nm
	Pan（全色）	465～680
	Red（红）	610～660
	Green（绿）	535～585
	Blue（蓝）	430～490
	NIR1（近红外 1）	703～757
	NIR2（近红外 2、可选）	833～887

（3）UCD 数码航摄仪。

UCD（UltraCam Digital）数码航摄仪由奥地利 Vexcel 公司开发制作，属于多镜头组成的框幅式数码航摄仪，其外观如图 2.11 所示。

UCD 的镜头组由 8 个小型镜头组成：中央是 4 个排成直线的全色波段镜头，其中 1 个主镜头，3 个附属镜头。执行航摄任务时，全色波段镜头的安置方向与航线方向保持一致，当相机拍摄时，由计算机控制 4 个镜头的快门在同一地点上方依次曝光，再将摄取的影像拼接起来得到具有相同摄影中心的中心投影影像，其合成的影像的分辨率中间和四周一致。周围是 4 个红、绿、蓝和近红外波段的镜头。

图 2.11 UCD 数码航摄仪

UCD 数码航摄仪的主要性能参数见表 2.3。

表 2.3 UCD 数码航摄仪的主要性能参数

影像画幅	相当于 23cm×15cm 的胶片画幅
影像数据格式	TIFF. JPEG. Tiled TIFF
相机传感器部分参数	
全色单一 CCD 面阵大小	4 008 像素×2 672 像素
全色波段形影像大小	11 500 像素×7 500 像素
全色波段 CCD 像元大小	9 μm
焦平面尺寸	103.5 mm×67.5 mm
全色镜头焦距（可更换镜头）	100 mm(75 mm,125mm)
全色镜头光圈	$F = 1/5.6$
全色影像底点视场角，横向（纵向）	55°（37°）
彩色（多光谱）获取能力	4 波段，R、G、B、NIR
彩色波段影像大小	4 008 像素×2 672 像素
彩色波段 CCD 像元大小	9 μm
彩色波段镜头焦距	28 mm
彩色波段镜头光圈	$F = 1/4.0$
彩色影像地点视场角，横向（纵向）	65°（46°）
快门速度	1/500 ~ 1/60 s
像移补偿	TDI 方式
最大像移补偿能力	50 像素
最高地面点分辨率，500m 航高（300m）	5cm（3cm）
最小拍摄间隔	小于 1 s（最快 0.75 s）
A/D 转换采样率	14 bit
彩色光谱分辨率	>12 bit

（4）SWDC 数码航摄仪。

SWDC 系列数码航摄仪是中国测绘科学研究院、北京四维远见信息技术有限公司等单位联合开发研制的，其外观见图 2.12。

SWDC 是基于多台非量测型数码相机，经过精密相机检校和拼接，并集成 GPS 接收机、数字罗盘、航空摄影控制系统、地面后处理系统提供的数字摄影测量数据源，得到能够满足航空摄影处理规范要求的大面阵数码航摄仪。

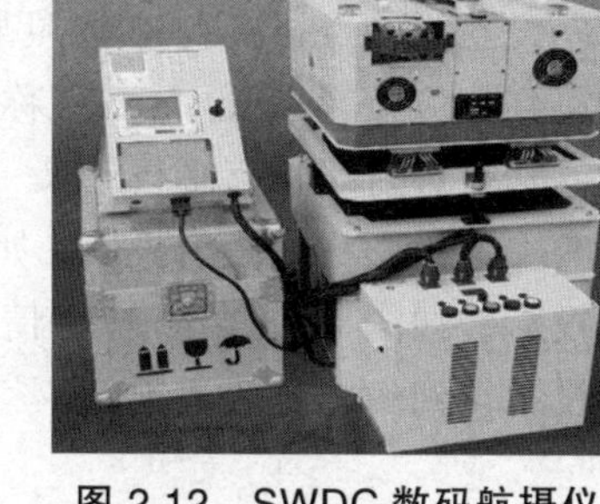

图 2.12 SWDC 数码航摄仪

SWDC 数码航摄仪的镜头有 3 组，可以根据需要更换 35 mm、50 mm 和 80 mm 焦距的镜头，直接获取天然真彩色影像，幅面大，视场角大、基高比大，高程精度高达 1/10 000，能实现空中摄影自动定点曝光，通过 GPS 辅助空三，可减少外业控制工作。该产品具有较强的数据处理软件功能，可实现对所获取影像的准实时、高精度的纠正和拼接。

表 2.4 是 4 镜头的 SWDC 数码航摄仪的主要技术参数。

表 2.4 SWDC 数码航摄仪的主要技术参数

参数	值
焦 距	35 mm/50 mm/80 mm
畸变差	$<2\times10^{-6}$
像素大小	6.8 μm/9 μm
拼接后虚拟影像像元数	13K×11K/11K×8K
像元角（弧度）	1/3 888| 1/5 555| 1/8 888(9×10^{-6} 时)
彩色/黑白	24bit RGB 真彩，无彩红外
旁向视场角 $2w_y$	112°/91°/59°
旁向覆盖能力（宽高比）	3.0/2.0/1.1
航向视场角 $2w_x$	95°/74°/49°
60%重叠度时的基高比	0.87/0.59/0.31
数据存储器（数码伴侣）	40～100G
一次飞行可拍影像数量	850～1700（空中更换数据伴侣可加倍）
最短曝光间隔	3 s
快门方式，曝光时间	中心镜间快门：1/320，1/500，1/800
光 圈	最大 3.5
感光度（ISO）	50/100/200/400
影像文件大小	1 300 M(9×10^{-6} 时)

2.2 航空摄影的基础知识

2.2.1 中心投影与正射投影

设空间物点 A、B、C 按照某种规律建立投影射线，取一平面 P 截割投影射线，在平面 P 内得到相应投影点 a、b、c，称平面 P 为投影面，平面内得到的图形为投影。

若投影射线相互平行于某一固定方向，称这种投影为平行投影，投影射线垂直于投影平面的平行投影称为正射投影，如图 2.13（a）所示；若投影射线汇聚于一点，称这种投影为中心投影，如图 2.13（b）三种情况均属中心投影。投影射线的会聚点 S 称为投影中心。由中心投影得到的图称为透视图。

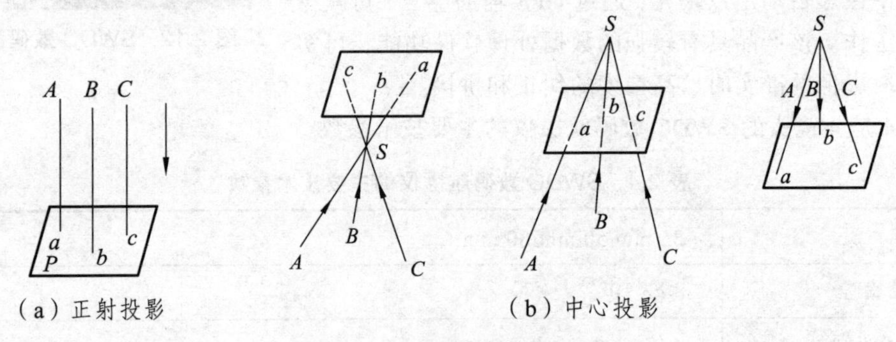

图 2.13 正射投影和中心投影

航摄像片是地面景物的摄影构象，这种影像是由地面上各点发出的光线通过航空摄影机物镜投射到成像平面上形成的，这些光线汇聚于投影中心 S（也称 S 为摄影中心），这样所得到的影像属于中心投影。

航摄像片是所摄地面的中心投影，如图 2.14 所示；与之相对应，地形图是地面点在水平面（小范围内将大地水准面视为平面）上的正射投影按比例尺在图面上的缩小，地形图是对应地面的正射投影。

如图 2.14 所示，中心投影有两种状态：一是投影平面和物点在投影中心的两侧，此时像片为负片，像片所处的位置为负片位置 P；二是投影平面与物点在投影中心的同一侧，此时像片为正片，像片所处的位置为正片位置 P'。正片相当于负片以投影中心作同等大小的投影晒片，二者与物点的几何关系完全相同。在后续讨论航摄像片的数学关系时，常采用正片位置。

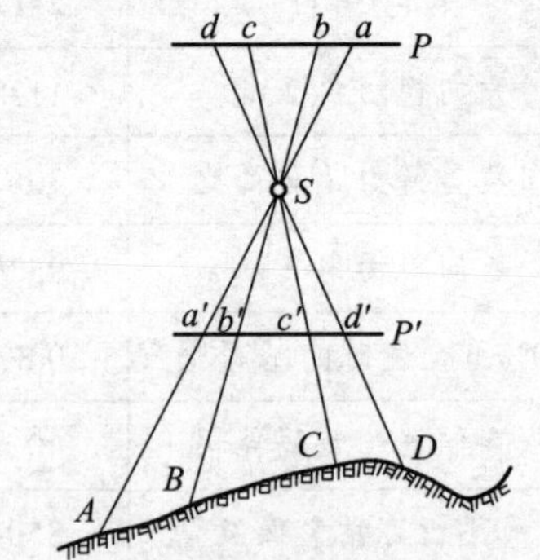

图 2.14 摄影像片为中心投影

2.2.2 航片上的特殊点、线、面

若设航摄像片对应地面为水平面，则像平面与地平面之间存在透视对应关系，如图 2.15 所示。

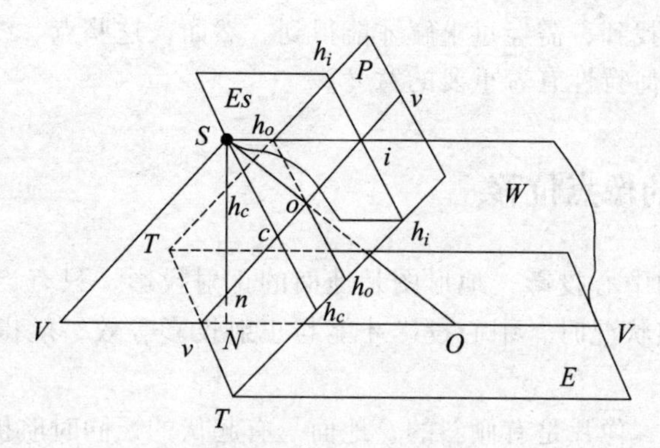

图 2.15　航摄像片上的特殊点、线、面

像平面 P 与水平面 E 的交线称为透视轴，以 TT 表示。

过摄影中心 S 作像平面 P 的垂线，交像平面 P 于点 o，称为像主点。一张像片只有一个像主点。

直线 So 即主光轴。距离 So 与摄影机主距 f 相等，即 $So = f$。

主光轴 So 与地面的交点 O 称为地主点。SO 方向表示摄影方向。

过摄影中心 S 作水平面 E 的铅垂线，交像平面于点 n，称为像底点。Sn 交地面于点 N，称为地底点。

直线 SN 称为主垂线。摄影中心 S 相对于过地面点 N 的地平面的距离 SN 称为航高，用 H 表示。

摄影机主光轴 So 与主垂线 SN 的夹角 α 称为像片倾角。过摄影中心 S 作像片倾角 α 的角平分线与像片面 P 交于点 c，点 c 称为等角点。

过主垂线 SN 与主光轴 So 所在的平面称为主垂面，用 W 表示。主垂面 W 垂直于像片面 P，又垂直于水平面 E。主垂面 W 与像片面 P 的交线称为像片主纵线 vv，表示像片面的最大倾斜方向线；主垂面 W 与地平面的交线称为摄影方向线 VV。所以，o、c、n 在主纵线上，O、N 在摄影方向线上。

过摄影中心 S 与地平面 E 平行的水平面 Es 称为合面。合面 Es 与像片面 P 的交线 h_ih_i 称为合线，合线与主纵线 vv 的交点 i 称为主合点。过 c、o 分别作平行于 h_ih_i 的直线得到等比线 h_ch_c 和主横线 h_oh_o。

主合点 i 是地平面 E 上一组平行于摄影方向线 VV 的平行线束在像平面 P 上构象的合点，像底点 n 是一组垂直于地平面 E 的平行线束在像平面 P 上构象的合点。

综上所述，航摄像片上主要的点、线以及与透视相关的点、线、面有：像主点 o、像底点 n、等角点 c、主合点 i、摄影中心 S、主光轴 So、主纵线 vv、合线 h_ih_i、等比线 h_ch_c、摄影方向线 VV、主垂面 W、合面 Es 等。

由图 2.15 可建立航片上特殊点、线之间的相互关系：

$$
\begin{aligned}
on &= f \cdot \tan\alpha \qquad & oc &= f \cdot \tan\frac{\alpha}{2} \\
oi &= f \cdot \cot\alpha \qquad & Si &= ci = \frac{f}{\sin\alpha}
\end{aligned}
\tag{2-2-1}
$$

上述各点、线在像片上是客观存在的，但是除了像主点在像片上容易找到外，其他点、线均不能在像片上直接找到，需经过求解才能得到。然而，这些点、线对于定性和定量地分析航摄像片上像点的几何特性有着重要的意义。

2.2.3 航摄像片上的像点位移

航摄像片是地面的中心投影，地形图是地面的正射投影，只有当地面是水平面，航片面位于水平位置的理想状况时，中心投影才能与正射投影等效，航摄像片与地面才满足相似关系。

然而在实际摄影时，像片是有倾斜的、地面是有起伏的，同时航摄像片获取、处理和量测过程中各种因素所引起的系统误差，将造成所摄像片与理想状况（像片水平、地面水平）间有差异，从而使得地面点在像片上的构象点位偏离其正确位置，产生像点位移，造成影像发生几何变形，使得像片上影像比例尺处处不等。下面分别讨论不同情况下的像点位移。

1. 地面水平，像片倾斜引起的像点位移

假定地面水平，在同一摄影中心 S 对地面摄取两张像片，一张为倾斜像片 P，另一张为水平像片 P^0，两个像平面相交于等比线 h_ch_c，如图 2.16 所示。

为了建立两张像片之间的联系，选择：等角点 c 为坐标原点，等比线 h_ch_c 为 x 轴，主纵线 vv 为 y 轴的像平面坐标系。地面点 A 在水平像片 P^0 上的构象为 a^0，其像点坐标为（x^0，y^0）；地面点 A 在倾斜像片 P 上的构象为 a，其像点坐标为（x，y）。

图中，$ca=r_c$，$ca^0=r_c^0$ 分别为倾斜像片和水平像片上的向径：

$$r_c^{\,2}=x^2+y^2\,,\quad (r_c^0)^2=(x^0)^2+(y^0)^2$$

它们与等比线 h_ch_c 的夹角分别为 φ 和 φ^0。

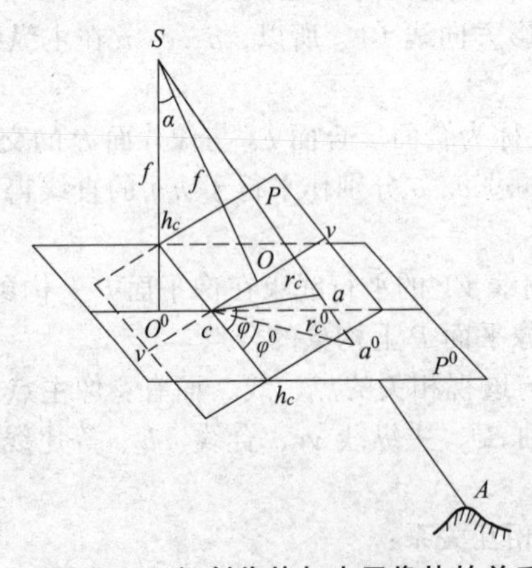

图 2.16　倾斜像片与水平像片的关系

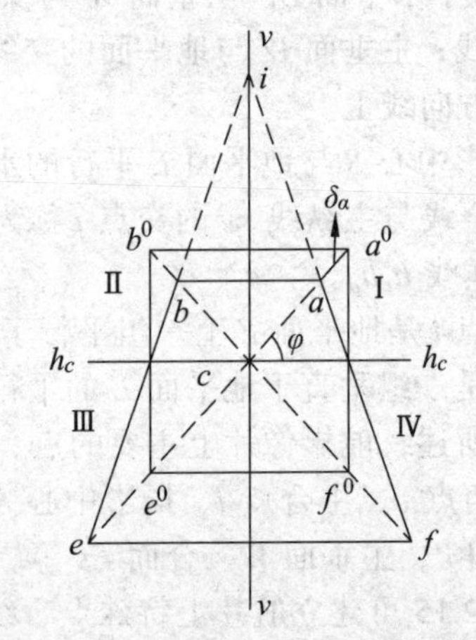

图 2.17　像片倾斜引起的像点位移

将倾斜像片 P 绕等比线 h_ch_c 旋转至与水平像片 P^0 重合，像点 a 与 a^0 同位于过等角点的直线上，如图 2.17 所示，ca 和 ca^0 之差即为因像片倾斜引起的像点位移：

$$\delta_\alpha=aa^0=r_c-r_c^0$$

其近似表达式为

$$\delta_\alpha = -\frac{r_c^2}{f}\sin\varphi\sin\alpha \tag{2-2-2}$$

式中，f 为摄影机主距；α 为像片倾角。

从上式可得下述结论：

（1）当 $\varphi = 0°$、$180°$ 时，$\delta_\alpha = 0, r_c = r_c^0$，即：等比线 h_ch_c 上的点无像点位移。

（2）当 $\varphi < 180°$ 时，$\delta_\alpha < 0, r_c < r_c^0$，像点向等角点 c 方向位移。

（3）当 $\varphi > 180°$ 时，$\delta_\alpha > 0, r_c > r_c^0$，像点背向等角点 c 方向位移。

（4）当 $\varphi = 90°$、$270°$ 时，$\sin\varphi = \pm 1$，即在向径相等时，主纵线 VV 上的 $|\delta_\alpha|$ 为最大值。

以上讨论的是因像片倾斜引起的像点位移的规律，它反映为水平地面上正方形 $a^0b^0e^0f^0$ 在倾斜像片上的构象为任意四边形 $abef$。图 2.17 所示为水平面上一个正方形，在水平像片上构象仍然是正方形，而在倾斜像片上构象则变形为梯形。摄影测量中将这种变形的改正称为像片纠正。

2. 地形起伏，像片水平引起的像点位移

当地形有起伏时，无论是水平像片还是倾斜像片，都会产生因地形起伏引起的像点位移，这是中心投影和正射投影在地形起伏的情况下产生的差异。因地形起伏引起的像点位移称投影差。

为便于讨论，仅推导像片水平时地形起伏引起的像点位移。

如图 2.18 所示，设地面点 A 在基准面上的投影为 A_0，AA_0 = 高差 h。A 点在像片上的构象为 a，A_0 在像片上的构象为 a_0。aa_0 即为因地面起伏引起的像点位移，用 δ_h 表示，称为图面上的投影差。

将具有位移的像点 a 按中心投影方式投影到基准面上为 A'，A_0A' 则称为地面上的投影差，用 Δh 表示。

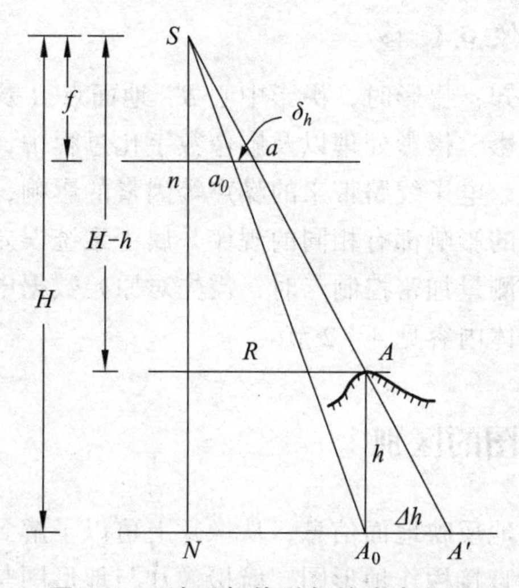

图 2.18 地形起伏引起的像点位移

根据相似三角形原理，可得

$$\frac{\Delta h}{R}=\frac{h}{H-h}$$

$$\frac{R}{H-h}=\frac{r}{f}$$

由于

$$\delta_h=\frac{\Delta h}{m}=\frac{f}{H}\Delta h$$

利用上述三式可得

$$\delta_h=\frac{rh}{H} \tag{2-2-3}$$

上式就是因地形起伏引起像片上像点位移的计算公式。式中，r 为 a 点以像底点 n 为中心的像距；$H=SN$ 为航高，$R=NA_0$ 为地面点 A 到地底点 N 的水平距离。

由上式可知，地形起伏引起的像点位移 δ_h 在以像底点 N 为中心的辐射线上，当 h 为正时，δ_h 为正，即背离像点方向位移；当 h 为负时，δ_h 为负，即朝向像底点方向位移；当 $r=0$ 时，$\delta_h=0$，即位于像底点处的像点不存在地形起伏引起的像点位移。

根据式（2-2-3），可得地面上的投影差公式为

$$\Delta h=\frac{Rh}{H-h} \tag{2-2-4}$$

可见，因地形起伏引起的像点位移同样也会引起像片比例尺的变化即图形变形，而且由于像底点不在等比线上，因此，综合考虑像片倾斜和地形起伏的影响，像片上任意一点都存在像点位移，且位移的大小随点位的不同而不同，从而导致一张像片上不同点位的比例尺不相等。

3. 其他因素引起的像点位移

根据摄影成像的关系可知：摄影时，摄影中心 S、地面点 A 及其对应像点 a 必在一条直线上。然而，航摄像片在摄影、摄影处理以及影像数字化过程中，因受物镜畸变、摄影材料变形、大气折光、地球曲率、电子线路带来的噪声等因素的影响，也会导致像点位移。由于这类像点位移在每张像片上的影响都有相同的规律，属于系统误差，可用相应的数学模型来描述。常常在解析空中三角测量加密控制点时，需先对原始数据中的像点坐标按一定的数学模型进行系统误差改正。具体内容见 4.4.2 节。

2.2.4 航摄像片与地形图的区别

航摄像片能真实而详尽地反映地面信息，从像片上可以了解到所摄地区的地物、地貌的全部内容。但航摄像片不能直接用作地形图，航摄像片与地形图是有差别的：

1. 航摄像片与地形图的表示方法和内容不同

在表示方法上，地形图是按成图比例尺所规定的各种符号、注记和等高线来表示地物、地貌的，而航片上的地物、地貌则表示为影像的大小、形状和色调。

在表示内容上，地形图上是用相应的符号和文字、数字注记表示的，如居民地的名称，房屋的类型，道路的等级，河流的宽度、深度和流向，地面的高程等，这些在像片上是表示不出来的。另外，在地形图上必须经过综合取舍，只表示那些经选择的有意义的地物、地貌，而在像片上，则是所摄地物地貌的全部记录。

2. 像片与地形图的投影方法不同

地形图是对应地面的正射投影，比例尺处处一致，常以 $1/M$ 表示，地形图上所有的图形不仅与实际形状完全相似，而且其相关方位也保持不变。

航摄像片是所摄地面的中心投影。由于像片倾斜、地形起伏以及系统误差的影响，致使航摄像片上的影像发生了变形，像片上各处比例尺不相同，相关方位也发生了变化。利用航摄像片制作正射影像图，必须消除倾斜误差和投影误差，统一像片上各处比例尺，使中心投影的航摄像片转化为正射投影的影像。

所以，摄影测量的任务之一就是：将按中心投影规律获得的一定摄影比例尺的影像，转换成按成图比例尺要求的正射投影的地形图。

2.3 航空摄影

2.3.1 摄影比例尺

严格讲，摄影比例尺是指航摄像片上任一线段 l 与地面上相应线段的水平距离 L 之比，用 $\frac{1}{m}$ 表示，即 $\frac{1}{m}=\frac{l}{L}$。实际中，由于摄影像片有倾斜、地形有起伏以及各类系统误差的影响，造成摄影像片上的影像比例尺处处不相等。我们所说的摄影比例尺，是指理想状况（像片水平，取平均高程面为摄影基准面）下的平均摄影比例尺，即

$$\frac{1}{m}=\frac{l}{L}=\frac{f}{H} \tag{2-3-1}$$

式中，m 为摄影比例尺分母；f 为摄影机主距；H 为摄影机物镜中心与摄区平均高程面之间的距离，称为航高。

摄影比例尺越大，像片的地面分辨率越高，越有利于影像的解译和提高成图精度。但摄影比例尺过大，像片覆盖的地面范围缩小，则要增加工作量和成本，所以，摄影比例尺要根据测绘地形图的精度要求和获取地面信息的需要来确定。表 2.5 给出了摄影比例尺与成图比例尺的关系，具体要求按测图规范执行。

表 2.5　摄影比例尺与成图比例尺的关系

<table>
<tr><th>比例尺类型</th><th>航摄比例尺</th><th>成图比例尺</th></tr>
<tr><td rowspan="4">大比例尺</td><td>1:2 000 ~ 1:3 000</td><td>1:500</td></tr>
<tr><td>1:4 000 ~ 1:6 000</td><td>1:1000</td></tr>
<tr><td rowspan="2">1:8 000 ~ 1:12 000</td><td>1:2 000</td></tr>
<tr><td rowspan="2">1:5 000</td></tr>
<tr><td rowspan="2">中比例尺</td><td>1:15 000 ~ 1:20 000</td></tr>
<tr><td>1:10 000 ~ 1:35 000</td><td>1:10 000</td></tr>
<tr><td rowspan="2">小比例尺</td><td>1:20 000 ~ 1:30 000</td><td>1:25 000</td></tr>
<tr><td>1:35 000 ~ 1:55 000</td><td>1:50 000</td></tr>
</table>

当选定了摄影机和摄影比例尺后，f 和 m 即为已知，航空摄影时，就要按计算的航高 H 飞行摄影，以获得要求的航摄像片。

2.3.2　航带设计

航空摄影过程，实质上是地球表面上的地物、地貌的信息，穿过大气层，进入摄影机物镜，到达摄影记录材质上形成影像的传输过程。

航摄影像不仅记录了地物、地貌特征以及地物之间的相互关系，而且还记录了摄影机装载各种仪表在摄影瞬间的各种信息，这些信息以及起始数据都可以从航摄影像上提取。航摄影像是航空摄影成图或建立数据库最重要的原始资料之一。

为了测绘地形图与获取地面信息的需要，为了保证航摄影像的有效性，需对测区进行有计划的空中摄影，航空摄影前，必须进行航带设计。

航带设计的内容包括：

（1）应根据测图需要，拟定航摄任务，由测图单位和航摄执行单位共同商定有关具体事项，制订航摄计划，签订航摄合同。航摄合同的主要技术内容有：

① 航摄地区和摄影面积（摄区范围应以经纬度和图幅号用略图标明）。

② 测图方法、测图比例尺和摄影比例尺。

③ 航线敷设方法、像片的航向重叠度和旁向重叠度。

④ 航摄仪的类型、技术参数和需要配备的航摄附属仪器及相关参数。

⑤ 航摄胶片的型号及对其他影像记录材质的性能要求。

⑥ 需提供的航摄资料的名称和数量；执行航摄任务的季节和期限。

⑦ 特殊的技术要求等。

（2）根据所选定的线路方案、测图比例尺、国家航空摄影规范， 选择在该摄区已有的旧地形图上确定航摄范围、划定航摄测段和航带数目，合理选择航摄比例尺、选择航摄仪类型、确定摄影机主距、计算航空摄影工作量（期限、费用）。

（3）对飞行质量和摄影质量的技术要求。

原则上：在整个摄区，飞机要按规定的航高和航带设计的方向呈直线飞行，并保持各航线间相互平行，如图 2.19 所示。实际摄影时满足以下要求：

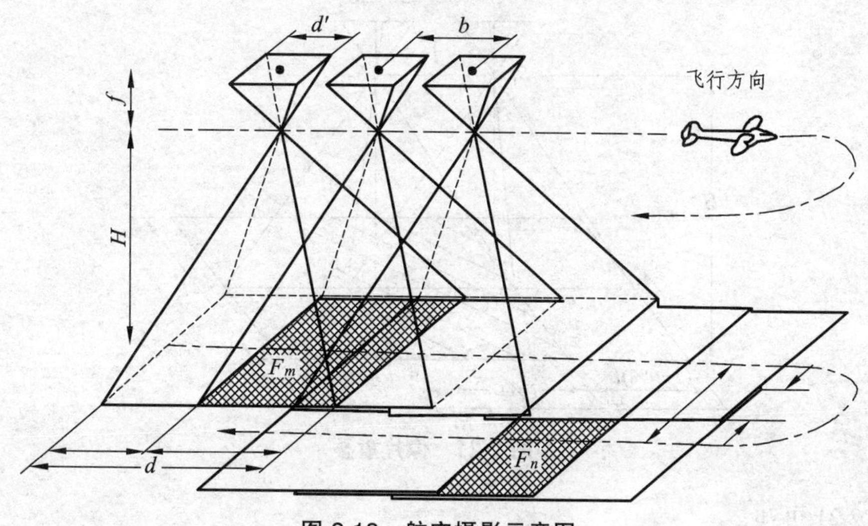

图 2.19 航空摄影示意图

① 像片倾角。

空中摄影要求采用竖直摄影方式，即摄影瞬间摄影机的主光轴与地面垂直。但受飞行条件的限制，实际的航空摄影常常是近似竖直摄影，即摄影机主光轴与铅垂方向的夹角不等于0°，如图 2.20 所示。

摄影机主光轴 SO 与铅垂方向 SN 的夹角称为像片倾角，用 α 表示。像片倾角要求不超过 2° ~ 4°。

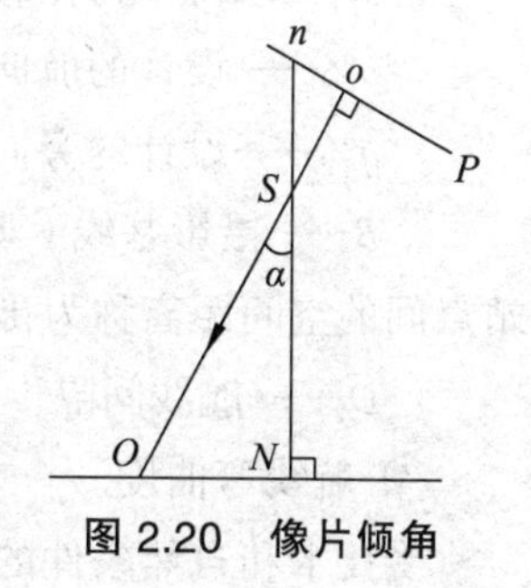

图 2.20 像片倾角

② 航向重叠和旁向重叠。

为便于立体测图及相邻航线间的接边，除航摄像片要覆盖整个测区外，还要求像片间有一定的重叠，如图 2.21 所示。

同一条航线内，沿飞行方向相邻像片间的影像重叠称为航向重叠，重叠部分与整个像幅长的百分比称为航向重叠度；对于区域摄影，相邻航带的像片间的影像重叠称为旁向重叠，重叠部分与整个像幅长的百分比称为旁向重叠度。

实际应用时应根据实际地形按下式计算重叠度：

$$\left.\begin{aligned} p &= p' + (1-p')\Delta h / H \\ q &= q' + (1-q')\Delta h / H \end{aligned}\right\} \tag{2-3-2}$$

式中，p' 为航摄像片的航向标准重叠度，正常规定为：$p' = 60\% \sim 65\%$；q' 为旁向标准重叠度，正常规定为：$q' = 30\% \sim 35\%$。Δh 为相对于摄影基准面的高差；H 为航高。

当地面起伏较大时，还需要增加重叠度，才能保证像片的立体量测与拼接。

若所摄航片的航向重叠、旁向重叠小于最低要求，则称航摄漏洞，需要通过航测外业进行必要的地形补测。

③ 摄影基线和航线间隔。

图 2.21 所示的是相邻两像片在航向重叠时的情形。

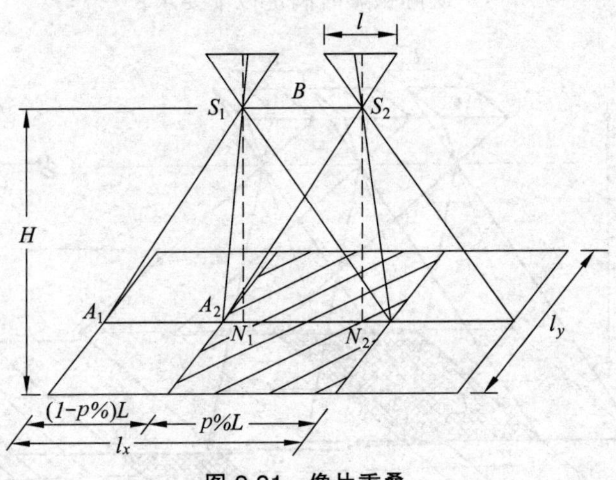

图 2.21　像片重叠

由图 2.21 可知：

$$\left.\begin{aligned} B &= ml_x(1-p\%) \\ D_y &= ml_y(1-q\%) \end{aligned}\right\} \tag{2-3-3}$$

式中　l_x，l_y——像片的像幅长度和宽度；

m——摄影比例尺分母；

$p\%$——设计的航向重叠度；

$q\%$——设计的旁向重叠度；

B——摄影基线（曝光时刻，摄影物镜所在的空间位置称为摄站点，航线方向相邻两摄站点间的空间距离称为摄影基线）；

D_y——航线间隔。

④ 航线弯曲度。

受技术和自然条件的限制，飞机不能保持航线的直线飞行而产生航线弯曲，从而造成漏摄或旁向重叠过小，影响内业成图。

航摄最大偏距ΔL与全航线长度 L 之比称为航线弯曲度，要求不大于 3%，如图 2.22 所示。

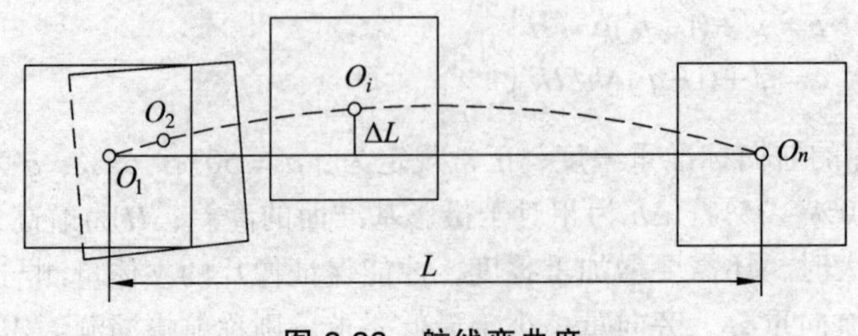

图 2.22　航线弯曲度

⑤ 像片旋偏角。

相邻像片的像主点连线与像幅沿航线方向两框标连线间的夹角称为像片旋偏角，用κ表示，如图 2.23 所示。

有像片旋角会使重叠度受到影响，所以要求像片旋角一般不超过 6° ~ 8°，一条航线上达到或接近最大旋偏角的航片数不应超过 3 片，且不应连续。

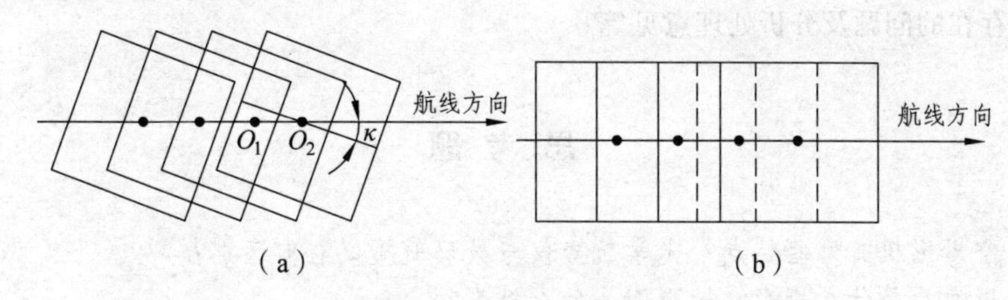

图 2.23 像片旋偏角

⑥ 同一航线上相邻像片的航高差不应大于 20 m；最大航高与最小航高不大于 30 ~ 50 m；航摄分区内实际航高与设计航高之差不得大于设计航高的 5%。

2.3.3 航空摄影

依据航带设计的飞行计划和飞行参数，选择良好天气，利用带有已选类型航摄仪的飞机对地面进行航空摄影。若测区面积较大或地形复杂，可将测区分为若干分区，按分区进行摄影。

飞行完成后，需对所摄航片进行质量检查，包括：飞行质量、摄影质量的检查；像片质量（如色调）、像片重叠度、弯曲度，像片倾角、旋偏角的检查与评定。不合要求时需重摄或补摄，并填写飞行告表和摄影处理参考表等原始记录资料，并随所摄胶片送交摄影处理工序存查。

2.3.4 航摄成果验收

航摄单位应按航摄合同中规定的种类、数量，向用户单位提交航摄成果资料，成果中有质量指标的，应符合国家航空摄影规范的相关条款规定。航摄成果资料包括：

（1）航摄实施情况报告书。

（2）航摄仪检定记录和数据；航摄底片质量、密度抽样测定数据表。

（3）摄区范围图；摄区航线、像片结合图；航摄底片、晒印的航摄像片、航摄像片的索引图底片和像片。

（4）航摄成果的移交清单及质量状况记录；成果质量检查报告。

（5）有关的登记表和移交清单等。

用户代表在完成验收工作后，应按照主管部门的规定格式，及时写出验收报告。报告内容包括：

（1）航摄工作概况。

（2）航摄技术标准。
（3）验收依据。
（4）航摄技术参数。
（5）完成的航摄面积和覆盖的图幅数。
（6）对成果资料质量的基本评价。
（7）存在的问题及分析处理意见等。

思考题

1. 航空摄影机有哪些特点？光学航摄仪与数码航摄仪有何区别？
2. 摄影像片是什么投影？地形图是什么投影？
3. 航摄像片为什么不能当做地形图使用？
4. 什么是摄影比例尺？航摄像片有统一的摄影比例尺吗？为什么？
5. 什么是航带设计？航带设计对航空摄影有何意义？
6. 摄影测量对航空摄影有哪些技术要求？
7. 航空摄影中，为什么要求相邻像片间以及相邻航线间有一定的重叠？

第 3 章　摄影测量的解析基础

3.1　摄影测量的常用坐标系

摄影测量几何处理的任务是根据像片上像点的位置，确定相应地面点的空间位置，为此，必须选择适当的坐标系来定量地描述像点信息和地面点信息。摄影测量中常用的坐标系有两大类：一类是用于描述像点的位置，称为像方坐标系；另一类是用于描述地面点的位置，称为物方空间坐标系。

3.1.1　像方坐标系

像方坐标系用于表示像点的平面坐标和空间坐标。

1. 像框标坐标系

如图 3.1 所示，当航片上有框标时，以像片上框标连线的交点为坐标原点 p，对边框标的连线作为 x'、y'轴，x'轴正轴方向为航向方向，并与 y'轴构成右手坐标系，建立像框标坐标系：$p\text{-}x'y'$。

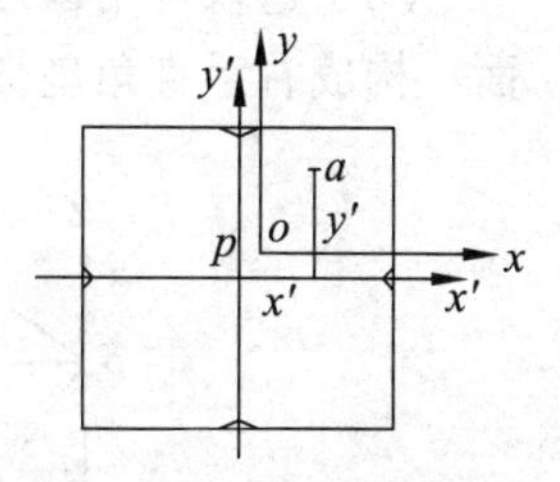

图 3.1　像框标坐标系

2. 扫描仪坐标系

当航片上没有框标时，则选择扫描仪的坐标系作为像点坐标量测值的坐标系。

3. 像平面直角坐标系

在摄影测量的解析计算中，因像框标坐标系或扫描仪坐标系中的像点坐标（x'，y'）均不能满足构象关系，所以像点的坐标必须采用以像主点为原点的像平面坐标系中的坐标（x，y）。

选择像片的像主点 o 为原点，坐标轴 x、y 分别平行于框标坐标系或扫描仪坐标系的坐标轴 x'、y'，建立像平面直角坐标系：$o\text{-}xy$。如图 3.2 所示。

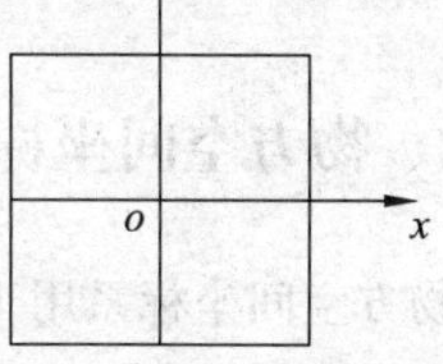

图 3.2　像平面直角坐标系

4. 像空间直角坐标系

为了便于进行空间直角坐标的变换，需要建立描述像点在像空间位置的坐标系。

选择摄影中心 S 为原点，x、y 轴分别与像平面直角坐标系的 x、y 轴平行，z 轴与主光轴重合，由像主点 o 指向摄影中心 S 的方向为 z 轴正方向，建立像空间直角坐标系：$S\text{-}xyz$，如图 3.3 所示。

像空间直角坐标系随着像片的空间位置而定，所以每张像片的像空间坐标系是各自独立的。在像空间直角坐标系中，同一张像片上每个像点的 z 坐标都等于 $-f$，而 x、y 坐标等于像点的像平面直角坐标（x，y）。

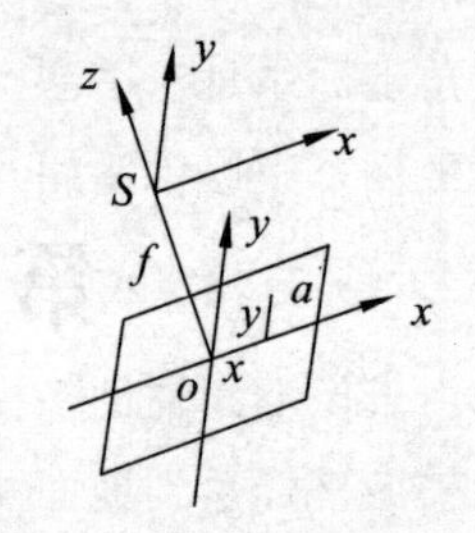

图 3.3　像空间直角坐标系

5. 像空间辅助坐标系

像点的像空间直角坐标可以直接根据像平面直角坐标求得，但这种坐标的特点是每张像片的像空间坐标系不统一，这给计算和公式推导带来了困难。为此，需要建立一种相对统一的坐标系，称为像空间辅助坐标系，用 $S\text{-}XYZ$ 表示。其定义为：选择摄影中心 S 为坐标原点，坐标轴可依情况而定，通常有三种选取方法：

（1）选取铅垂线方向为像空间辅助坐标系的 Z 轴，航向方向为 X 轴正方向构成右手直角坐标系，见图 3.4（a）。

（2）选取每条航线内第一张像片的像空间直角坐标系为该条航线的像空间辅助坐标系，见图 3.4（b）。

（3）选取每个像片对的左片摄影中心为原点，摄影基线方向为 X 轴，左主核面为 XZ 平面，构成右手直角坐标系，见图 3.4（c）。

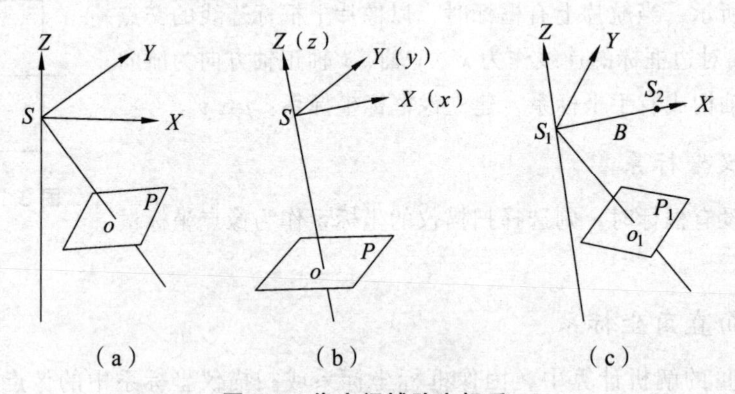

图 3.4　像空间辅助坐标系

3.1.2　物方空间坐标系

物方空间坐标系用于描述地面点在物方空间的位置。

1. 地面测量坐标系

地面测量坐标系通常是指空间大地坐标基准下的高斯-克吕格 6°带或 3°带（或任意带）投影的平面直角坐标系，如“1954 北京坐标系”或“1980 西安大地坐标系”；以及定义的某一基准面的高程系，如“1956黄海高程系”或“1985国家基准高程系”。两者组合而成的空间直角坐标系是左手系，用 $O_t\text{-}X_tY_tZ_t$ 表示。摄影测量求得的地面点坐标最后均要转换到地面测量坐标系中提供给用户。

2. 地面摄影测量坐标系

由于像空间辅助坐标系 $S\text{-}XYZ$ 是右手系，地面测量坐标系 $O_t\text{-}X_tY_tZ_t$ 是左手系，这给由像空间辅助坐标系到地面测量坐标系的转换带来了困难，为此，需要在上述两种坐标系之间建立一个过渡性坐标系，称为地面摄影测量坐标系，用 $D\text{-}X_{tp}Y_{tp}Z_{tp}$ 表示。其定义为：选取测区内某一地面点为原点 D，X_{tp} 轴大致与 Y_t 轴平行且为水平，Z_{tp} 轴铅垂，构成右手直角坐标系。

摄影测量处理中，先将像空间辅助坐标系 $S\text{-}XYZ$ 转换到地面摄影测量坐标系 $D\text{-}X_{tp}Y_{tp}Z_{tp}$ 中，再转换到地面测量坐标系 $O_t\text{-}X_tY_tZ_t$。

3. 摄影测量坐标系

选择像空间辅助坐标系 $S\text{-}XYZ$ 的 Z 轴与地面的交点 P 为原点，坐标轴分别平行于 X、Y、Z 轴，构成摄影测量坐标系 $P\text{-}X_PY_PZ_P$。这也是一个过渡性坐标系。地面测量坐标系、地面摄影测量坐标系和摄影测量坐标系的关系如图3.5所示。

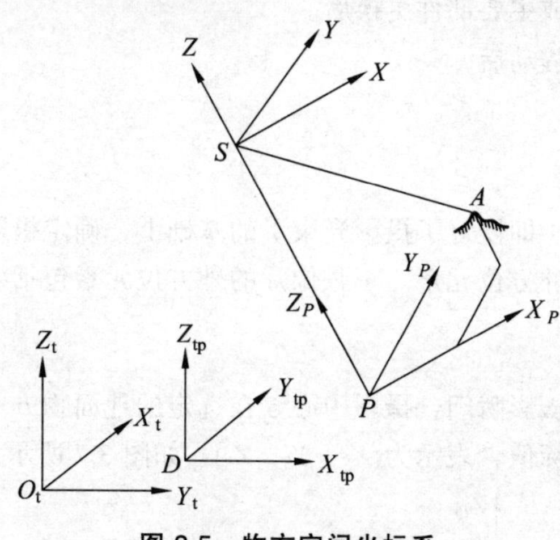

图3.5　物方空间坐标系

3.2　航摄像片的方位元素

用摄影测量方法研究被摄物体的几何信息和物理信息时，必须建立该物体与像片之间的数学关系。为此，首先要确定摄影中心与像片在物方空间坐标系中的位置和姿态。

描述摄影瞬间，摄影中心与像片在地面物方空间坐标系中的位置和姿态的参数称为像片的方位元素。其中，表示摄影中心与像片之间相关位置的参数称为内方位元素；表示摄影中心与像片在地面物方空间坐标系中的位置和姿态的参数称为外方位元素。

3.2.1 内方位元素

内方位元素是描述摄影中心与像片之间相关位置的参数，包括三个参数：摄影中心 S 到像片的垂距 f（即摄影机的主距），像主点 o 在框标坐标系 $p-x'y'$ 中的坐标（x_0，y_0），见图 3.6。

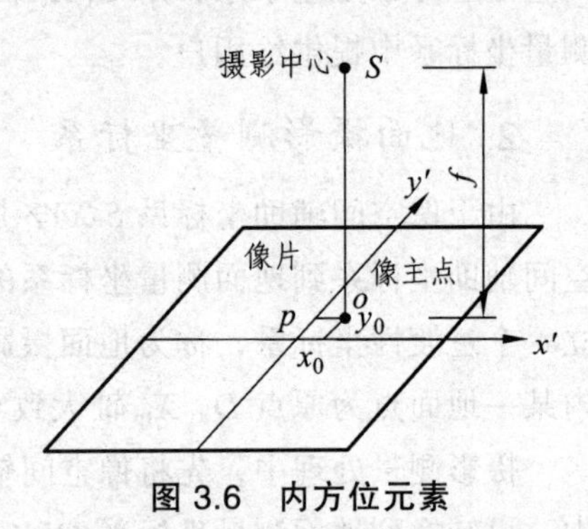

图 3.6 内方位元素

在制造摄影机时，要求框标连线交点与像主点重合，但受摄影机制造和安装的限制，内方位元素中的 x_0、y_0 不等于零，而是一个微小值。所以，摄影机出厂时，制造厂家需对摄影机进行鉴定，检验的数据写在仪器说明书上（其中包括内方位元素值），一般视为已知。

当内方位元素已知或确定时，可得到与摄影时完全相似的投影光束。内方位元素值的正确与否，将直接影响测图的精度，因此，需根据每台航摄仪的稳定状况，定期进行检定。存在下列情况之一时均需进行检定：

（1）距前次检定时间超过 2 年。

（2）快门曝光次数超过 2×10^4 次。

（3）航摄仪经过大修或主要部件更换后。

（4）航摄仪产生剧烈震动后。

3.2.2 外方位元素

在恢复了内方位元素（即恢复了摄影光束）的基础上，确定摄影光束在摄影瞬间的空间位置和姿态的参数，称为外方位元素。一张像片的外方位元素包括六个参数：

1. 三个线元素

三个线元素用于描述摄影瞬间，摄影中心 S 在选定的地面物方空间坐标系（常选用地面摄影测量坐标系）中的坐标值，表示为(X_S，Y_S，Z_S)，如图 3.7 所示。

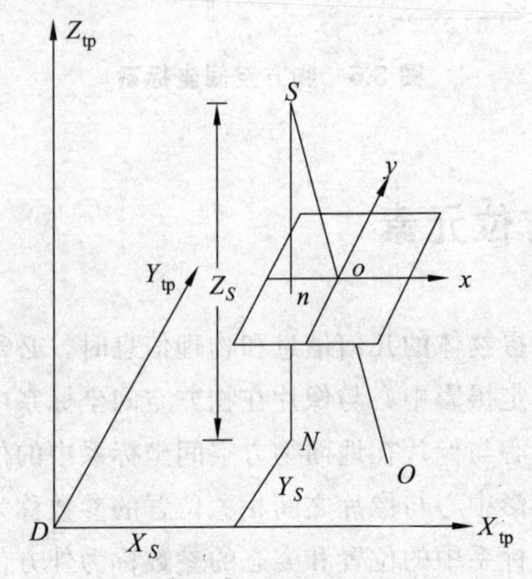

图 3.7 外方位线元素

2. 三个角元素

三个角元素用于表达像片在摄影瞬间的空间姿态。

假定摄影机主光轴 SO 铅垂，像片处于水平位置，像片坐标系 x、y 轴分别平行于所选定的地面坐标系的 X、Y 轴，像片位于理想姿态，此时的像片称为水平像片。而实际摄影时，摄影机主光轴不可能铅垂，像片也有倾斜，此时的像片称为倾斜像片。

倾斜像片实际摄影时的姿态可以用水平像片绕空间三个轴向依次旋转的三个角值加以表达，这三个角值就是像片的三个角元素。

根据讨论问题和仪器设计的需要，像片外方位元素角元素通常有如下三种表达方式：

（1）以 Y 轴为主轴的 φ、ω、κ 转角系统。

如图 3.8 所示，该系统中三个外方位角元素的定义如下：

航向倾角 φ：摄影机主光轴 SO 在物方坐标系的 XZ 平面上的投影 SO_X 与 Z 轴的夹角。

旁向倾角 ω：摄影机主光轴 SO 与其在 XZ 平面上的投影 SO_X 的夹角。

像片旋角 κ：YSO 平面在像片面上的交线与像平面直角坐标系 y 轴的夹角。

图 3.8 中 φ、ω、κ 角的箭头方向代表所在角的正角方向。

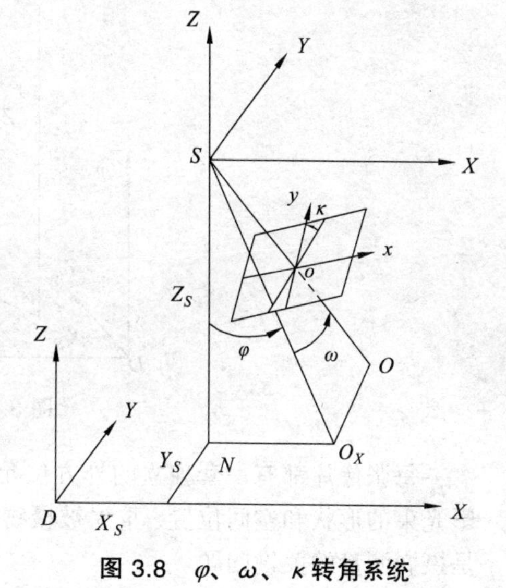

图 3.8　φ、ω、κ 转角系统

（2）以 X 轴为主轴的 φ'、ω'、κ' 转角系统。

如图 3.9 所示，该系统三个外方位角元素定义如下：

航向倾角 φ'：主光轴 SO 在 YZ 坐标面上的投影 SO_Y 与主光轴的夹角；

旁向倾角 ω'：主光轴 SO 在 YZ 坐标面上的投影 SO_Y 与 Z 轴的夹角；

像片旋角 κ'：像片面上 x 轴与 XSO 平面在像片面上的交线的夹角。

图 3.9 中 φ'、ω'、κ' 角的箭头方向代表所在角的正角方向。

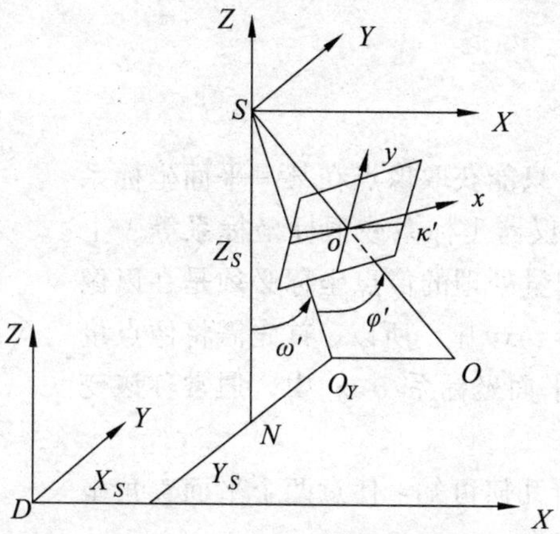

图 3.9　φ'、ω'、κ' 转角系统

（3）以 Z 轴为主轴的 A、α、κ_v 系统。

如图 3.10 所示，该系统的三个外方位角元素的定义如下：

① A 是摄影方向线 VV 与 Y 轴的夹角，表示像片主垂面的方向角。

② α 是主光轴 SO 与铅垂光线 SN 之间的夹角，表示像片倾角。

③ κ_v 是像片上主纵线 vv 与像片 y 轴之间的夹角，表示像片旋角。

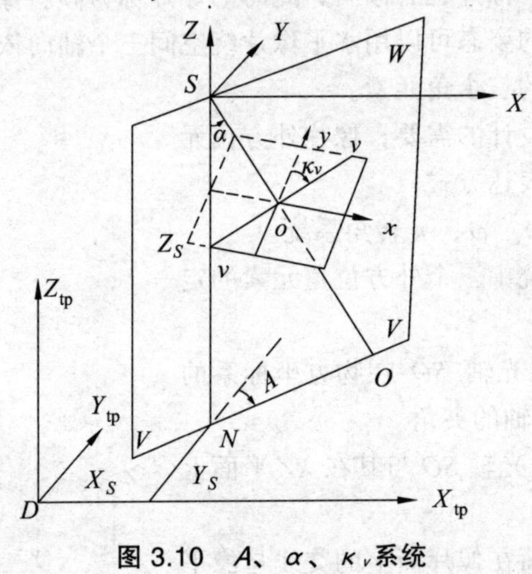

图 3.10　A、α、κ_v 系统

每张像片都有一套独立的外方位元素。当求得像片的外方位元素后，就能在室内恢复摄影光束的形状和空间位置，重建被摄物的立体模型。所以，如何确定每张像片的外方位元素，是摄影测量的关键问题。

3.3　坐标变换

在摄影测量解析中，为了利用像点坐标计算相应的地面点坐标，首先需要建立像点在不同的空间直角坐标系之间的坐标变换关系。

3.3.1　影像的内定向

根据像片量测像点时，只能获取像点在某一平面坐标系 p'-$x'y'$（如扫描仪坐标系、仪器坐标系或框标坐标系等）上的像点坐标，而用于摄影测量处理的像点坐标必须是在以像主点为原点的像平面坐标系 o-xy 中。所以，首先需将像点量测坐标（x'，y'）变换到像平面坐标系 o-xy 中，通常称该变换为影像内定向。

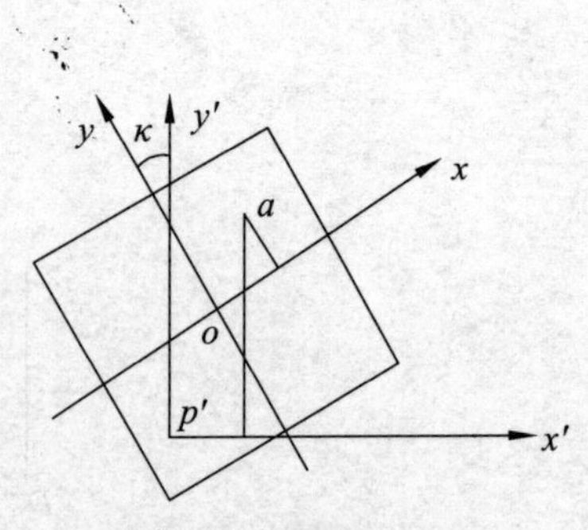

图 3.11　影像内定向

如图 3.11 所示，由解析几何可知：任意两个平面直角坐标系之间的变换关系可表示为

$$\begin{bmatrix} x \\ y \end{bmatrix} = A\begin{bmatrix} x' \\ y' \end{bmatrix} + \begin{bmatrix} x_0 \\ y_0 \end{bmatrix} = \begin{bmatrix} \cos\kappa & -\sin\kappa \\ \sin\kappa & \cos\kappa \end{bmatrix}\begin{bmatrix} x' \\ y' \end{bmatrix} + \begin{bmatrix} x_0 \\ y_0 \end{bmatrix} \tag{3-3-1}$$

其中，变换参数：（x_0，y_0）为像主点 o 在坐标系 p'-$x'y'$中的坐标值；κ为两个平面坐标系坐标轴之间的夹角。在近代摄影测量解析处理中，常采用多项式变换公式进行内定向。

多项式变换公式如下：

线性正形变换公式（4 个参数）：

$$\left.\begin{aligned} x &= a_0 + a_1x' - a_2y' \\ y &= b_0 + a_2x' + a_1y' \end{aligned}\right\} \tag{3-3-2}$$

仿射变换公式（6 个参数）：

$$\left.\begin{aligned} x &= a_0 + a_1x' + a_2y' \\ y &= b_0 + b_1x' + b_2y' \end{aligned}\right\} \tag{3-3-3}$$

双线性变换公式（8 个参数）：

$$\left.\begin{aligned} x &= a_0 + a_1x' + a_2y' + a_3x'y' \\ y &= b_0 + b_1x' + b_2y' + b_3x'y' \end{aligned}\right\} \tag{3-3-4}$$

投影变换公式（8 个参数）：

$$\left.\begin{aligned} x &= a_0 + a_1x' + a_2y' + a_3x'^2 + b_3x'y' \\ y &= b_0 + b_1x' + b_2y' + a_3x'y' + b_3y'^2 \end{aligned}\right\} \tag{3-3-5}$$

上述变换公式中的变换参数需要借助足够数量的影像框标信息来求解。现代光学航摄仪一般都有 4～8 个框标：位于影像四边中央的为机械框标，位于影像四角的为光学框标，它们一般都对称分布。为了进行内定向，必须量测影像上框标点在框标坐标系或扫描仪坐标系中的坐标（x'，y'），然后根据量测相机的检定结果所提供的框标理论坐标值（x，y），按最小二乘平差法解求上述多项式的变换参数，完成内定向，从而获得像点的像平面直角坐标。

3.3.2 像点的空间坐标变换

在取得像点的像平面坐标（x, y）后，引入 $z = -f$, 即可得到像点的像空间直角坐标（x, y, $-f$）。

由于不同航片的像空间直角坐标系定义不一样，为了统一航片的像空间坐标系，需将像点的像空间直角坐标（x，y，$-f$）变换到像空间辅助坐标系 S-XYZ 中，如图 3.12 所示。

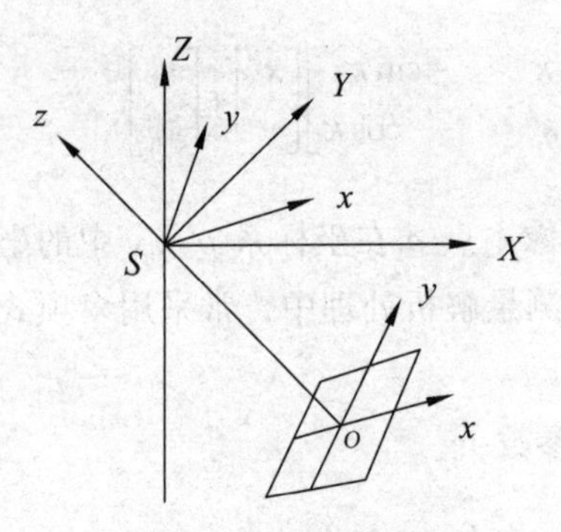

图 3.12　坐标变换

由于像空间直角坐标系和像空间辅助坐标系的原点相同，坐标系不平行，所以一个像点在两个坐标系中的坐标变换式为

$$\begin{bmatrix} X \\ Y \\ Z \end{bmatrix} = \boldsymbol{R} \begin{bmatrix} x \\ y \\ -f \end{bmatrix} \tag{3-3-6}$$

其中，

$$\boldsymbol{R} = \begin{bmatrix} a_1 & a_2 & a_3 \\ b_1 & b_2 & b_3 \\ c_1 & c_2 & c_3 \end{bmatrix} = \begin{bmatrix} \cos\widehat{Xx} & \cos\widehat{Xy} & \cos\widehat{Xz} \\ \cos\widehat{Yx} & \cos\widehat{Yy} & \cos\widehat{Yz} \\ \cos\widehat{Zx} & \cos\widehat{Zy} & \cos\widehat{Zy} \end{bmatrix}$$

$\boldsymbol{R}$ 为旋转矩阵，是一个 3×3 阶的正交矩阵。正交矩阵 $\boldsymbol{R}$ 具有如下特点：

（1）$\boldsymbol{R}\boldsymbol{R}^{\mathrm{T}} = I$（单位阵）；$\boldsymbol{R}^{\mathrm{T}} = \boldsymbol{R}^{-1}$

（2）同一行（或列）的各元素平方和为 1。

（3）任意两行（或列）的对应元素乘积之和为 0。

（4）旋转矩阵的行列式为 1。

（5）每个元素的值等于其代数余子式。

（6）每个元素的值为变换前后两坐标轴相应夹角的余弦，9 个方向余弦是三个独立参数的函数。

旋转矩阵 $\boldsymbol{R}$ 中的元素 a_i，b_i，c_i（$i=1$，2，3）是像空间辅助坐标系与像空间直角坐标系相应两坐标轴系间夹角的余弦值，称为方向余弦。实际应用时，相应两坐标轴系间的夹角是未知的，所以，无法通过两轴系间夹角求得方向余弦。

由于像空间直角坐标系可以看成是像空间辅助坐标系经过三个角度的旋转得到的，因此，方向余弦可以由三个独立的外方位角元素来计算。由于角元素有三种不同的选取方法（参见 3.2.2 节），所以用角元素计算的方向余弦也有三种表达式。下面仅以 φ、ω、κ 转角系统为例推导方向余弦的表达式，其他转角系统的方向余弦表达式则直接给出。

1. 以 Y 轴为主轴，用 φ、ω、κ 系统表示的方向余弦

分析像点在像空间直角坐标系与像空间辅助坐标系中的关系时，首先假设像空间直角坐

标系与像空间辅助坐标系重合，称为起始位置。从起始位置出发，像空间辅助坐标系 $S\text{-}XYZ$ 先绕 Y 轴旋转φ角，变换至$S\text{-}X_\varphi YZ_\varphi$；再绕 X_φ 轴旋转 ω角，变换至 $S\text{-}X_\varphi Y_\omega Z_{\varphi\omega}$；最后绕 $Z_{\varphi\omega}$ 轴旋转κ角，变换至$S\text{-}X_{\varphi\kappa}Y_{\omega\kappa}Z_{\varphi\omega}$。此时，坐标系 $S\text{-}X_{\varphi\kappa}Y_{\omega\kappa}Z_{\varphi\omega}$与像空间直角坐标系 $S\text{-}xyz$ 重合，回到摄影时的位置。从旋转过程可以发现，每次旋转的特点都是保持一个轴不变，因此，像点的每一次旋转都属于平面坐标变换，

这样，就将两个空间直角坐标系的坐标变换分解成了三次平面坐标变换。变换过程如图 3.13 所示。

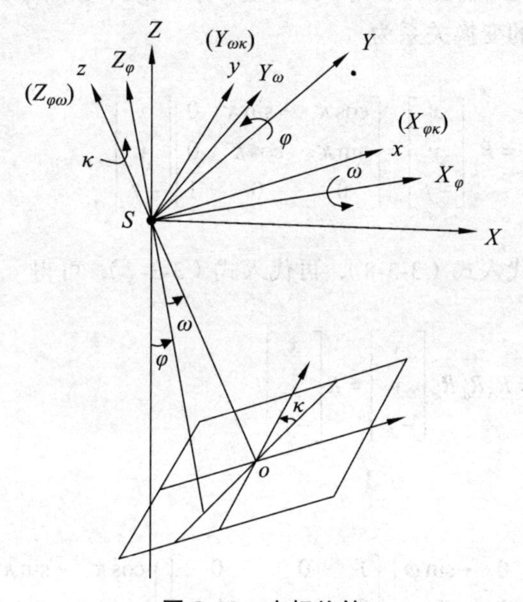

图 3.13　坐标旋转

按照上述的旋转次序，下面进行具体推导：

（1）将 $S\text{-}XYZ$ 绕 Y 轴旋转φ角，得到坐标系 $S\text{-}X_\varphi YZ_\varphi$，如图 3.14 所示。像点坐标由（$X_\varphi$，$Y$，$Z_\varphi$）到（$X$，$Y$，$Z$）的变换关系为

$$\begin{bmatrix} X \\ Y \\ Z \end{bmatrix} = R_\varphi \begin{bmatrix} X_\varphi \\ Y \\ Z_\varphi \end{bmatrix} = \begin{bmatrix} \cos\varphi & 0 & -\sin\varphi \\ 0 & 1 & 0 \\ \sin\varphi & 0 & \cos\varphi \end{bmatrix} \begin{bmatrix} X_\varphi \\ Y \\ Z_\varphi \end{bmatrix} \tag{3-3-7}$$

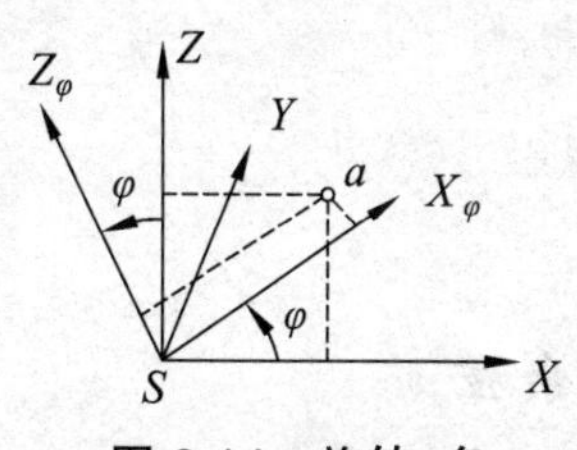

图 3.14　旋转φ角

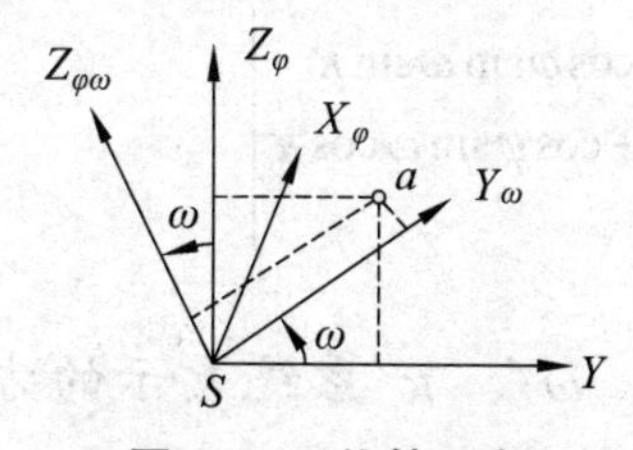

图 3.15　旋转 ω角

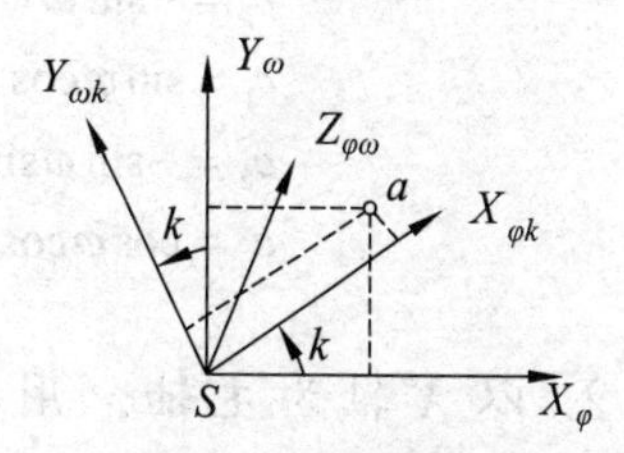

图 3.16　旋转κ角

（2）将 $S\text{-}X_\varphi YZ_\varphi$ 绕 X_φ 轴旋转 ω 角，得到坐标系 $S\text{-}X_\varphi Y_\omega Z_{\varphi\omega}$，如图 3.15 所示。像点坐标由（$X_\varphi Y_\omega Z_{\varphi\omega}$）到（$X_\varphi$，$Y$，$Z_\varphi$）的变换关系为

$$\begin{bmatrix} X_\varphi \\ Y \\ Z_\varphi \end{bmatrix} = R_\omega \begin{bmatrix} X_\varphi \\ Y_\omega \\ Z_{\varphi\omega} \end{bmatrix} = \begin{bmatrix} 1 & 0 & 0 \\ 0 & \cos\omega & -\sin\omega \\ 0 & \sin\omega & \cos\omega \end{bmatrix} \begin{bmatrix} X_\varphi \\ Y_\omega \\ Z_{\varphi\omega} \end{bmatrix} \tag{3-3-8}$$

（3）将 $S\text{-}X_\varphi Y_\omega Z_{\varphi\omega}$ 绕 $Z_{\varphi\omega}$ 轴旋转 κ 角，得到坐标系 $S\text{-}xyz$，如图 3.16 所示。像点坐标由（x，y，$-f$）到（$X_\varphi Y_\omega Z_{\varphi\omega}$）的变换关系为

$$\begin{bmatrix} X_\varphi \\ Y_\omega \\ Z_{\varphi\omega} \end{bmatrix} = R_\kappa \begin{bmatrix} x \\ y \\ -f \end{bmatrix} = \begin{bmatrix} \cos\kappa & -\sin\kappa & 0 \\ \sin\kappa & \cos\kappa & 0 \\ 0 & 0 & 1 \end{bmatrix} \begin{bmatrix} x \\ y \\ -f \end{bmatrix} \tag{3-3-9}$$

（4）将式（3-3-9）代入式（3-3-8），再代入式（3-3-7），可得

$$\begin{bmatrix} X \\ Y \\ Z \end{bmatrix} = R_\varphi R_\omega R_\kappa \begin{bmatrix} x \\ y \\ -f \end{bmatrix} = R \begin{bmatrix} x \\ y \\ -f \end{bmatrix} \tag{3-3-10}$$

式中，旋转矩阵 R 为：

$$R = R_\varphi R_\omega R_\kappa = \begin{bmatrix} \cos\varphi & 0 & -\sin\varphi \\ 0 & 1 & 0 \\ \sin\varphi & 0 & \cos\varphi \end{bmatrix} \cdot \begin{bmatrix} 1 & 0 & 0 \\ 0 & \cos\omega & -\sin\omega \\ 0 & \sin\omega & \cos\omega \end{bmatrix} \cdot \begin{bmatrix} \cos\kappa & -\sin\kappa & 0 \\ \sin\kappa & \cos\kappa & 0 \\ 0 & 0 & 1 \end{bmatrix} = \begin{bmatrix} a_1 & a_2 & a_3 \\ b_1 & b_2 & b_3 \\ c_1 & c_2 & c_3 \end{bmatrix}$$

元素 a_i、b_i、c_i（$i = 1,2,3$）的具体表达式为：

$$\left.\begin{aligned} a_1 &= \cos\varphi\cos\kappa - \sin\varphi\sin\omega\sin\kappa \\ a_2 &= -\cos\varphi\sin\kappa - \sin\varphi\sin\omega\cos\kappa \\ a_3 &= -\sin\varphi\cos\omega \\ b_1 &= \cos\omega\sin\kappa \\ b_2 &= \cos\omega\cos\kappa \\ b_3 &= -\sin\omega \\ c_1 &= \sin\varphi\cos\kappa + \cos\varphi\sin\omega\sin\kappa \\ c_2 &= -\sin\varphi\sin\kappa + \cos\varphi\sin\omega\cos\kappa \\ c_3 &= \cos\varphi\cos\omega \end{aligned}\right\} \tag{3-3-11}$$

2. 以 X 轴为主轴，用 φ'、ω'、κ' 系统表示的方向余弦

按上述方法同理可得：φ'、ω'、κ' 系统的像空间直角坐标系与像空间辅助坐标系间的坐标变换关系式为

$$
\begin{bmatrix} X \\ Y \\ Z \end{bmatrix} = R_{\omega'} R_{\varphi'} R_{\kappa'} \begin{bmatrix} x \\ y \\ -f \end{bmatrix} = R \begin{bmatrix} x \\ y \\ -f \end{bmatrix} \tag{3-3-12}
$$

式中，旋转矩阵 R 为：

$$
R = R_{\omega'} R_{\varphi'} R_{\kappa'} = \begin{bmatrix} 1 & 0 & 0 \\ 0 & \cos\omega' & -\sin\omega' \\ 0 & \sin\omega' & \cos\omega' \end{bmatrix} \cdot \begin{bmatrix} \cos\varphi' & 0 & -\sin\varphi' \\ 0 & 1 & 0 \\ \sin\varphi' & 0 & \cos\varphi' \end{bmatrix} \cdot \begin{bmatrix} \cos\kappa' & -\sin\kappa' & 0 \\ \sin\kappa' & \cos\kappa' & 0 \\ 0 & 0 & 1 \end{bmatrix} = \begin{bmatrix} a_1 & a_2 & a_3 \\ b_1 & b_2 & b_3 \\ c_1 & c_2 & c_3 \end{bmatrix}
$$

其中，

$$
\left.\begin{aligned}
a_1 &= \cos\varphi' \cos\kappa' \\
a_2 &= -\cos\varphi' \sin\kappa' \\
a_3 &= -\sin\varphi' \\
b_1 &= \cos\omega' \sin\kappa' - \sin\varphi' \sin\omega' \cos\kappa' \\
b_2 &= \cos\omega' \cos\kappa' + \sin\varphi' \sin\omega' \sin\kappa' \\
b_3 &= -\sin\omega' \cos\varphi' \\
c_1 &= \sin\omega' \sin\kappa' + \sin\varphi' \cos\omega' \cos\kappa' \\
c_2 &= \sin\omega' \cos\kappa' - \sin\varphi' \cos\omega' \sin\kappa' \\
c_3 &= \cos\varphi' \cos\omega'
\end{aligned}\right\} \tag{3-3-13}
$$

由式（3-3-11）和（3-3-13）可以看出：如果已知一幅影像的 3 个外方位角元素，就可以求出 9 个方向余弦，从而确定正交矩阵 R，实现这两种坐标系间的相互转换。

像空间辅助坐标系到地面摄测坐标系的变换是几何中任意两个空间直角坐标系的转换式：

$$
\begin{bmatrix} X_{tp} \\ Y_{tp} \\ Z_{tp} \end{bmatrix} = \lambda \begin{bmatrix} a_1 & a_2 & a_3 \\ b_1 & b_2 & b_3 \\ c_1 & c_2 & c_3 \end{bmatrix} \begin{bmatrix} X \\ Y \\ Z \end{bmatrix} + \begin{bmatrix} \Delta X \\ \Delta Y \\ \Delta Z \end{bmatrix} \tag{3-3-14}
$$

3.4 中心投影的构像方程

航摄像片是地面景物的中心投影。为了研究像点与对应地面点的数学关系，必须建立中心投影的构象关系。

选取像空间辅助坐标系 $S\text{-}XYZ$ 的坐标轴分别平行于地面摄影测量坐标系 $D\text{-}X_{tp}Y_{tp}Z_{tp}$ 的坐标轴，如图 3.17 所示。

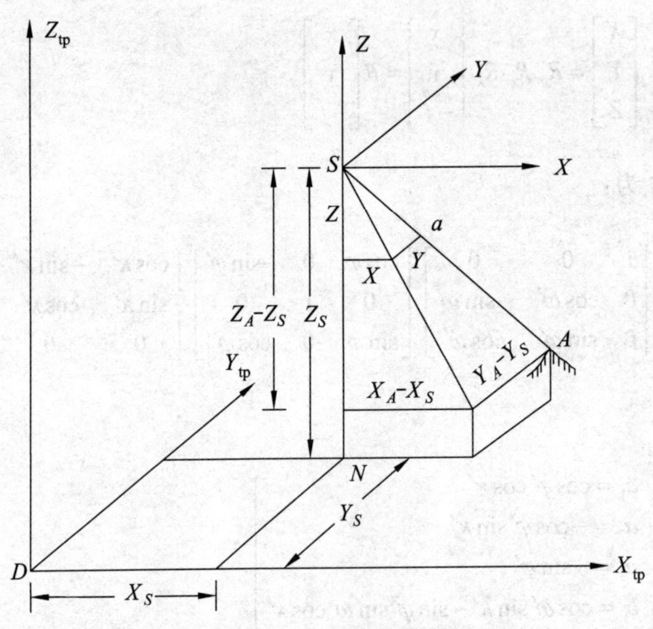

图 3.17　中心投影构象关系

设地面点 A 和摄影中心 S 在地面摄影测量坐标系 $D\text{-}X_{tp}Y_{tp}Z_{tp}$ 中的坐标分别为（X_A，Y_A，Z_A）和（X_S，Y_S，Z_S），则地面点 A 在像空间辅助坐标系 $S\text{-}XYZ$ 中的坐标为（X_A-X_S，Y_A-Y_S，Z_A-Z_S），而像片上与 A 点对应的像点 a 在像空间直角坐标系 $S\text{-}xyz$ 中的坐标为（x，y，$-f$）。设 a 在像空间辅助坐标系中的坐标为（X，Y，Z）。

由于摄影瞬间，S、a、A 三点共在一条直线上，由相似三角形的关系可得

$$\frac{X}{X_A-X_S}=\frac{Y}{Y_A-Y_S}=\frac{Z}{Z_A-Z_S}=\frac{1}{\lambda}$$

其中，λ为比例因子，上式写成矩阵形式为

$$\begin{bmatrix} X \\ Y \\ Z \end{bmatrix}=\frac{1}{\lambda}\begin{bmatrix} X_A-X_S \\ Y_A-Y_S \\ Z_A-Z_S \end{bmatrix} \tag{3-4-1}$$

由式（3-3-6）知，像点的像空间直角坐标（x，y，$-f$）与像空间辅助坐标（X，Y，Z）之间的关系式为

$$\begin{bmatrix} X \\ Y \\ Z \end{bmatrix}=\boldsymbol{R}\begin{bmatrix} x \\ y \\ -f \end{bmatrix}=\begin{bmatrix} a_1 & a_2 & a_3 \\ b_1 & b_2 & b_3 \\ c_1 & c_2 & c_3 \end{bmatrix}\begin{bmatrix} x \\ y \\ -f \end{bmatrix} \tag{3-4-2}$$

将式（3-4-2）代入式（3-4-1）并转换，可得

$$\begin{bmatrix} X_A - X_S \\ Y_A - Y_S \\ Z_A - Z_S \end{bmatrix} = \lambda \begin{bmatrix} a_1 & a_2 & a_3 \\ b_1 & b_2 & b_3 \\ c_1 & c_2 & c_3 \end{bmatrix} \begin{bmatrix} x \\ y \\ -f \end{bmatrix} \tag{3-4-3}$$

运用旋转矩阵 $\boldsymbol{R}$ 的正交性质 $\boldsymbol{RR}^{\mathrm{T}} = I$，由式（3-4-3）可得

$$\begin{bmatrix} x \\ y \\ -f \end{bmatrix} = \frac{1}{\lambda} \begin{bmatrix} a_1 & a_2 & a_3 \\ b_1 & b_2 & b_3 \\ c_1 & c_2 & c_3 \end{bmatrix}^{-1} \begin{bmatrix} X_A - X_S \\ Y_A - Y_S \\ Z_A - Z_S \end{bmatrix} = \frac{1}{\lambda} \begin{bmatrix} a_1 & b_1 & c_1 \\ a_2 & b_2 & c_2 \\ a_3 & b_3 & c_3 \end{bmatrix} \begin{bmatrix} X_A - X_S \\ Y_A - Y_S \\ Z_A - Z_S \end{bmatrix}$$

展开为

$$x = \frac{1}{\lambda}[a_1(X_A - X_S) + b_1(Y_A - Y_S) + c_1(Z_A - Z_S)] \tag{a}$$

$$y = \frac{1}{\lambda}[a_2(X_A - X_S) + b_2(Y_A - Y_S) + c_2(Z_A - Z_S)] \tag{b}$$

$$-f = \frac{1}{\lambda}[a_3(X_A - X_S) + b_3(Y_A - Y_S) + c_3(Z_A - Z_S)] \tag{c}$$

将式（c）式分别除（a）、（b）两式，并消去比例因子可得

$$\left.\begin{aligned} x &= -f\frac{a_1(X_A - X_S) + b_1(Y_A - Y_S) + c_1(Z_A - Z_S)}{a_3(X_A - X_S) + b_3(Y_A - Y_S) + c_3(Z_A - Z_S)} \\ y &= -f\frac{a_2(X_A - X_S) + b_2(Y_A - Y_S) + c_2(Z_A - Z_S)}{a_3(X_A - X_S) + b_3(Y_A - Y_S) + c_3(Z_A - Z_S)} \end{aligned}\right\} \tag{3-4-4}$$

当顾及内方位元素时，式（3-4-4）可表示为

$$\left.\begin{aligned} x' - x_0 &= -f\frac{a_1(X_A - X_S) + b_1(Y_A - Y_S) + c_1(Z_A - Z_S)}{a_3(X_A - X_S) + b_3(Y_A - Y_S) + c_3(Z_A - Z_S)} \\ y' - y_0 &= -f\frac{a_2(X_A - X_S) + b_2(Y_A - Y_S) + c_2(Z_A - Z_S)}{a_3(X_A - X_S) + b_3(Y_A - Y_S) + c_3(Z_A - Z_S)} \end{aligned}\right\} \tag{3-4-5}$$

式中　（x'，y'）——像点在框标坐标系中的坐标量测值；

（x，y）——像点的像平面直角坐标；

（X_A，Y_A，Z_A）——与像点对应的地面点的物空间坐标；

（X_S，Y_S，Z_S）——摄影中心的物空间坐标，也是影像的外方位线元素；

（a_i，b_i，c_i）——影像的外方位角元素 φ、ω、κ 组成的 9 个方向余弦，$i = 1$，2，3；

x_0，y_0，f——影像的内方位元素。

式（3-4-4）和式（3-4-5）即为中心投影的构象方程，称为共线条件方程式。它是摄影测量中最基本、最重要的构象公式。

共线条件方程式在摄影测量中有着广泛的应用，如单像空间后方交会和多像空间前方交会、解析空中三角测量光束法平差的数学模型、构成数字投影的基础、数字影像纠正、计算模拟影像数据等。

3.5 单像空间后方交会

如果已知每张像片的 6 个外方位元素，就能确定被摄物体与航摄像片的关系。因此，如何获取像片的外方位元素，一直是摄影测量领域研究的重要问题。目前获取像片外方位元素的方法有：单像空间后方交会方法，利用全球定位系统（GPS）、惯性导航系统（INS）、雷达和星相摄影机直接获取像片的外方位元素。本节先介绍单像空间后方交会法解求像片方位元素的方法，后者则在 4.9 节予以详述。

单像空间后方交会方法的基本思想是：以单张像片为基础，利用像片覆盖范围内一定数量控制点的已知地面坐标和其在像片上相应的像点坐标，根据共线条件方程，解求该像片摄影瞬间的外方位元素的过程。

3.5.1 空间后方交会的基本关系式

空间后方交会的数学模型是共线条件方程式：

$$\left.\begin{aligned} x &= -f\frac{a_1(X_A-X_S)+b_1(Y_A-Y_S)+c_1(Z_A-Z_S)}{a_3(X_A-X_S)+b_3(Y_A-Y_S)+c_3(Z_A-Z_S)} \\ y &= -f\frac{a_2(X_A-X_S)+b_2(Y_A-Y_S)+c_2(Z_A-Z_S)}{a_3(X_A-X_S)+b_3(Y_A-Y_S)+c_3(Z_A-Z_S)} \end{aligned}\right\} \tag{3-5-1}$$

需借助控制点相关信息完成。式中，$(x,\ y)$为控制点的像平面直角坐标；（X_A，Y_A，Z_A）为控制点的物方坐标，一般未作特别说明则视为已知值；X_S、Y_S、Z_S、φ、ω、κ为像片的外方位元素，为待定参数。根据式（3-5-1），可按最小二乘法解析解算像片方位元素。

由于共线条件方程式（3-5-1）中观测值与未知参数之间是非线性函数关系，为了便于平差计算，需将非线性函数表达式按泰勒级数展开成线性形式，常把这一数学处理过程称为“线性化”。非线性函数的线性化处理在解析摄影测量中经常用到。

将共线条件方程式（3-5-1）线性化得

$$\left.\begin{aligned} x &= (x)+\frac{\partial x}{\partial X_S}\Delta X_S+\frac{\partial x}{\partial Y_S}\Delta Y_S+\frac{\partial x}{\partial Z_S}\Delta Z_S+\frac{\partial x}{\partial \varphi}\Delta\varphi+\frac{\partial x}{\partial \omega}\Delta\omega+\frac{\partial x}{\partial \kappa}\Delta\kappa \\ y &= (y)+\frac{\partial y}{\partial X_S}\Delta X_S+\frac{\partial y}{\partial Y_S}\Delta Y_S+\frac{\partial y}{\partial Z_S}\Delta Z_S+\frac{\partial y}{\partial \varphi}\Delta\varphi+\frac{\partial y}{\partial \omega}\Delta\omega+\frac{\partial y}{\partial \kappa}\Delta\kappa \end{aligned}\right\} \tag{3-5-2}$$

式中，（x）、（y）是用各像片方位元素的近似值代入式（3-5-1）求出的像点坐标近似值。待定参数ΔX_S、ΔY_S、ΔZ_S、$\Delta\varphi$、$\Delta\omega$、$\Delta\kappa$的系数为函数的一阶偏导数。其推演方法如下：

为书写方便，令共线条件方程中的分子、分母用下式表达：

$$\begin{cases}\bar{X}=a_1(X-X_S)+b_1(Y-Y_S)+c_1(Z-Z_S)\\ \bar{Y}=a_2(X-X_S)+b_2(Y-Y_S)+c_2(Z-Z_S)\\ \bar{Z}=a_3(X-X_S)+b_3(Y-Y_S)+c_3(Z-Z_S)\end{cases}$$

则

$$a_{11}=\frac{\partial x}{\partial X_S}=\frac{\partial(-f\frac{\bar{X}}{\bar{Z}})}{\partial X_S}=-\frac{f}{\bar{Z}^2}(\frac{\partial\bar{X}}{\partial X_S}\bar{Z}-\frac{\partial\bar{Z}}{\partial X_S}\bar{X})$$

$$=\frac{1}{\bar{Z}}\left[a_1f+a_3x\right]$$

同理可得

$$\left.\begin{aligned}a_{11}&=\frac{\partial x}{\partial X_S}=\frac{1}{\bar{Z}}\left[a_1f+a_3x\right]\\ a_{12}&=\frac{\partial x}{\partial Y_S}=\frac{1}{\bar{Z}}\left[b_1f+b_3x\right]\\ a_{13}&=\frac{\partial x}{\partial Z_S}=\frac{1}{\bar{Z}}\left[c_1f+c_3x\right]\\ a_{21}&=\frac{\partial y}{\partial X_S}=\frac{1}{\bar{Z}}\left[a_2f+a_3y\right]\\ a_{22}&=\frac{\partial y}{\partial Y_S}=\frac{1}{\bar{Z}}\left[b_2f+b_3y\right]\\ a_{23}&=\frac{\partial y}{\partial Z_S}=\frac{1}{\bar{Z}}\left[c_2f+c_3y\right]\end{aligned}\right\}\tag{3-5-3}$$

另有

$$\left.\begin{aligned}a_{14}&=\frac{\partial x}{\partial\varphi}=-\frac{f}{\bar{Z}^2}\left(\frac{\partial\bar{X}}{\partial\varphi}\bar{Z}-\frac{\partial\bar{Z}}{\partial\varphi}\bar{X}\right)\\ a_{15}&=\frac{\partial x}{\partial\omega}=-\frac{f}{\bar{Z}^2}\left(\frac{\partial\bar{X}}{\partial\omega}\bar{Z}-\frac{\partial\bar{Z}}{\partial\omega}\bar{X}\right)\\ a_{16}&=\frac{\partial x}{\partial\kappa}=-\frac{f}{\bar{Z}^2}\left(\frac{\partial\bar{X}}{\partial\kappa}\bar{Z}-\frac{\partial\bar{Z}}{\partial\kappa}\bar{X}\right)\\ a_{24}&=\frac{\partial y}{\partial\varphi}=-\frac{f}{\bar{Z}^2}\left(\frac{\partial\bar{Y}}{\partial\varphi}\bar{Z}-\frac{\partial\bar{Z}}{\partial\varphi}\bar{Y}\right)\\ a_{25}&=\frac{\partial y}{\partial\omega}=-\frac{f}{\bar{Z}^2}\left(\frac{\partial\bar{Y}}{\partial\omega}\bar{Z}-\frac{\partial\bar{Z}}{\partial\omega}\bar{Y}\right)\\ a_{26}&=\frac{\partial y}{\partial\kappa}=-\frac{f}{\bar{Z}^2}\left(\frac{\partial\bar{Y}}{\partial\kappa}\bar{Z}-\frac{\partial\bar{Z}}{\partial\kappa}\bar{Y}\right)\end{aligned}\right\}\tag{3-5-4a}$$

由于

$$\begin{bmatrix}\bar{X}\\\bar{Y}\\\bar{Z}\end{bmatrix}=\begin{bmatrix}a_1 & b_1 & c_1\\a_2 & b_2 & c_2\\a_3 & b_3 & c_3\end{bmatrix}\begin{bmatrix}X-X_S\\Y-Y_S\\Z-Z_S\end{bmatrix}=\boldsymbol{R}^{\mathrm{T}}\begin{bmatrix}X-X_S\\Y-Y_S\\Z-Z_S\end{bmatrix}=\boldsymbol{R}_\kappa^{\mathrm{T}}\boldsymbol{R}_\omega^{\mathrm{T}}\boldsymbol{R}_\varphi^{\mathrm{T}}\begin{bmatrix}X-X_S\\Y-Y_S\\Z-Z_S\end{bmatrix}$$

$$=\boldsymbol{R}_\kappa^{-1}\boldsymbol{R}_\omega^{-1}\boldsymbol{R}_\varphi^{-1}\begin{bmatrix}X-X_S\\Y-Y_S\\Z-Z_S\end{bmatrix}$$

所以

$$\frac{\partial\begin{bmatrix}\bar{X}\\\bar{Y}\\\bar{Z}\end{bmatrix}}{\partial\varphi}=\boldsymbol{R}_\kappa^{-1}\boldsymbol{R}_\omega^{-1}\frac{\partial\boldsymbol{R}_\varphi^{-1}}{\partial\varphi}\begin{bmatrix}X-X_S\\Y-Y_S\\Z-Z_S\end{bmatrix}=\boldsymbol{R}_\kappa^{-1}\boldsymbol{R}_\omega^{-1}\boldsymbol{R}_\varphi^{-1}\boldsymbol{R}_\varphi\frac{\partial\boldsymbol{R}_\varphi^{-1}}{\partial\varphi}\begin{bmatrix}X-X_S\\Y-Y_S\\Z-Z_S\end{bmatrix}=\boldsymbol{R}^{-1}\boldsymbol{R}_\varphi\frac{\partial\boldsymbol{R}_\varphi^{-1}}{\partial\varphi}\begin{bmatrix}X-X_S\\Y-Y_S\\Z-Z_S\end{bmatrix}$$

又因

$$\boldsymbol{R}_\varphi^{-1}=\boldsymbol{R}_\varphi^{\mathrm{T}}=\begin{bmatrix}\cos\varphi & 0 & \sin\varphi\\0 & 1 & 0\\-\sin\varphi & 0 & \cos\varphi\end{bmatrix}$$

则

$$\boldsymbol{R}_\varphi\frac{\partial\boldsymbol{R}_\varphi^{-1}}{\partial\varphi}=\begin{bmatrix}\cos\varphi & 0 & -\sin\varphi\\0 & 1 & 0\\\sin\varphi & 0 & \cos\varphi\end{bmatrix}\begin{bmatrix}-\sin\varphi & 0 & \cos\varphi\\0 & 0 & 0\\-\cos\varphi & 0 & -\sin\varphi\end{bmatrix}=\begin{bmatrix}0 & 0 & 1\\0 & 0 & 0\\-1 & 0 & 0\end{bmatrix}$$

代入上式，得

$$\frac{\partial\begin{bmatrix}\bar{X}\\\bar{Y}\\\bar{Z}\end{bmatrix}}{\partial\varphi}=\boldsymbol{R}^{-1}\begin{bmatrix}0 & 0 & 1\\0 & 0 & 0\\-1 & 0 & 0\end{bmatrix}\begin{bmatrix}X-X_S\\Y-Y_S\\Z-Z_S\end{bmatrix}$$

$$=\begin{bmatrix}a_1 & b_1 & c_1\\a_2 & b_2 & c_2\\a_3 & b_3 & c_3\end{bmatrix}\begin{bmatrix}0 & 0 & 1\\0 & 0 & 0\\-1 & 0 & 0\end{bmatrix}\begin{bmatrix}a_1 & a_2 & a_3\\b_1 & b_2 & b_3\\c_1 & c_2 & c_3\end{bmatrix}\begin{bmatrix}\bar{X}\\\bar{Y}\\\bar{Z}\end{bmatrix}$$

$$=\begin{bmatrix}0 & -b_3 & b_2\\b_3 & 0 & -b_1\\-b_2 & b_1 & 0\end{bmatrix}\begin{bmatrix}\bar{X}\\\bar{Y}\\\bar{Z}\end{bmatrix}=\begin{bmatrix}b_2\bar{Z}-b_3\bar{Y}\\b_3\bar{X}-b_1\bar{Z}\\b_1\bar{Y}-b_2\bar{X}\end{bmatrix}$$

同理可得

$$\frac{\partial\begin{bmatrix}\bar{X}\\ \bar{Y}\\ \bar{Z}\end{bmatrix}}{\partial\omega}=\boldsymbol{R}_{\kappa}^{-1}\frac{\partial\boldsymbol{R}_{\omega}^{-1}}{\partial\omega}\boldsymbol{R}_{\varphi}^{-1}\begin{bmatrix}X-X_S\\ Y-Y_S\\ Z-Z_S\end{bmatrix}=\boldsymbol{R}_{\kappa}^{-1}\frac{\partial\boldsymbol{R}_{\omega}^{-1}}{\partial\omega}R_{\omega}R_{\kappa}R_{\kappa}^{-1}\boldsymbol{R}_{\omega}^{-1}\boldsymbol{R}_{\varphi}^{-1}\begin{bmatrix}X-X_S\\ Y-Y_S\\ Z-Z_S\end{bmatrix}$$

$$=\boldsymbol{R}_{\kappa}^{-1}\begin{bmatrix}0&0&0\\0&0&1\\0&-1&0\end{bmatrix}\boldsymbol{R}_{\kappa}\boldsymbol{R}^{-1}\begin{bmatrix}X-X_S\\ Y-Y_S\\ Z-Z_S\end{bmatrix}$$

$$=\begin{bmatrix}\bar{Z}\sin\kappa\\ \bar{Z}\cos\kappa\\ -\bar{X}\sin\kappa-Y\cos\kappa\end{bmatrix}$$

$$\frac{\partial\begin{bmatrix}\bar{X}\\ \bar{Y}\\ \bar{Z}\end{bmatrix}}{\partial\kappa}=\frac{\partial R_{\kappa}^{-1}}{\partial\kappa}\cdot\boldsymbol{R}_{\omega}^{-1}\boldsymbol{R}_{\varphi}^{-1}\begin{bmatrix}X-X_S\\ Y-Y_S\\ Z-Z_S\end{bmatrix}=\frac{\partial\boldsymbol{R}_{\kappa}^{-1}}{\partial\kappa}R_{\kappa}R_{\kappa}^{-1}\boldsymbol{R}_{\omega}^{-1}\boldsymbol{R}_{\varphi}^{-1}\begin{bmatrix}X-X_S\\ Y-Y_S\\ Z-Z_S\end{bmatrix}$$

$$=\begin{bmatrix}0&1&0\\-1&0&0\\0&0&0\end{bmatrix}\boldsymbol{R}^{-1}\begin{bmatrix}X-X_S\\ Y-Y_S\\ Z-Z_S\end{bmatrix}$$

$$=\begin{bmatrix}\bar{Y}\\ -\bar{X}\\ 0\end{bmatrix}$$

将上述偏导数代入式（3-5-4a），并利用式（3-3-11），经整理可得

$$\left.\begin{aligned}
a_{14}&=\frac{\partial x}{\partial\varphi}=y\sin\omega-\left\{\frac{x}{f}[x\cos\kappa-y\sin\kappa]+f\cos\kappa\right\}\cos\omega\\
a_{15}&=\frac{\partial x}{\partial\omega}=-f\sin\kappa-\frac{x}{f}[x\sin\kappa+y\cos\kappa]\\
a_{16}&=\frac{\partial x}{\partial\kappa}=y\\
a_{24}&=\frac{\partial y}{\partial\varphi}=-x\sin\omega-\left\{\frac{y}{f}[x\cos\kappa-y\sin\kappa]-f\sin\kappa\right\}\cos\omega\\
a_{25}&=\frac{\partial y}{\partial\omega}=-f\cos\kappa-\frac{y}{f}[x\sin\kappa+y\cos\kappa]\\
a_{16}&=\frac{\partial y}{\partial\kappa}=-x
\end{aligned}\right\}\tag{3-5-4b}$$

3.5.2 空间后方交会计算中的误差方程和法方程

将式（3-5-3）、式（3-5-4b）代入式（3-5-2），并加入像点坐标(x, y)的改正数(v_x, v_y)，即可得到利用共线条件方程解求像片外方位元素的误差方程式：

$$\left.\begin{aligned} v_x &= a_{11}\Delta X_S + a_{12}\Delta Y_S + a_{13}\Delta Z_S + a_{14}\Delta\varphi + a_{15}\Delta\omega + a_{16}\Delta\kappa + (x) - x \\ v_y &= a_{21}\Delta X_S + a_{22}\Delta Y_S + a_{23}\Delta Z_S + a_{24}\Delta\varphi + a_{25}\Delta\omega + a_{26}\Delta\kappa + (y) - y \end{aligned}\right\} \tag{3-5-5}$$

当顾及内方位元素时，利用共线条件方程式（3-4-5），可得解求像片内外方位元素的误差方程式为

$$\left.\begin{aligned} v_x &= a_{11}\Delta X_S + a_{12}\Delta Y_S + a_{13}\Delta Z_S + a_{14}\Delta\varphi + a_{15}\Delta\omega + a_{16}\Delta\kappa + a_{17}\Delta f + a_{18}\Delta x_0 + a_{19}\Delta y_0 + (x) - x' \\ v_y &= a_{21}\Delta X_S + a_{22}\Delta Y_S + a_{23}\Delta Z_S + a_{24}\Delta\varphi + a_{25}\Delta\omega + a_{26}\Delta\kappa + a_{27}\Delta f + a_{28}\Delta x_0 + a_{29}\Delta y_0 + (y) - y' \end{aligned}\right\} \tag{3-5-6}$$

其中，

$$\left.\begin{aligned} & a_{17} = \frac{\partial x}{\partial f} = \frac{x' - x_0}{f}, \qquad a_{27} = \frac{\partial y}{\partial f} = \frac{y' - y_0}{f} \\ & a_{18} = \frac{\partial x}{\partial x_0} = 1, \qquad a_{28} = \frac{\partial y}{\partial x_0} = 0 \\ & a_{19} = \frac{\partial x}{\partial y_0} = 0, \qquad a_{29} = \frac{\partial y}{\partial y_0} = 1 \end{aligned}\right\} \tag{3-5-7}$$

利用线性化误差方程式（3-5-5）及其相应的系数计算公式，解求像片的6个外方位元素，至少需列出6个误差方程。由于每一对像方和物方共轭点可列出2个方程，因此，至少需要单张像片上三个平高控制点，利用控制点的像方坐标及其对应物方坐标，根据式（3-5-5）列出方程，解求该像片的6个方位元素。

实际应用时，为了提高解算精度，需有多余观测。通常在像片重叠范围内的四个角上布设4个或更多的地面控制点，进行最小二乘法平差解算。

若有n个控制点，可按式（3-5-5）列出$2n$个误差方程，用矩阵形式表示为

$$\underset{2n\times1}{\boldsymbol{V}} = \underset{2n\times6}{\boldsymbol{B}}\,\underset{6\times1}{\boldsymbol{X}} - \underset{2n\times1}{\boldsymbol{l}} \tag{3-5-8}$$

式中，

$$\begin{aligned} \boldsymbol{V} &= \begin{bmatrix} V_{1x} & V_{1y} & \cdots V_{nx} & V_{ny} \end{bmatrix}^{\mathrm{T}} \\ \boldsymbol{B} &= \begin{bmatrix} A_1 & A_2 & \cdots A_n \end{bmatrix}^{\mathrm{T}} \\ \boldsymbol{X} &= \begin{bmatrix} \Delta X_S & \Delta Y_S & \Delta Z_S & \Delta\varphi & \Delta\omega & \Delta\kappa \end{bmatrix}^{\mathrm{T}} \\ \boldsymbol{l} &= \begin{bmatrix} L_{1x} & L_{2y} & \cdots & L_{nx} & L_{ny} \end{bmatrix}^{\mathrm{T}} \end{aligned}$$

其中，

$$
\boldsymbol{A}_i = \begin{bmatrix} a_{11} & a_{12} & a_{13} & a_{14} & a_{15} & a_{16} \\ a_{21} & a_{22} & a_{23} & a_{24} & a_{25} & a_{26} \end{bmatrix}_i \qquad ,i = 1,2,\cdots,n
$$

$$
\begin{cases} L_{ix} = x_i - (x)_i \\ L_{iy} = y_i - (y)_i \end{cases}
$$

根据间接平差法，可得法方程式：

$$
B^{\mathrm{T}} PBX - B^{\mathrm{T}} Pl = O
$$

式中，$\boldsymbol{P}$ 为观测值的权阵。对所有像点坐标的观测值，一般认为是等精度量测，所以 $\boldsymbol{P}$ 为单位阵，由此得到法方程式解的表达式为

$$
X = (B^{\mathrm{T}} B)^{-1} (B^{\mathrm{T}} l) \tag{3-5-9}
$$

从而可求出外方位元素的改正数 ΔX_S、ΔY_S、ΔZ_S、$\Delta\varphi$、$\Delta\omega$、$\Delta\kappa$。

由于式（3-5-5）中的各系数取自泰勒级数展开式的一次项，而且未知数的初始值往往是比较粗略的，因此，计算需要迭代进行。即用未知数近似值与上次迭代计算的改正数之和作为新的近似值，再重复计算过程，求出新的改正数。这样反复趋近，直到改正数小于某一限值为止，最后得到 6 个外方位元素的平差值：

$$
\left.\begin{aligned}
X_S &= X_S^0 + \Delta X_S^{(1)} + \Delta X_S^{(2)} + \cdots \\
Y_S &= Y_S^0 + \Delta Y_S^{(1)} + \Delta Y_S^{(2)} + \cdots \\
Z_S &= Z_S^0 + \Delta Z_S^{(1)} + \Delta Z_S^{(2)} + \cdots \\
\varphi &= \varphi^0 + \Delta\varphi^{(1)} + \Delta\varphi^{(2)} + \cdots \\
\omega &= \omega^0 + \Delta\omega^{(1)} + \Delta\omega^{(2)} + \cdots \\
\kappa &= \kappa^0 + \Delta\kappa^{(1)} + \Delta\kappa^{(2)} + \cdots
\end{aligned}\right\} \tag{3-5-10}
$$

3.5.3 空间后方交会的计算过程

空间后方交会的具体解算过程如下：

（1）获取已知数据。从摄影资料中查取像片比例尺 $1/m$、平均航高 H、内方位元素（x_0，y_0，f）；从外业测量成果中获取控制点的地面摄测坐标（X_{tp}，Y_{tp}，Z_{tp}）。

（2）量测控制点的像点坐标（x'，y'），进行内定向和必要的系统误差改正，得到像点坐标（x，y）。

（3）确定未知数的初始值。在竖直航空摄影且地面控制点大体均匀对称分布的情况下，可按如下方法确定初始值：

$$Z_S^0 = H = m \cdot f$$

$$X_S^0 = \frac{1}{n}\sum_{i=1}^{n} X_{\text{tpi}}$$

$$Y_S^0 = \frac{1}{n}\sum_{i=1}^{n} Y_{\text{tpi}}$$

$$\varphi^0 = \omega^0 = \kappa^0 = 0$$

式中，m 为摄影比例尺分母；n 为控制点个数。

（4）计算旋转矩阵 $\boldsymbol{R}$。利用角元素的初始值按式（3-3-11）计算方向余弦值，组成 $\boldsymbol{R}$ 阵。

（5）逐点计算像点坐标的近似值。利用步骤（3）中未知数的初始值按共线方程式（3-5-1）计算控制点的像点坐标近似值（x）、（y）。

（6）按式（3-5-8）组建误差方程。

（7）计算方法程式的系数阵 $\boldsymbol{B}^{\mathrm{T}}\boldsymbol{B}$ 和常数阵 $\boldsymbol{B}^{\mathrm{T}}\boldsymbol{l}$。

（8）根据法方程式（3-5-9）解求 6 个外方位元素改正数。

（9）检查计算是否收敛。将求得的外方位元素角元素的改正数与规定的限差（如 0.1′）比较，当 3 个角元素的改正数值均小于 0.1′时，终止迭代。

否则用第（8）步解求的外方位元素的改正数与其初始值相加，得到外方位元素的新的近似值，重复步骤（4）~（8）计算，直到满足要求为止。

（10）根据式（3-5-10）解求外方位元素的平差值。

3.5.4 空间后方交会的精度

利用法方程式中未知数的系数阵的逆阵 $\boldsymbol{Q}_{ii} = (\boldsymbol{B}^{\mathrm{T}}\boldsymbol{B})^{-1}$ 按下式解算外方位元素的中误差：

$$m_i = m_0\sqrt{Q_{ii}} \tag{3-5-11}$$

其中，单位权中误差的计算公式为

$$m_0 = \pm\sqrt{\frac{\sum v_i^2}{2n-6}} \tag{3-5-12}$$

空间后方交会使用的控制点应当避免位于一个圆柱面上，否则，会出现解不唯一的情况。

3.6 立体视觉原理与立体观测

单张像片只能确定地面点的方向，不能确定地面点的三维空间位置。在不同摄站获取同一目标物的若干张像片，称为立体像对。只有根据立体像对才可构成立体模型，解求地面点的空间位置。立体模型是双像摄影测量的基础。用数学或模拟的方法，重建地面立体模型，从而获得地面三维信息，是摄影测量的主要任务。

3.6.1 人眼的立体视觉

人眼是一个天然的光学系统，结构复杂。图 3.18 是人眼结构的示意图，它就如一架完善的自动调焦摄影机：水晶体如同摄影机物镜，能自动调焦，使观察不同远近的物体时，网膜窝上都能得到清晰的构象；瞳孔如同光圈，视网膜如同底片，能接受物体的影像信息。

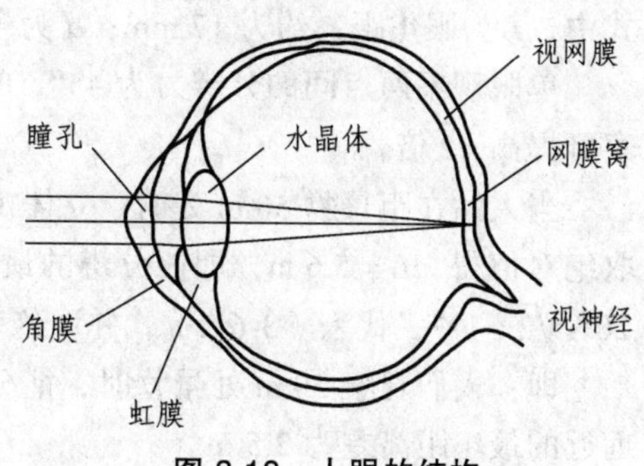

图 3.18 人眼的结构

单眼观察景物时，人们感觉到的仅是景物的透视图，就如一张像片那样，不能正确判断景物的远近，而只能凭经验去间接判断。只有用双眼同时观察景物，才能判断景物的远近，得到景物的立体效应，这种现象称为人眼的立体视觉。摄影测量中，正是根据这一原理，对同一地区在不同摄站点上拍摄两张以上的像片构成立体像对，才能进行立体观测。

那么，人的双眼为什么能观察景物的远近呢？如图 3.19 所示，有一物点 A，距双眼的距离为 L，当双眼注视 A 点时，两眼的视准轴本能地交会于该点，此时两视准轴的交会角为 r。在两眼交会的同时，水晶体自动调节焦距，得到最清晰的影像。交会与调节焦距这两项动作是眼睛本能地进行的，称为凝视。

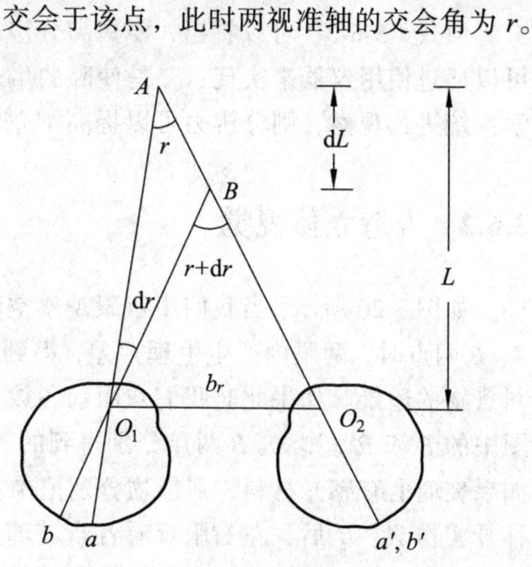

当双眼凝视 A 点时，在左右眼的网膜窝中得到构象 a 和 a'；同时 A 点附近有一点 B，较 A 点为近，距双眼的距离为 $L-\mathrm{d}L$，其交会角为 $r+\mathrm{d}r$，B 点在左右网膜窝上的构象为 b 和 b'。由于 A、B 两点距眼睛的距离不等，使得网膜窝上两段弧长 ab 和 $a'b'$ 不相等，其差 $d=ab-a'b'$ 称为生理视差。生理视差通过视神经传到大脑，通过大脑的综合，做出景物远近的判断。因此，生理视差是判断景物远近的根源。

图 3.19 人眼的立体视觉

从图 3.19 中，可以看出交会角与距离有如下关系：

$\tan\frac{r}{2}=\frac{b_r}{2L}$，近似取 $\frac{r}{2}\approx\tan\frac{r}{2}$，有

$$L\approx\frac{b_r}{r} \tag{3-6-1}$$

式中，b_r 为眼基线，随人而异，其平均长度约为 65 mm。将上式微分，可得交会角变化与距离的关系以及与生理视差的关系式：

$$dL = -\frac{b_r dr}{r^2} = -\frac{L^2}{b_r} \cdot dr = -\frac{L^2}{b_r} \cdot \frac{d}{f_r} \tag{3-6-2}$$

式中，f_r为眼焦距，约为 17 mm；d为生理视差。

单眼观察两点间的分辨力为 45″，单眼观察两线间的分辨力为 20″，而双眼观察比单眼观察可提高 $\sqrt{2}$ 倍。

当人站在距景物 50 m 处时，立体观察两点，分辨力为 $45'' / \sqrt{2} = 30''$，代入式（3-6-2）并取绝对值得 $dL = 5.6$ m，即能分辨的最小距离为 5.6 m；若立体观察的是两条线，分辨力为 $20'' / \sqrt{2} = 12''$，代入（3-6-2）式并取绝对值得 $dL = 2.5$ m。

即：人们观察 50 m 处景物时，能分辨物点远近的最小距离差为 5.6 m，而线状物体分辨远近的最小距离差为 2.5 m。

由式（3-6-2）并取绝对值可得

$$\frac{dL}{L} = \frac{L}{b_r} \cdot \frac{d}{f_r} \tag{3-6-3}$$

式（3-6-3）可用于分析人眼判断景物远近的能力。

由式（3-6-3）可以看出，要提高分辨远近距离的能力，一是采用增大眼基线 b_r之值，这可以通过使用仪器来实现；二是使眼的生理视差 d 的分辨力增大，即利用放大倍率为 V 的光学系统进行观察，则分辨力可以提高 V 倍。

3.6.2 人造立体视觉

如图 3.20 所示，当我们用双眼观察空间远近不同的景物 A，B 两点时，两眼内产生生理视差，得到立体视觉，可以判断景物的远景。如果此时我们双眼前各放置一块玻璃片，如图中的 P 和 P'，则 A、B 两点分别得到的影像 a、b 和 a'、b'。如果玻璃上有感光材料，则景物分别记录在 P 和 P'片上。当移开实物 A、B 后，左右眼观看各自玻璃上的构象，仍能看到与实物一样的空间景物 A 和 B，这就是空间景物在人眼网膜窝上产生的生理视差的人眼立体视觉效应。

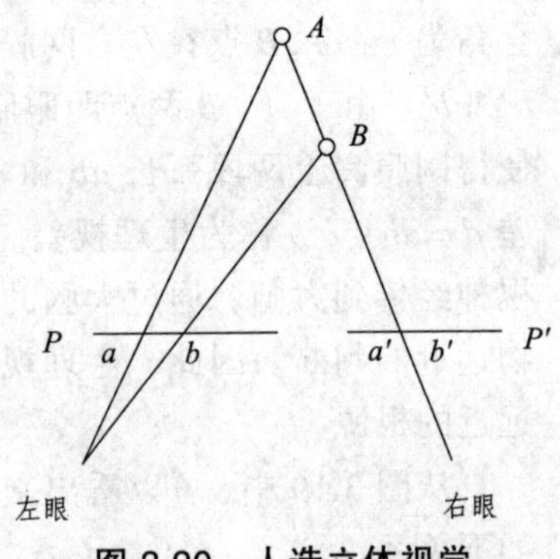

图 3.20　人造立体视觉

其过程为：空间景物在感光材料上构象，再用人眼观察构象的像片产生生理视差，重建空间景物的立体视觉，所看到的空间景物称为立体影像，产生的立体视觉称为人造立体视觉。

人造立体视觉必须符合自然界立体观察的四个条件：

（1）两张像片必须是在两个不同位置对同一景物摄取的立体像对。

（2）每只眼睛必须只能观察像对的一张像片，即左眼看左片、右眼看右片。

（3）两张像片上相同景物（同名点）的连线与眼基线应大致平行。

（4）两像片的比例尺相近（差别应小于 15%），否则用 ZOOM 系统进行调节。

用上述方法观察到的立体与实物相视，称为正立体效应。如果把像对的左右片对调，即左眼看右片、右眼看左片，或把像片在原位各自旋转 180°，这样产生的生理视差就改变了符号，导致观察到的立体远近正好与实际景物相反，称为反立体效应。

根据人造立体视觉原理，在摄影测量中，规定摄影时保持像片的重叠度在 60%以上，是为了获得同一地面景物在相邻两张像片上都有影像，这完全类同于上述玻璃片上记录的景物影像。利用相邻像片组成的像对，进行双眼观察（左眼看左片、右眼看右片），同样可以获得所摄地面的立体模型，并进行量测，这就奠定了立体摄影测量的基础，也是双像摄影测量量取像点坐标的依据。

3.6.3　航摄像对的立体观察与量测

1. 立体观察

在人造立体视觉必须满足的四个条件中，只要航空摄影时严格按照航带设计的要求飞行，即可满足第一和第四个条件；第三个条件在观察时也易于实现，关键是第二个条件。如果观察时强迫两眼分别只看一张像片，这样肉眼也能看到立体效应，此时相当于两眼调焦在像平面而交会在视模型上，因而违背了人眼的调焦和交会相统一的凝视本能。因此必须借助于立体观察仪器来达到分像的目的。常用的立体观察方式有立体镜式、叠映式、观测光路式。

（1）立体镜观测。

最简单的立体镜是桥式立体镜，如图 3.21（a）所示。在一个桥架上安置两个相同的简单透镜，两透镜的光轴平行，其间距为人的眼基距，桥架的高度等于透镜的焦距。像片对放在透镜的焦面上，物点影像经透镜后射出来的光线是平行光，因此观察者感觉到像是观察远处的自然景物一样。这种小型立体镜只适合观察小像幅的像片对。

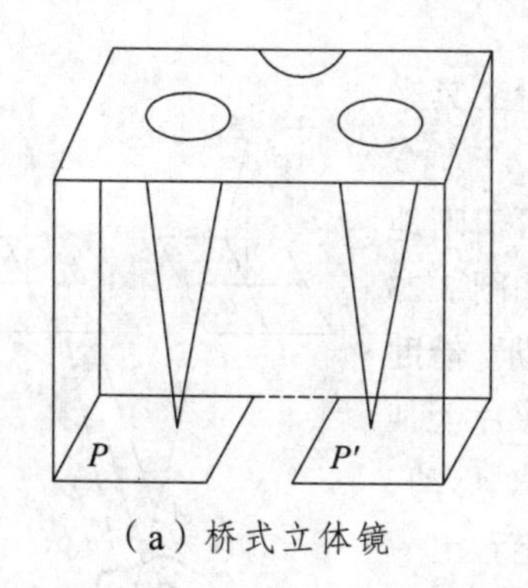

（a）桥式立体镜

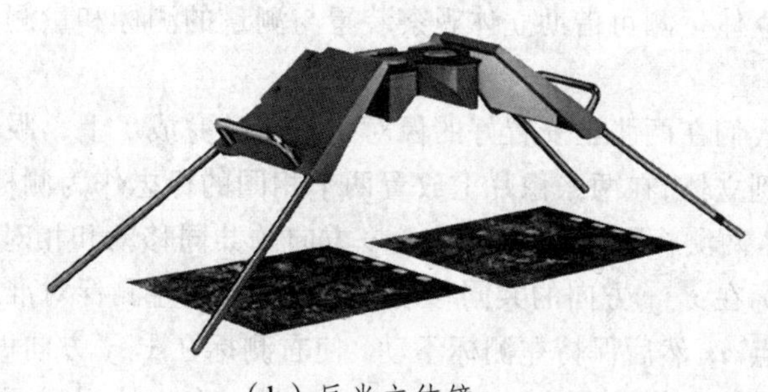
（b）反光立体镜

图 3.21　立体镜

为了对大像幅的航摄像片进行立体观察，改用较长焦距的透镜，并在左右光路中各加入一对反光镜，起扩大眼内基线的作用。这一类型的立体镜称为反光立体镜，如图 3.21（b）所示。

在立体镜下观察到的模型与实物之间存在一定的变形，常常是竖直方向的比例尺要比水平方向的比例尺大。

（2）叠映影像的立体观察。

叠映式立体观察方法是用光线照射透明的左右像片，并使其影像叠映在同一个承影面上，然后通过某种方式使得观察者左右眼分别只看到一张像片的影像，从而得到立体效应。常用的方法有：红绿互补法、光闸法、偏振光法以及液晶闪闭法。其中，前三种方法广泛用于模拟测图仪中。液晶闪闭法是一种新型的立体观察方法，广泛用于现代的数字摄影测量系统中。数字摄影测量系统主要由液晶眼镜和红外发生器组成，使用时，红外发生器的一端与通用的图形显示卡相连，图像显示软件按照一定的频率交替地显示左右图像，红外发生器则同步地发射红外线，控制液晶眼镜的左右镜片交替地闪闭，从而达到左右眼镜各看一张像片的目的。

（3）双目镜观测光路的立体观察是用两条分开的观测光路将来自左右像片的光线分别传送到观测者的左右眼睛中，每条观测光路均由物镜、目镜和其他光学装置组成。图 3.22 所示为立体坐标量测仪的观测光路。

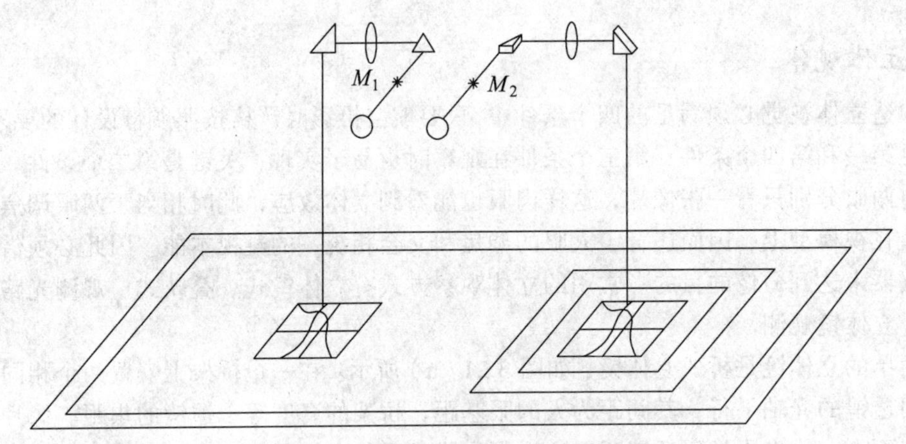

图 3.22　立体坐标量测仪观测系统

2. 立体量测

立体量测可借助立体观察装置与测量的测标和量测计量工具来完成。

我们在两张已安置好的像对（定向已完成）上，眼镜可清晰地观察到立体，在两张像片上放置两个相同的标志作为测标，如图 3.23 所示，两测标可在像片上作 x、y 方向的共同移动和相对移动。借助两测标在 x、y 方向的共同移动，使得其中的左测标对准左像片上某一像点 a；然后保持左测标不动，使右测标在 x、y 方向做相对移动，达到对准右像片上的同名像点 a'。这样，在立体观察下，能看出一个空间的测标切于立体模型 A 点上，如图 3.23 所示。此时，记下左、右像点的坐标$(x_1,\ y_1)$、$(x_2,\ y_2)$，得到像点坐标量测值。

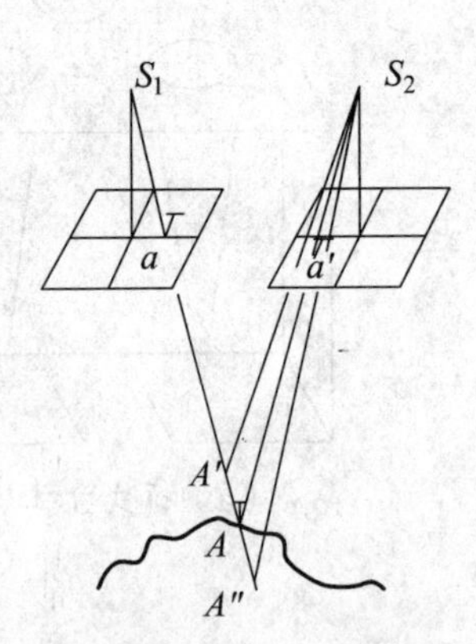

图 3.23　立体坐标量测

其中，同名点的 x 坐标之差 $p = x_1 - x_2$ 称为左右视差，y 坐标之差 $q = y_1 - y_2$ 称为上下视差。左右视差只影响模型的比例尺，而上下视差则会导致主体视觉误差，观测中应予以消除或限制。

这时，若左右移动右测标，可观察到空间测标相对于立体模型表面作升降运动，或沉入立体模型内部，或浮于模型的上方，这种状况表示立体模型构建不成功。因此，立体坐标量测就是要使左右测标同时对准左右同名像点，并使测标切准模型点的表面。这就是摄影测量中的像点坐标立体量测的原理。

3. 立体坐标量测仪

用解析的方法处理摄影测量像片时，首先要量测出像点的坐标（x'，y'）。量测这些数据的专用仪器称为立体坐标量测仪。新型的立体坐标量测仪都具有小型计算机与接口设备，使量测的数据直接进入计算机中进行数据处理。

图 3.24 是 HCT-1 型立体坐标量测仪，主要由基座、总滑床、Y 车架、观测系统和照明系统等部件组成。使用图 3.23 所示的双目镜双观测光路的立体观察法，双测标放入左右光路中。

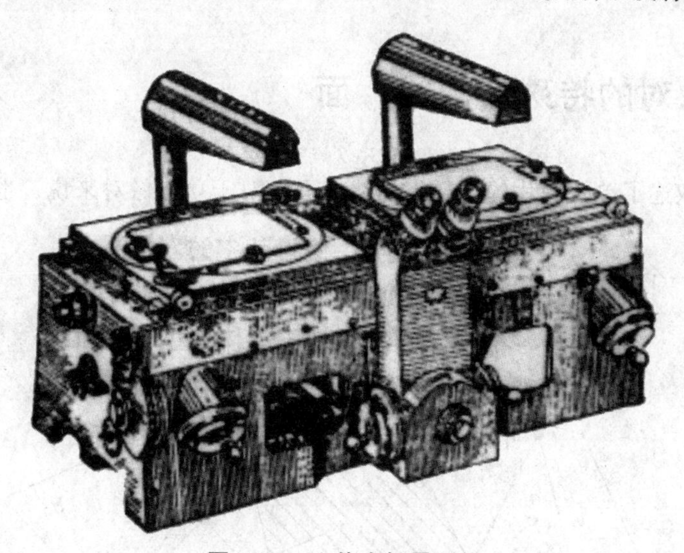

图 3.24　立体坐标量测仪

其盒形基座是仪器的基础部件，置于桌上。底部有两个可调螺旋，用于置平仪器。总滑床用镶珠轴承与基座 X 导轨相连，左右像片盘位于总滑床上。转动 X 手轮，左右像片盘和总滑床一同作 X 方向移动；转动 Y 手轮，左右像片盘观测系统的物镜作 Y 方向移动。通过转动 X 手轮和 Y 手轮，使左测标对准左像片上要量测的像点，其移动值分别在 X 读数鼓和 Y 读数鼓上读取。借助视差手轮 p、q，又可使右像片和右观测系统分别相对于左像片和左观测系统在 X、Y 方向上移动，使右像片的测标对准右像片上的同名点，达到立体切准模型的目的。从左右视差轮和上下视差轮的读数鼓上读取 p、q 的读数。

使用该仪器进行像点坐标量测之前，需要使仪器各读数归零，然后进行像片的归心和定向。归心是使像片坐标系的原点与仪器坐标系的已知位置重合，定向是使坐标仪坐标轴系与像平面直角坐标轴系平行。移动相应的 X、Y、p、q 手轮，使测标立体切准待量测的点，并记下读数 x、y、p、q。这种动作要反复进行，直到满足要求为止。最后用下式计算像点坐标，即

左像片像点坐标：

$$\begin{cases} x_1 = x - x_0 \\ y_1 = y - y_0 \end{cases}$$

右像片像点坐标：

$$\begin{cases}x_2 = x_1 - (p - p_0)\\ y_2 = y_1 - (q - q_0)\end{cases}$$

其中，x_0、y_0、p_0、q_0为立体坐标量测仪 X、Y、p、q 手轮零位置的读数。

HCT-1 型立体坐标量测仪的量测精度为 20 μm。量测精度可达 3 μm 的立体坐标量测仪称为精密立体坐标量测仪，这类仪器带有自动记录装置，如国产精密立体坐标量测仪、德国蔡司厂的 Stecometer、德国 Opton 厂的 PSK 型、瑞士 Wild 厂的 STK 型、意大利 OMI 公司的 TA-3P 型。它们的结构各有特点，但功能基本相同。

3.7 立体像对的特殊点、线、面

在第二章中叙述了单张像片的主要点、线、面，对于立体像对来说，也有立体像对的特殊点、线、面。

图 3.25 表示一个像对的相关位置。

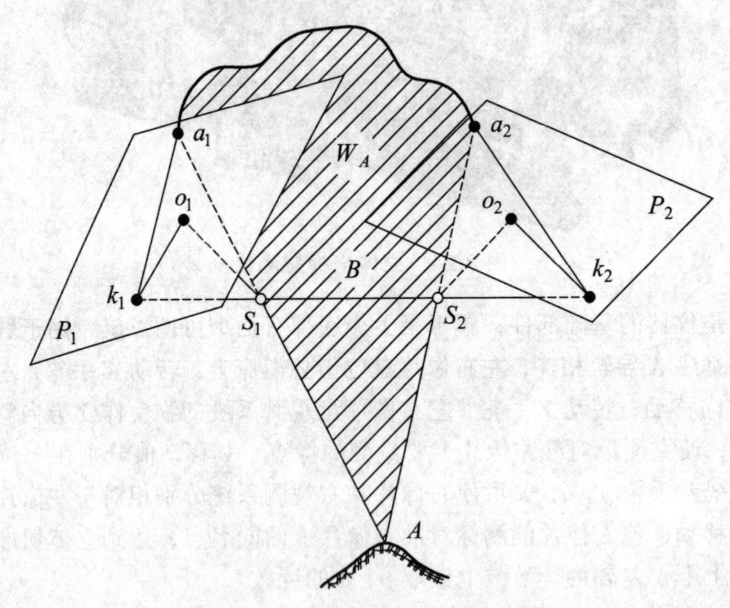

图 3.25 立体像对的点、线、面

S_1、S_2 分别为左像片 P_1 和右像片 P_2 的摄影中心，两摄影中心的连线 B 称为摄影基线。

o_1、o_2 分别为左右像片的像主点。

a_1、a_2 为地面点 A 在左右像片上的构象，称为同名像点，简称同名点；射线 AS_1a_1 和 AS_2a_2 称为同名光线。

摄影基线 B 与任一地面点 A 共在的平面 W_A 称为 A 点的核面；核面与像片面的交线称为核线，同一核面与左右像片的交线称为同名核线；摄影基线延长与左右像片面的交点 k_1、k_2 称为核点。

通过像主点的核面称为主核面。

同一核面内，同名光线对相交于地面点 A。倾斜像片上的核线相交于核点，水平像片上的核线彼此平行。

3.8 多像空间前方交会

根据单像空间后方交会可求得该张像片的外方位元素。然而根据像片的方位元素以及像片上的单个像点只能确定地面点所在的空间方向，不能确定地面点的空间坐标。地面点空间坐标的确定必须借助立体像对。

如图 3.26 所示，在空中 S_1 和 S_2 两个摄站点对地面进行摄影，获取一个立体像对，地面上一点 A 在该像对的左右像片上的构象为 a_1 和 a_2。现在已知两张像片的内、外方位元素，若将该像片按内外方位元素置于摄影时的位置，那么同名光线 S_1a_1 与 S_2a_2 必然交会于地面点 A。这种由立体像对中每张像片的内外方位元素和同名点对的像点坐标来确定相应地面点的地面坐标的方法，称为多像空间前方交会。

下面介绍利用点投影系数的前方交会法和基于共线条件方程式的前方交会法。

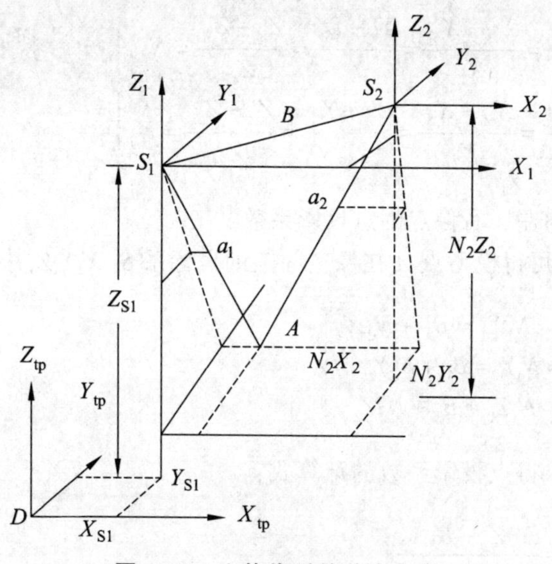

图 3.26　立体像对的前方交会

3.8.1 利用点投影系数的空间前方交会方法

如图 3.26 所示，设像空间辅助坐标系 $S_i\text{-}X_iY_iZ_i$（$i=1$，2）与地面摄测坐标系 $D\text{-}X_{tp}Y_{tp}Z_{tp}$ 的坐标轴彼此平行。

设像点 a_1 的像空间直角坐标系坐标为（x_1，y_1，$-f$），像点 a_2 的像空间直角坐标系坐标为（x_2，y_2，$-f$）。则根据式（3-3-6）可得像点 a_1、a_2 分别在像空间辅助坐标系 $S_1\text{-}XYZ$ 和 $S_2\text{-}XYZ$ 中的坐标为

$$\begin{bmatrix} X_1 \\ Y_1 \\ Z_1 \end{bmatrix} = R_1 \begin{bmatrix} x_1 \\ y_1 \\ -f \end{bmatrix}, \quad \begin{bmatrix} X_2 \\ Y_2 \\ Z_2 \end{bmatrix} = R_2 \begin{bmatrix} x_2 \\ y_2 \\ -f \end{bmatrix} \tag{3-8-1}$$

式中，R_1、R_2 是根据左右像片已知的外方位元素的角元素，利用式（3-3-11）计算的左、右像片的旋转矩阵。

设地面点 A 在地面摄测坐标系 $D\text{-}X_{tp}Y_{tp}Z_{tp}$ 中的坐标为（X_A，Y_A，Z_A），根据后方交会可获得左右摄站 S_1、S_2 在地面摄测坐标系 $D\text{-}X_{tp}Y_{tp}Z_{tp}$ 中的坐标分别为（X_{S_1}，Y_{S_1}，Z_{S_1}），（X_{S_2}，Y_{S_2}，Z_{S_2}，它们和摄影基线 B 的三个坐标分量 B_X、B_Y、B_Z 有如下关系 ：

$$\left.\begin{aligned} B_X &= X_{S_2} - X_{S_1} \\ B_Y &= Y_{S_2} - Y_{S_1} \\ B_Z &= Z_{S_2} - Z_{S_1} \end{aligned}\right\} \tag{3-8-2}$$

因坐标系选择时，左片、右片的像空间辅助坐标系及地面摄测坐标系的坐标轴相互平行，且摄影时，摄站点、像点、地面点三点共线，则由图 3.26 和相似三角形的关系可得

$$\left.\begin{aligned} \frac{S_1A}{S_1a_1} &= \frac{X_A - X_{S_1}}{X_1} = \frac{Y_A - Y_{S_1}}{Y_1} = \frac{Z_A - Z_{S_1}}{Z_1} = N_1 \\ \frac{S_2A}{S_2a_2} &= \frac{X_A - X_{S_2}}{X_2} = \frac{Y_A - Y_{S_2}}{Y_2} = \frac{Z_A - Z_{S_2}}{Z_2} = N_2 \end{aligned}\right\} \tag{3-8-3}$$

式中，N_1、N_2 分别称为左、右像点的点投影系数。

根据式（3-8-3），可得模型点 A 在像空间辅助坐标系 $S_1\text{-}X_1Y_1Z_1$ 中的坐标为

$$\left.\begin{aligned} X_A &= N_1X_1 = B_X + N_2X_2 \\ Y_A &= N_1Y_1 = B_Y + N_2Y_2 \\ Z_A &= N_1Z_1 = B_Z + N_2Z_2 \end{aligned}\right\} \tag{3-8-4}$$

由式（3-8-4）可求得点投影系数的计算式：

$$\left.\begin{aligned} N_1 &= \frac{B_XZ_2 - B_ZX_2}{X_1Z_2 - X_2Z_1} \\ N_2 &= \frac{B_XZ_1 - B_ZX_1}{X_1Z_2 - X_2Z_1} \end{aligned}\right\} \tag{3-8-5}$$

根据式（3-8-4）和式（3-8-5）可计算出地面点 A 在地面摄测坐标系中的坐标：

$$\left.\begin{aligned} X_A &= X_{S_1} + N_1X_1 = X_{S_2} + N_2X_2 \\ Y_A &= Y_{S_1} + N_1Y_1 = Y_{S_2} + N_2Y_2 = \frac{1}{2}[(Y_{S_1} + N_1Y_1) + (Y_{S_2} + N_2Y_2)] \\ Z_A &= Z_{S_1} + N_1Z_1 = Z_{S_2} + N_2Z_2 \end{aligned}\right\} \tag{3-8-6}$$

式（3-8-5）和式（3-8-6）即立体像对点投影系数法空间前方交会的基本公式。其中，Y

坐标取平均值是考虑到残余上下视差的影响，这样可减小其影响。

3.8.2 利用共线条件方程的前方交会严密解法

共线条件方程式建立了摄影中心、像点与对应物点之间的空间构象关系。由共线条件方程式（3-4-4），需利用立体像对中一对同名点的像点坐标，列出下列前方交会误差方程式：

$$\left.\begin{aligned} v_{x_1} &= a_{11}\Delta X + a_{12}\Delta Y + a_{13}\Delta Z + x_1{}^0 - x_1 \\ v_{y_1} &= a_{21}\Delta X + a_{22}\Delta Y + a_{23}\Delta Z + y_1{}^0 - y_1 \\ v_{x_2} &= a_{11}\Delta X + a_{12}\Delta Y + a_{13}\Delta Z + x_2{}^0 - x_2 \\ v_{y_2} &= a_{21}\Delta X + a_{22}\Delta Y + a_{23}\Delta Z + y_2{}^0 - y_2 \end{aligned}\right\} \tag{3-8-7}$$

进行间接平差，可求得地面点的物方坐标。这是一种严密的、不受像片数约束的空间前方交会方法。

3.9 双像解析的空间后方交会-前方交会方法

当通过摄影，获得目标物的一个立体像对时，可选择采用双像解析计算的空间后方交会-前方交会方法计算地面点的空间坐标。其步骤如下：

1. 野外像片控制测量

一个立体像对如图 3.27 所示，在重叠部分的四个角上，找出四个明显地物点，作为四个控制点。在野外判读出四个明显地物点的地面位置，做出地面标志，并在像片上准确刺出点位，背面加注说明；然后在野外用普通控制测量的方法测量出四个控制点的地面测量坐标并转化为地面摄测坐标(X_{tp}，Y_{tp}，Z_{tp})。

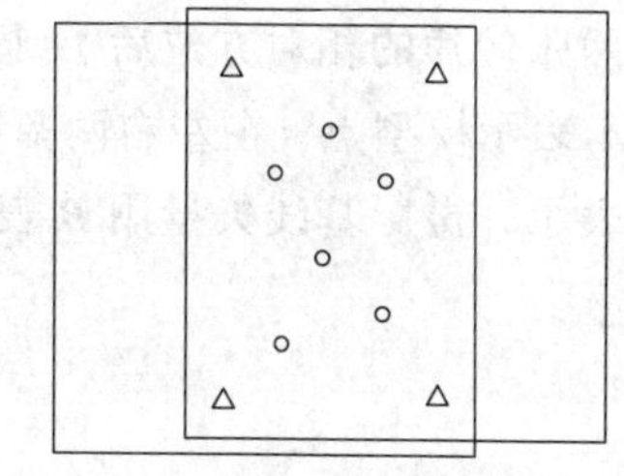

图 3.27 立体像对

△—控制点 ○—待定点

2. 量测像点坐标

利用立体坐标量测仪、摄影测量工作站或图像处理软件，测出四个控制点以及所有待求点在左右像片上的像点坐标，并作内定向。

3. 空间后方交会计算像片的方位元素

根据 3.5.3 节中空间后方交会的计算过程，对两张像片各自进行空间后方交会，计算出左右像片各自的 6 个外方位元素 X_{S_1}、Y_{S_1}、Z_{S_1}、φ_1、ω_1、κ_1 和 X_{S_2}、Y_{S_2}、Z_{S_2}、φ_2、ω_2、κ_2。

4. 空间前方交会计算未知点的地面坐标

（1）利用后方交会解算的左右像片的外方位元素角元素，按式（3-3-11），分别建立旋转矩阵 $\boldsymbol{R}_1$ 和 $\boldsymbol{R}_2$。

（2）根据左右像片的外方位元素线元素，按照式（3-8-2）计算摄影基线的分量 B_X、B_Y、B_Z。

（3）按式（3-8-1）逐点计算像点的像空间辅助坐标，按式（3-8-5）计算左右像点的点投影系数，按式（3-8-6）计算待定点的地面摄测坐标，直至完成所有点地面坐标的计算。

3.10 解析法相对定向

利用空间后方交会解求的像片外方位元素，是描述像片在摄影瞬间的空间绝对位置和姿态的参数。恢复立体像对中两张像片的外方位元素即能恢复其绝对位置和姿态，重建被摄物的绝对立体模型。

摄影测量中，上述过程还可以通过另一条途径来完成。首先暂不考虑像片的绝对位置和姿态，而只恢复两张像片之间的相对位置和姿态，这样建立的立体模型称为相对立体模型，其比例尺和方位均是任意的；然后在此基础上，将建立的相对立体模型进行平移、旋转、缩放，达到需要的绝对位置，从而建立与被摄物相似的绝对立体模型。这种方法称为相对定向-绝对定向法。

描述立体像对中相邻两张像片的相对位置和姿态的参数称为相对定向元素。

利用立体像对摄影时存在同名光线对应相交的几何关系，通过量测的像点坐标，以解析解算的方法（此时不需要野外控制点），解求两像片的相对定向元素的过程，称为解析法相对定向。相对定向的目的是建立一个与被摄物相似的相对立体模型，以确定模型点的三维坐标。

3.10.1 立体像对的共面条件方程

从两个不同摄站摄取同一地面的一个立体像对，当保持两摄站的相对位置不变（即恢复两张像片的相对方位后），同名光线一定对对相交于同一地面点，如图 3.28 所示。图中，a_1，a_2 表示模型点 A 在左右两幅影像上的构象，S_1a_1 和 S_2a_2 表示一对同名光线，其矢量用 $\overline{S_1a_1}$ 、$\overline{S_2a_2}$ 表示，摄影基线矢量用 $\boldsymbol{B}$ 表示。

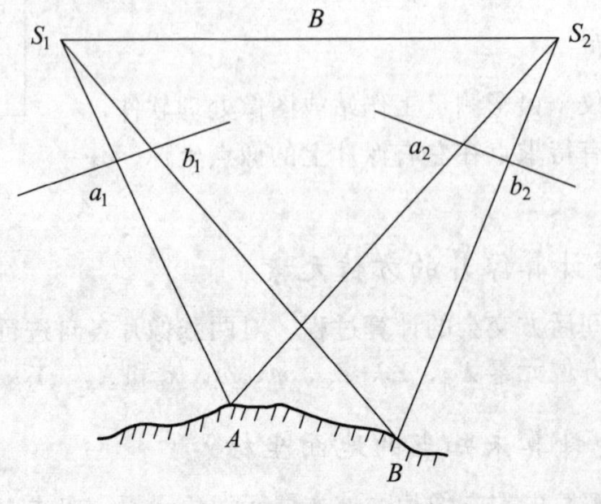

图 3.28 同名光线对对相交

当同名光线对对相交时，同名光线 S_1a_1、S_2a_2 和摄影基线 B 三线共面，即三个矢量共面。根据矢量代数——三矢量共面，它们的混合积为零，有

$$\overline{\boldsymbol{B}}\cdot(\overline{S_1a_1}\times\overline{S_2a_2})=0 \tag{3-10-1}$$

改用坐标的形式表示，即为一个三阶行列式等于零：

$$F=\begin{vmatrix} B_X & B_Y & B_Z \\ X_1 & Y_1 & Z_1 \\ X_2 & Y_2 & Z_2 \end{vmatrix}=0 \tag{3-10-2}$$

式中，（X_1，Y_1，Z_1）为左像点在以左摄影中心 S_1 为原点的像空间辅助坐标系 S_1-XYZ 中的坐标；（X_2，Y_2，Z_2）为右像点在以右摄影中心 S_2 为原点的像空间辅助坐标系 S_2-XYZ 中的坐标。S_1-XYZ 与 S_2-XYZ 原点不同，坐标轴彼此平行。B_X、B_Y、B_Z 分别为摄影基线 B 在像空间辅助坐标系 X、Y、Z 三个方向上的分量。

式（3-10-2）即为立体像对的共面条件方程，其值为零的条件是完成相对定向的标准。所以，相对定向的实质是恢复同名光线对对相交，建立相对立体模型。

当像空间辅助坐标系的选择不同时，相对定向可分为连续像对相对定向和单独像对相对定向。

3.10.2 连续像对相对定向

连续像对相对定向是在相对定向过程中，以左像片为基准，求出右像片相对于左像片的相对定向元素。

如图 3.29 所示，选择左片的像空间直角坐标系为本像对的像空间辅助坐标系 S_1-$X_1Y_1Z_1$，此时，左、右像片在 S_1-$X_1Y_1Z_1$ 中的 12 个外方位元素如下：

左像片：$X_{S_1}=0,Y_{S_1}=0,Z_{S_1}=0,\varphi_1=0,\omega_1=0,\kappa_1=0$

右像片：$X_{S_2}=b_x,Y_{S_2}=b_y,Z_{S_2}=b_z,\varphi_2=\varphi,\omega_2=\omega,\kappa_2=\kappa$

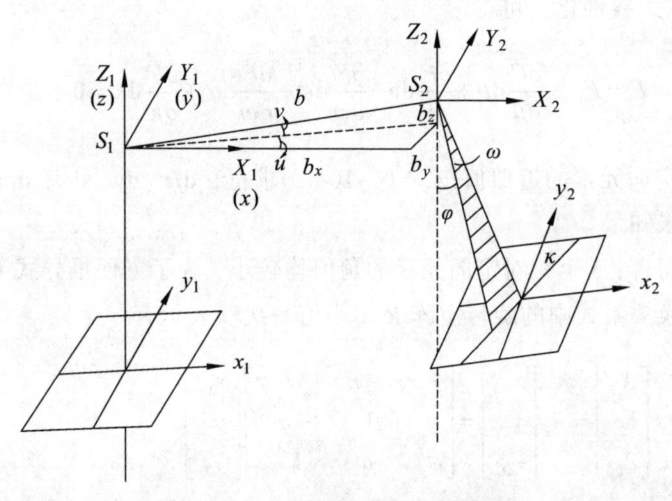

图 3.29 连续像对相对定向元素

那么，b_x、b_y、b_z、φ、ω、κ 为两张像片的外方位元素的相对差。其中，由于 b_x 只影响相对定向后建立的立体模型的大小，即只影响模型比例尺的大小，不影响相对方位和立体模型的建立，在相对定向中常设定为已知值。这样，相对定向需要解求的相对定向元素只有 5 个，即 b_y、b_z、φ、ω、κ，称为连续像对相对定向元素。解算连续像对相对定向元素的方法称为连续像对相对定向法。其实质为：在连续相对定向过程中，像片对中左片的方位始终保持不变，而右片相对于左片作 5 个相对定向元素的运动。

为了与角元素的单位统一，常将 b_y、b_z，用角度表示，根据图 3.29，有

$$\left.\begin{aligned} b_y &= b_x \tan\mu \approx b_x \mu \\ b_z &= \frac{b_x}{\cos\mu}\tan\nu \approx b_x \nu \end{aligned}\right\} \tag{3-10-3}$$

则 5 个连续像对相对定向元素为 μ、ν、φ、ω、κ，可借助共面条件方程式（3-10-2）进行解求。

将式（3-10-3）代入式（3-10-2）可得

$$F = b_x \begin{vmatrix} 1 & \mu & \nu \\ X_1 & Y_1 & Z_1 \\ X_2 & Y_2 & Z_2 \end{vmatrix} = 0 \tag{3-10-4}$$

其中，

$$\begin{bmatrix} X_1 \\ Y_1 \\ Z_1 \end{bmatrix} = R_1 \begin{bmatrix} x_1 \\ y_1 \\ -f \end{bmatrix}, \quad \begin{bmatrix} X_2 \\ Y_2 \\ Z_2 \end{bmatrix} = R_2 \begin{bmatrix} x_2 \\ y_2 \\ -f \end{bmatrix}$$

$R_1 = I$（单位阵），R_2 为右片角元素按式（3-3-11）构成。

将（3-10-4）式线性化，可得

$$F = F_0 + \frac{\partial F}{\partial \mu}\mathrm{d}\mu + \frac{\partial F}{\partial \nu}\mathrm{d}\nu + \frac{\partial F}{\partial \varphi}\mathrm{d}\varphi + \frac{\partial F}{\partial \omega}\mathrm{d}\omega + \frac{\partial F}{\partial \kappa}\mathrm{d}\kappa = 0 \tag{3-10-5}$$

式中，F_0 用相对定向元素的近似值按式（3-10-4）求得，$\mathrm{d}\mu$、$\mathrm{d}\nu$、$\mathrm{d}\varphi$、$\mathrm{d}\omega$、$\mathrm{d}\kappa$ 为相对定向元素的改正数，为未知量。

对竖直摄影而言，5 个相对定向元素的角值均较小，为了方便推导式（3-10-5）中的各项偏导数，坐标变换关系式中的旋转矩阵 $\boldsymbol{R}$ 用小值一次项表示有

$$\begin{bmatrix} X_2 \\ Y_2 \\ Z_2 \end{bmatrix} = R_2 \begin{bmatrix} x_2 \\ y_2 \\ -f \end{bmatrix} = \begin{bmatrix} 1 & -\kappa & -\varphi \\ \kappa & 1 & -\omega \\ \varphi & \omega & 1 \end{bmatrix} \begin{bmatrix} x_2 \\ y_2 \\ -f \end{bmatrix}$$

上式分别对 φ、ω、κ 求偏导数，可得

$$\frac{\partial}{\partial\varphi}\begin{bmatrix}X_2\\Y_2\\Z_2\end{bmatrix}=\begin{bmatrix}0&0&-1\\0&0&0\\1&0&0\end{bmatrix}\begin{bmatrix}x_2\\y_2\\-f\end{bmatrix}=\begin{bmatrix}f\\0\\x_2\end{bmatrix}$$

$$\frac{\partial}{\partial\omega}\begin{bmatrix}X_2\\Y_2\\Z_2\end{bmatrix}=\begin{bmatrix}0&0&0\\0&0&-1\\0&1&0\end{bmatrix}\begin{bmatrix}x_2\\y_2\\-f\end{bmatrix}=\begin{bmatrix}0\\f\\y_2\end{bmatrix}$$

$$\frac{\partial}{\partial\kappa}\begin{bmatrix}X_2\\Y_2\\Z_2\end{bmatrix}=\begin{bmatrix}0&-1&0\\1&0&0\\0&0&0\end{bmatrix}\begin{bmatrix}x_2\\y_2\\-f\end{bmatrix}=\begin{bmatrix}-y_2\\x_2\\0\end{bmatrix}$$

由上式可求得式（3-10-5）中的 5 个未知数系数的偏导数为

$$\frac{\partial F}{\partial\varphi}=b_x\begin{vmatrix}1&\mu&v\\X_1&Y_1&Z_1\\\dfrac{\partial X_2}{\partial\varphi}&\dfrac{\partial Y_2}{\partial\varphi}&\dfrac{\partial Z_2}{\partial\varphi}\end{vmatrix}=b_x\begin{vmatrix}1&\mu&v\\X_1&Y_1&Z_1\\f&0&x_2\end{vmatrix}$$

$$\frac{\partial F}{\partial\omega}=b_x\begin{vmatrix}1&\mu&v\\X_1&Y_1&Z_1\\\dfrac{\partial X_2}{\partial\omega}&\dfrac{\partial Y_2}{\partial\omega}&\dfrac{\partial Z_2}{\partial\omega}\end{vmatrix}=b_x\begin{vmatrix}1&\mu&v\\X_1&Y_1&Z_1\\0&f&y_2\end{vmatrix}$$

$$\frac{\partial F}{\partial\kappa}=b_x\begin{vmatrix}1&\mu&v\\X_1&Y_1&Z_1\\\dfrac{\partial X_2}{\partial\kappa}&\dfrac{\partial Y_2}{\partial\kappa}&\dfrac{\partial Z_2}{\partial\kappa}\end{vmatrix}=b_x\begin{vmatrix}1&\mu&v\\X_1&Y_1&Z_1\\-y_2&x_2&0\end{vmatrix}$$

$$\frac{\partial F}{\partial\mu}=b_x\begin{vmatrix}Z_1&X_1\\Z_2&X_2\end{vmatrix}$$

$$\frac{\partial F}{\partial v}=b_x\begin{vmatrix}X_1&Y_1\\X_2&Y_2\end{vmatrix}$$

将上述 5 个偏导数代入式（3-10-5），展开后等式两边分别除以 b_x，并略去二次以上小项，整理可得

$$(X_2Z_1-X_1Z_2)\mathrm{d}\mu+(X_1Y_2-X_2Y_1)\mathrm{d}v+x_2Y_1\mathrm{d}\varphi+(Y_1y_2+Z_1f)\mathrm{d}\omega-x_2Z_1\mathrm{d}\kappa+\frac{F_0}{b_x}=0 \qquad (3\text{-}10\text{-}6)$$

在仅考虑到小值一次项的情况下，上式中的 x_2、y_2 可用像空间辅助坐标值 X_2、Y_2 取代，

并且近似地认为

$$\left.\begin{aligned}&Y_1=Y_2\\&Z_1=Z_2\\&Z_1X_2-X_1Z_2=-\frac{b_x}{N_2}Z_1\\&X_1Y_2-X_2Y_1=\frac{b_x}{N_2}Y_1\end{aligned}\right\}\tag{3-10-7}$$

式中，N_1、N_2分别是左右像点的点投影系数。

将式（3-10-7）代入式（3-10-6），并用$-\frac{N_2}{Z_1}$乘以全式，且令$Q=\frac{F_0N_2}{b_xZ_1}$，得

$$Q=\frac{F_0N_2}{b_xZ_1}=-\frac{X_2Y_2}{Z_2}N_2\mathrm{d}\varphi-\left(Z_2+\frac{Y_2^2}{Z_2}\right)N_2\mathrm{d}\omega+X_2N_2\mathrm{d}\kappa+b_x\mathrm{d}\mu-\frac{Y_2}{Z_2}b_x\mathrm{d}v\tag{3-10-8}$$

式中，

$$\begin{aligned}Q&=\frac{\begin{vmatrix}b_x&b_y&b_z\\X_1&Y_1&Z_1\\X_2&Y_2&Z_2\end{vmatrix}}{X_1Z_2-Z_1X_2}=\frac{b_xZ_2-b_zX_2}{X_1Z_2-Z_1X_2}Y_1-\frac{b_xZ_2-b_zX_1}{X_1Z_2-Z_1X_2}Y_2-b_y\\&=N_1Y_1-N_2Y_2-b_y\end{aligned}\tag{3-10-9}$$

其中，N_1为左像点a_1的点投影系数，N_2为右像点a_2的点投影系数。

由式（3-10-9）可以看出，Q值的几何意义为连续相对定向时模型点在Y方向上的上下视差：若$Q=0$，表示同名光线对对相交，相对定向完成；若$Q\neq0$时，表示模型存在上下视差，相对定向没有完成。

式（3-10-8）和式（3-10-9）便是解析法连续像对相对定向的解算公式。

在立体像对中，每量测一对同名点的像点坐标（x_1，y_1）、（x_2，y_2），就可以列出一个方程式。由于式（3-10-8）有5个未知数$\mathrm{d}\mu$、$\mathrm{d}v$、$\mathrm{d}\varphi$、$\mathrm{d}\omega$、$\mathrm{d}\kappa$，所以，至少需要量测5对同名点的像点坐标，列5个方程，计算5个连续相对定向元素。当有多余观测时，将Q视为观测值，由式（3-10-8）建立连续像对相对定向的误差方程式为

$$V_Q=-\frac{X_2Y_2}{Z_2}N_2\mathrm{d}\varphi-\left(Z_2+\frac{Y_2^2}{Z_2}\right)N_2\mathrm{d}\omega+X_2N_2\mathrm{d}\kappa+b_x\mathrm{d}\mu-\frac{Y_2}{Z_2}b_x\mathrm{d}v-Q\tag{3-10-10}$$

当观测了6对以上同名点时，就可按最小二乘法求解。

设误差方程式（3-10-10）的系数用符号表示为

$$a=-\frac{X_2Y_2}{Z_2}N_2,\ b=-\left(Z_2+\frac{Y_2^2}{Z_2}\right)N_2,\ c=X_2N_2,\ d=b_x,\ e=-\frac{Y_2}{Z_2}b_x$$

则n对同名点的连续相对定向误差方程式的矩阵形式为

$$\underset{n,1}{\boldsymbol{V}} = \underset{n,5}{\boldsymbol{A}}\underset{5,1}{\boldsymbol{X}} - \underset{n,1}{\boldsymbol{L}},\ \underset{n,n}{\boldsymbol{P}} = \underset{n,n}{\boldsymbol{I}} \tag{10-10-11}$$

其中，

$$\underset{n,1}{\boldsymbol{V}} = [V_1 \quad V_2 \cdots \quad V_n]^{\mathrm{T}}$$

$$\underset{n,5}{\boldsymbol{A}} = \begin{bmatrix} a_1 & b_1 & c_1 & d_1 & e_1 \\ \vdots & \vdots & & & \vdots \\ a_n & b_n & c_n & d_n & e_n \end{bmatrix}$$

$$\underset{n,1}{\boldsymbol{L}} = [Q_1 \quad Q_2 \cdots \quad Q_n]^{\mathrm{T}}$$

相应的法方程为

$$\underset{5,n}{\boldsymbol{A}^{\mathrm{T}}}\underset{n,5}{\boldsymbol{A}}\underset{5,1}{X} = \underset{5,n}{\boldsymbol{A}^{\mathrm{T}}}\underset{n,1}{L} \tag{3-10-12}$$

法方程的解为

$$\underset{5,1}{X} = (\boldsymbol{A}^{\mathrm{T}}\boldsymbol{A})^{-1}(\boldsymbol{A}^{\mathrm{T}}L) \tag{3-10-13}$$

上述相对定向元素的解求过程是一个逐步趋近的迭代过程。实际中，通常认为当所有相对定向元素的改正数小于限值 0.3×10^{-4} 弧度时，迭代结束。最后求得的各相对定向元素的平差值如下：

$$\left.\begin{aligned} \varphi &= \varphi^0 + d\varphi_1 + \mathrm{d}\varphi_2 + \cdots \\ \omega &= \omega^0 + d\omega_1 + \mathrm{d}\omega_2 + \cdots \\ \kappa &= \kappa^0 + d\kappa_1 + \mathrm{d}\kappa_2 + \cdots \\ \mu &= \mu^0 + d\mu_1 + \mathrm{d}\mu_2 + \cdots \\ \nu &= \nu^0 + d\nu_1 + \mathrm{d}\nu_2 + \cdots \end{aligned}\right\} \tag{3-10-14}$$

式中，φ^0、ω^0、κ^0、μ^0、ν^0 为相对定向元素的近似值，再根据式（3-10-3）计算出 b_y、b_z。

利用法方程式中未知数的系数阵的逆阵 $\boldsymbol{Q}_{ii} = (\boldsymbol{A}^{\mathrm{T}}\boldsymbol{A})^{-1}$ 按下式解算得相对定向元素的中误差，完成相对定向的精度评定：

$$m_i = m_0\sqrt{Q_{ii}} \tag{3-10-15}$$

其中，单位权中误差的计算公式

$$m_0 = \pm\sqrt{\frac{\sum V_i^2}{n-5}} \tag{3-10-16}$$

3.10.3 连续像对相对定向的严密公式

在上面的讨论过程中，把 Q 视为观测值，而实际的观测值应该是左右影像上的像点坐标。

在推导中使用了近似式(3-10-7),并略去了相对定向元素的二次以上的小项,所以式(3-10-10)只是连续相对定向的近似作业公式。

连续相对定向的严密处理应将(x_1, y_1)、(x_2, y_2)像点坐标观测值加入改正数，并且对未知数φ、ω、κ的系数进行严密求偏导，有

$$\frac{\partial F}{\partial \varphi}=\begin{vmatrix} b_x & b_y & b_z \\ X_1 & Y_1 & Z_1 \\ -Z_2 & 0 & X_2 \end{vmatrix}$$

$$\frac{\partial F}{\partial \omega}=\begin{vmatrix} b_x & b_y & b_z \\ X_1 & Y_1 & Z_1 \\ -Y_2\sin\varphi & X_2\sin\varphi-Z_2\cos\varphi & Y_2\cos\varphi \end{vmatrix}$$

$$\frac{\partial F}{\partial \kappa}=\begin{vmatrix} b_x & b_y & b_z \\ X_1 & Y_1 & Z_1 \\ -Y_2\cos\varphi\cos\omega-Z_2\sin\omega & X_2\cos\varphi\cos\omega+Z_2\sin\varphi\cos\omega & X_2\sin\omega-Y_2\sin\varphi\cos\omega \end{vmatrix}$$

从而得到连续像对相对定向的严密误差方程式为

$$\frac{\begin{vmatrix} b_x & b_y & b_z \\ a_1 & b_1 & c_1 \\ X_2 & Y_2 & Z_2 \end{vmatrix}}{\begin{vmatrix} X_1 & Z_1 \\ X_2 & Z_2 \end{vmatrix}}v_{x_1}+\frac{\begin{vmatrix} b_x & b_y & b_z \\ a_2 & b_2 & c_2 \\ X_2 & Y_2 & Z_2 \end{vmatrix}}{\begin{vmatrix} X_1 & Z_1 \\ X_2 & Z_2 \end{vmatrix}}v_{y_1}+\frac{\begin{vmatrix} b_x & b_y & b_z \\ X_1 & Y_1 & Z_1 \\ a_1' & b_1' & c_1' \end{vmatrix}}{\begin{vmatrix} X_1 & Z_1 \\ X_2 & Z_2 \end{vmatrix}}v_{x_2}+\frac{\begin{vmatrix} b_x & b_y & b_z \\ X_1 & Y_1 & Z_1 \\ a_2' & b_2' & c_2' \end{vmatrix}}{\begin{vmatrix} X_1 & Z_1 \\ X_2 & Z_2 \end{vmatrix}}v_{y_2}$$

$$=\mathrm{d}b_y-\frac{\begin{vmatrix} X_1 & Y_1 \\ X_2 & Y_2 \end{vmatrix}}{\begin{vmatrix} X_1 & Z_1 \\ X_2 & Z_2 \end{vmatrix}}\mathrm{d}b_z-\frac{\begin{vmatrix} b_x & b_y & b_z \\ X_1 & Y_1 & Z_1 \\ -Z_2 & 0 & X_2 \end{vmatrix}}{\begin{vmatrix} X_1 & Z_1 \\ X_2 & Z_2 \end{vmatrix}}\mathrm{d}\varphi-\frac{\begin{vmatrix} b_x & b_y & b_z \\ X_1 & Y_1 & Z_1 \\ -Y_2\sin\varphi & X_2\sin\varphi-Z_2\cos\omega & Y_2\cos\varphi \end{vmatrix}}{\begin{vmatrix} X_1 & Z_1 \\ X_2 & Z_2 \end{vmatrix}}\mathrm{d}\omega$$

$$-\frac{\begin{vmatrix} b_x & b_y & b_z \\ X_1 & Y_1 & Z_1 \\ -Y_2\cos\varphi\cos\omega-Z_2\sin\omega & X_2\cos\varphi\cos\omega+Z_2\sin\varphi\cos\omega & X_2\sin\omega-Y_2\sin\varphi\cos\omega \end{vmatrix}}{\begin{vmatrix} X_1 & Z_1 \\ X_2 & Z_2 \end{vmatrix}}\mathrm{d}\kappa-Q$$

（3-10-17）

式中，a_i、b_i、c_i和a_i'、b_i'、c_i'分别取自左右像片的旋转矩阵。式（3-10-17）构成附参数的条件平差的条件方程式，用矩阵形式表示为

$$\boldsymbol{AV}=\boldsymbol{BX}-\boldsymbol{L},\ P \qquad (3\text{-}10\text{-}18)$$

相应的法方程式为

$$
\begin{aligned}
&\boldsymbol{B}^{\mathrm{T}}(\boldsymbol{A}\boldsymbol{P}^{-1}\boldsymbol{A}^{\mathrm{T}})^{-1}\boldsymbol{B}\boldsymbol{X}=\boldsymbol{B}^{\mathrm{T}}(\boldsymbol{A}\boldsymbol{P}^{-1}\boldsymbol{A}^{\mathrm{T}})^{-1}\boldsymbol{L}\\
&\boldsymbol{X}=[\boldsymbol{B}^{\mathrm{T}}(\boldsymbol{A}\boldsymbol{P}^{-1}\boldsymbol{A}^{\mathrm{T}})^{-1}\boldsymbol{B}]^{-1}\boldsymbol{B}^{\mathrm{T}}(\boldsymbol{A}\boldsymbol{P}^{-1}\boldsymbol{A}^{\mathrm{T}})^{-1}\boldsymbol{L}
\end{aligned}
\tag{3-10-19}
$$

式（3-10-17）和式（3-10-18）即连续像对相对定向的严密公式。

3.10.4 单独像对相对定向

单独像对相对定向的原理和连续像对相对定向的原理相同，所不同的是所选用的像空间辅助坐标系不同。单独像对相对定向的像空间辅助坐标系是以左摄影中心 S_1 为原点，摄影基线 B 为 X 轴，其正向与航线方向一致，以左像片主光轴与摄影基线组成的左主核面为 XZ 平面，构成右手系 $S_1\text{-}X_1Y_1Z_1$，如图 3.30 所示。此时，左、右像片的外方位元素如下：

左像片：$X_{S_1}=0,\ Y_{S_1}=0,\ Z_{S_1}=0,\ \varphi_1,\ \omega_1=0,\ \kappa_1$

右像片：$X_{S_2}=b_x=b,\ Y_{S_2}=b_y=0,\ Z_{S_2}=b_z=0,\ \varphi_2,\ \omega_2,\ \kappa_2$

同样，$b=b_x$ 只影响模型比例尺的大小，不影响立体模型的建立，相对定向中视为已知值。所以，单独像对相对定向元素仍然是 5 个：φ_1、κ_1、φ_2、ω_2、κ_2。

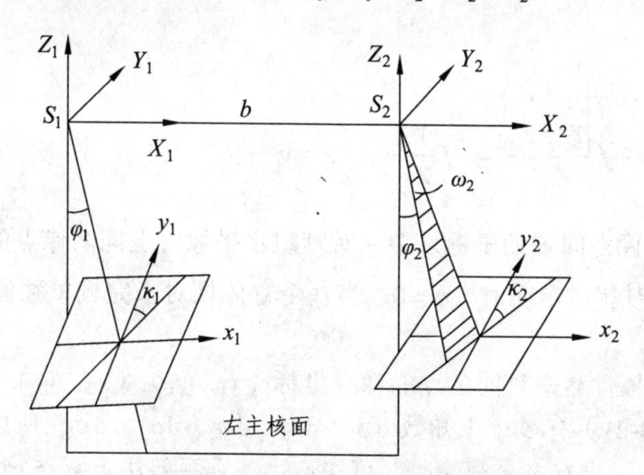

图 3.30 单独像对相对定向元素

如图 3.31 所示，在单独像对相对定向的像空间辅助坐标系中，共面条件方程式的表达式为

$$
F=\begin{vmatrix} b & 0 & 0\\ X_1 & Y_1 & Z_1\\ X_2 & Y_2 & Z_2 \end{vmatrix}=b\begin{vmatrix} Y_1 & Z_1\\ Y_2 & Z_2 \end{vmatrix}=0 \tag{3-10-20}
$$

式中，（X_1，Y_1，Z_1）是左像点 a_1 在像空间辅助坐标系 $S_1\text{-}X_1Y_1Z_1$ 中的坐标，（X_2，Y_2，Z_2）是右像点 a_2 在像空间辅助坐标系 $S_2\text{-}X_2Y_2Z_2$ 中的坐标。

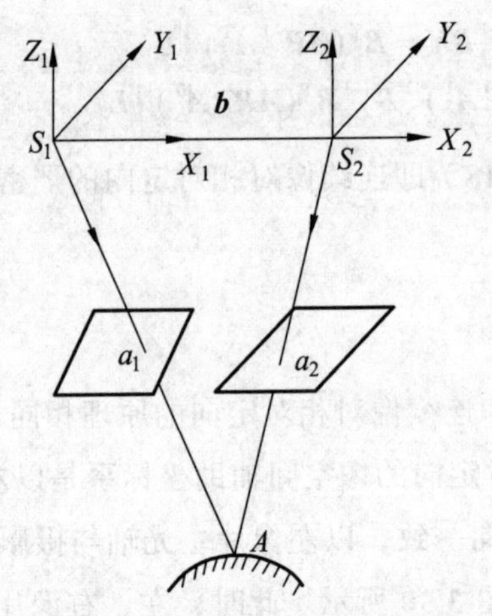

图 3.31　单独像对相对定向共面条件

按照与连续像对相对定向相同的推导方法，同理可得单独像对相对定向的误差方程式为

$$V_Q=-\frac{X_1Y_2}{Z_1}\mathrm{d}\varphi_1-X_1\mathrm{d}\kappa_1+\frac{X_2Y_1}{Z_1}\mathrm{d}\varphi_2+\left(Z_1+\frac{Y_1Y_2}{Z_1}\right)\mathrm{d}\omega_2+X_2\mathrm{d}\kappa_2-q \tag{3-10-21}$$

式中，

$$q=-f\frac{\begin{vmatrix}Y_1 & Z_1\\ Y_2 & Z_2\end{vmatrix}}{Z_1Z_2}=-f\frac{Y_1}{Z_1}+f\frac{Y_2}{Z_2}=y_{t_1}-y_{t_2} \tag{3-10-22}$$

y_{t_1}、y_{t_2} 是相当于像空间辅助坐标系中一对理想水平像对上同名像点的上下视差。当一个立体像对完成单独像对相对定向时，$q=0$；当一个立体像对未完成单独像对相对定向时，同名光线不相交，$q\neq 0$。

在立体像对中，每量测一对同名点的像点坐标（x_1，y_1）、（x_2，y_2），就可以列出一个方程式。由于式（3-10-21）有 5 个未知数 $\mathrm{d}\varphi_1$、$\mathrm{d}\kappa_1$、$\mathrm{d}\varphi_2$、$\mathrm{d}\omega_2$、$\mathrm{d}\kappa_2$，所以，至少需要量测 5 对同名点的像点坐标。当有多余观测时，可按最小二乘平差法求解 5 个单独像对相对定向元素。同样，求解过程需反复趋近，直到满足精度要求为止。

3.10.5　相对定向元素的解算过程

摄影测量中，相对定向常选用 6 对同名点列立误差方程。这 6 对同名点称为定向点，其点位分布如图 3.32 所示，其中，1、2 点应是左右像片像主点 o_1、o_2 附近的明显地物点，各点距边界的距离应大于 1.5cm；1、3、5 三点和 2、4、6 三点尽量位于与像主点 o_1、o_2 连线垂直的直线上，且线段 13、线段 24、线段 15、线段 26 的长度应尽量等于线段 o_1o_2 的长度。

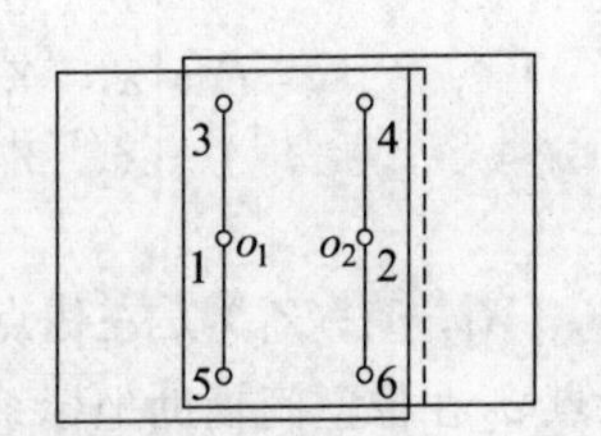

图 3.32　定向点的标准点位

利用 6 对相对定向点的像点坐标,可选择连续像对相对定向或单独像对相对定向法进行解析相对定向，求出 5 个相对定向元素。下面以连续像对相对定向为例，介绍其计算过程如下：

（1）量测选定的 6 对定向点在左、右像片上的像点坐标（x_1，y_1）和（x_2，y_2），并完成内定向。

（2）选择相对定向元素的初始值：$\mu^0 = \nu^0 = \varphi^0 = \omega^0 = \kappa^0$；左片的旋转矩阵为 $\boldsymbol{R}_1 = \boldsymbol{I}$（单位阵）。

（3）根据相对定向元素的初始值，按式（3-3-11）计算右片的旋转矩阵 $\boldsymbol{R}_2$。

（4）左像点的像空间辅助坐标（X_1，Y_1，Z_1）=（x_1，y_1，$-f$），右像点的像空间辅助坐标（X_2，Y_2，Z_2）按式（3-3-6）计算。

（5)根据给定的相对定向元素的初始值，按式（3-10-3）计算 b_y、b_z，按式（3-8-5）计算各点的点投影系数 N_1、N_2。

（6）按式（3-10-10）和式（3-10-9）建立每个定向点的误差方程式。

（7）按式（3-10-12）和式（3-10-13）建立法方程和解求法方程式，求得定向元素的改正数。

（8）将求得的定向元素的改正数加上相对定向元素的初始值，求得相对定向元素的新值。

（9）检查相对定向元素的改正数是否大于限差（常取 0.3×10^{-4}），若大于限差，将上步求得的相对定向元素值作为新的近似值。重复步骤（3）~（9）的计算，直到所有相对定向元素的改正数都小于限差为止。

（10）按式（3-10-14）解算相对定向元素的平差值。

（11）按式（3-10-15）对相对定向结果进行精读评定。

以上步骤的计算流程图见图 3.33。

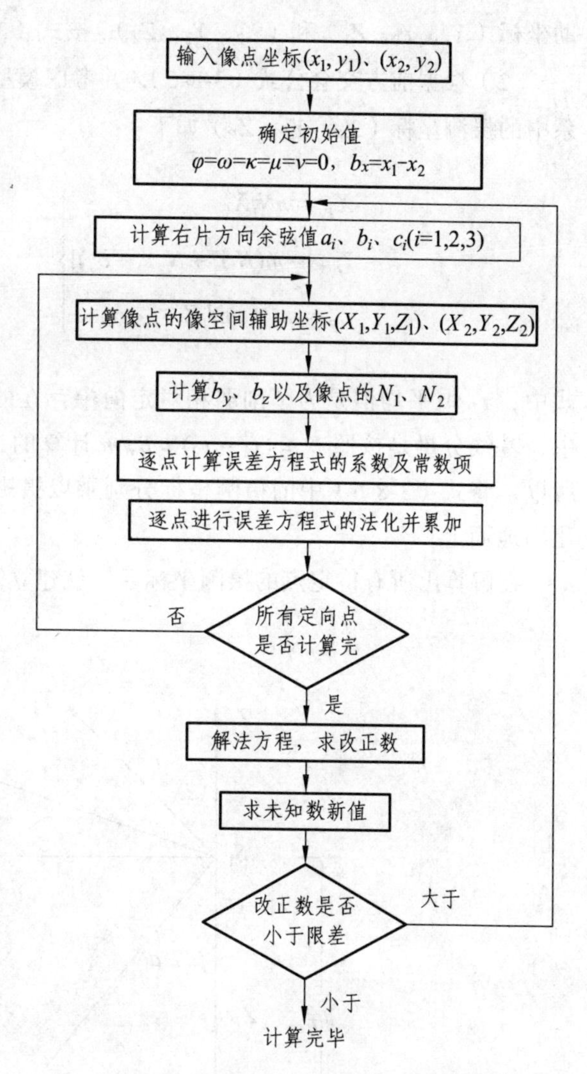

图 3.33　连续像对相对定向计算流程

3.10.6　模型点坐标的计算

在正确求出相对定向元素后，就可用 3.8.1 节所介绍的点投影系数前方交会法，计算出模型点的模型坐标，建立被摄物的相对立体模型。

为了绝对定向的解算，需先将相对定向建立的相对立体模型平移至摄测坐标系中，并归化比例尺。如图 3.34 所示，建立摄测坐标系 $P\text{-}X_PY_PZ_P$，选择摄测坐标系的坐标轴与像空间辅助坐标系的坐标轴相互平行，原点为 Z_1 轴与地面的交点 P，S_1 到 P 的距离为航高 $H=mf$。这里，m 为像片比例尺，f 为摄影机的主距，左摄影中心 S_1 点的摄测坐标为（0，0，mf）。模型点 A 在摄测坐标系中的坐标的计算过程如下：

（1）根据式（3-10-14）解求出的相对定向元素，按式（3-3-6）计算左右像点的像空间辅助坐标（X_1，Y_1，Z_1）和（X_2，Y_2，Z_2）；按式（3-8-5）计算左右像点的点投影系数 N_1、N_2。

（2）根据前方交会公式（3-8-6），并考虑模型比例尺分母 m，得到模型点 A 在摄测坐标系中的摄测坐标（X_P，Y_P，Z_P）如下：

$$\left.\begin{aligned} X_P &= mN_1X_1 \\ Y_P &= \frac{1}{2}m(N_1Y_1 + N_2Y_2 + b_y)] \\ Z_P &= mf + mN_1Z_1 \end{aligned}\right\} \tag{3-10-23}$$

式中，Y_P 取平均值是为了削弱相对定向中存在的残余上下视差影响。同时，由于相对定向中，基线分量是按照 $b_x=(x_1-x_2)=B_x/m$ 计算的，模型点的坐标约为实际坐标大小的 $1/m$。所以，将式（3-8-6）中的摄测坐标分别乘以摄影比例尺分母 m，将模型点坐标的比例尺归化到地面上。

在解算出所有待定点的摄测坐标后，就建立了被摄物在摄测坐标系中的相对立体模型。

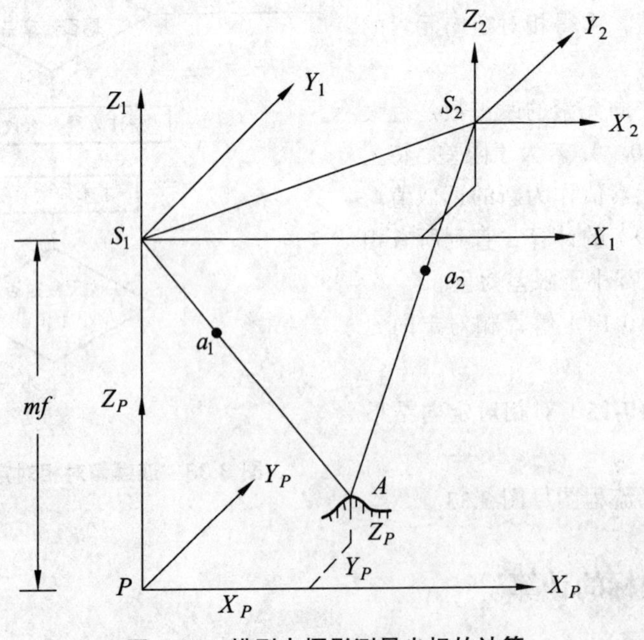

图 3.34　模型点摄影测量坐标的计算

3.11 解析法绝对定向

相对定向仅仅恢复了摄影时像片之间的相对位置，所建立的立体模型是一个以摄测坐标系为基准的相对立体模型，而摄影测量的目的是要求出模型点在地面测量坐标系中的坐标。摄测坐标系和地面测量坐标系原点不同，坐标系不一致，比例尺也不相同。要确定相对立体模型在地面测量坐标系中的正确位置，还需要将模型点的摄测坐标转化到地面测量坐标中，这需要借助于地面测量坐标为已知的控制点来进行，这个过程称为绝对定向。

解析法绝对定向就是利用已知的地面控制点，将相对定向建立的相对立体模型通过平移、旋转和缩放，变换到地面测量坐标系中，达到其绝对位置的过程。这在数学上是一个不同原点的三维空间相似变换问题。

对于航空摄影测量，由于地面测量坐标系是左手系，而摄测坐标系是右手系，为了使两个坐标系的 X 轴之间的夹角不至于太大，往往采用一个地面摄测坐标系（右手系）作为过渡。即先将地面控制点的地面测量坐标变换到地面摄测坐标系中，称为正变换；然后根据控制点的地面摄测坐标进行绝对定向；最后将经绝对定向后的任一模型点的地面摄测坐标变换到地面测量坐标系中，称为反变换。

3.11.1 绝对定向的基本关系式

假设任一模型点的摄测坐标为（X_P，Y_P，Z_P），该点的地面摄测坐标为（X_{tp}，Y_{tp}，Z_{tp}），这两个坐标系间存在空间相似变换关系：

$$\begin{bmatrix} X_{\mathrm{tp}} \\ Y_{\mathrm{tp}} \\ Z_{\mathrm{tp}} \end{bmatrix} = \lambda \begin{bmatrix} a_1 & a_2 & a_3 \\ b_1 & b_2 & b_3 \\ c_1 & c_2 & c_3 \end{bmatrix} \begin{bmatrix} X_P \\ Y_P \\ Z_P \end{bmatrix} + \begin{bmatrix} \Delta X \\ \Delta Y \\ \Delta Z \end{bmatrix} \tag{3-11-1}$$

式中 λ——比例尺缩放系数；

a_i，b_i，c_i——坐标轴系三个旋转角 $\varPhi$、$\varOmega$、K 按式（3-3-11）计算出的方向余弦；

ΔX，ΔY，ΔZ——坐标原点的平移量。

所以空间相似变换有 7 个变换参数：1 个比例尺缩放系数 λ，3 个坐标旋转量 $\varPhi$、$\varOmega$、K，3 个坐标平移量 ΔX、ΔY、ΔZ。这 7 个参数描述了摄影瞬间，相对立体模型在物方空间的绝对位置和姿态，称为绝对定向元素。若已知这 7 个绝对定向元素，就可以进行两个空间直角坐标系之间的变换。由于这种变换前后图形的几何形状相似，所以把这种变换称为相似变换。

式（3-11-1）即解析法绝对定向的基本关系式，需要借助控制点信息完成。

利用地面控制点解求绝对定向元素时，控制点的地面摄测坐标（X_{tp}，Y_{tp}，Z_{tp}）是已知值，其摄测坐标（X_P，Y_P，Z_P）是相对定向的结果。所以式（3-11-1）中，7 个绝对定向元素是未知数，摄测坐标（X_P，Y_P，Z_P）是观测值。在有多余观测时，可应用最小二乘法求解。

1. 绝对定向的严密公式

首先，将式（3-11-1）转变为适用用于间接平差处理的模型：

$$\begin{bmatrix} X_P \\ Y_P \\ Z_P \end{bmatrix} = \frac{1}{\lambda}\begin{bmatrix} a_1 & b_1 & c_1 \\ a_2 & b_2 & c_2 \\ a_3 & b_3 & c_3 \end{bmatrix}\begin{bmatrix} X_{\mathrm{tp}} - \Delta X \\ Y_{\mathrm{tp}} - \Delta Y \\ Z_{\mathrm{tp}} - \Delta Z \end{bmatrix} \tag{3-11-2}$$

对式（3-11-2）线性化得绝对定向的误差方程：

$$\begin{cases} V_{X_P} = \dfrac{\partial X_P}{\partial \lambda}\mathrm{d}\lambda + \dfrac{\partial X_P}{\partial \Phi}\mathrm{d}\Phi + \dfrac{\partial X_P}{\partial \Omega}\mathrm{d}\Omega + \dfrac{\partial X_P}{\partial K}\mathrm{d}K + \dfrac{\partial X_P}{\partial \Delta X}\mathrm{d}\Delta X + \dfrac{\partial X_P}{\partial \Delta Y}\mathrm{d}\Delta Y + \dfrac{\partial X_P}{\partial \Delta Z}\mathrm{d}\Delta Z - l_X \\ V_{Y_P} = \dfrac{\partial Y_P}{\partial \lambda}\mathrm{d}\lambda + \dfrac{\partial Y_P}{\partial \Phi}\mathrm{d}\Phi + \dfrac{\partial Y_P}{\partial \Omega}\mathrm{d}\Omega + \dfrac{\partial Y_P}{\partial K}\mathrm{d}K + \dfrac{\partial Y_P}{\partial \Delta X}\mathrm{d}\Delta X + \dfrac{\partial Y_P}{\partial \Delta Y}\mathrm{d}\Delta Y + \dfrac{\partial Y_P}{\partial \Delta Z}\mathrm{d}\Delta Z - l_Y \\ V_{Z_P} = \dfrac{\partial Z_P}{\partial \lambda}\mathrm{d}\lambda + \dfrac{\partial Z_P}{\partial \Phi}\mathrm{d}\Phi + \dfrac{\partial Z_P}{\partial \Omega}\mathrm{d}\Omega + \dfrac{\partial Z_P}{\partial K}\mathrm{d}K + \dfrac{\partial Z_P}{\partial \Delta X}\mathrm{d}\Delta X + \dfrac{\partial Z_P}{\partial \Delta Y}\mathrm{d}\Delta Y + \dfrac{\partial Z_P}{\partial \Delta Z}\mathrm{d}\Delta Z - l_Z \end{cases} \tag{3-11-3}$$

式中，常数项为

$$\begin{cases} l_X = X_P - \dfrac{1}{\lambda}[a_1(X_{\mathrm{tp}} - \Delta X) + b_1(Y_{\mathrm{tp}} - \Delta Y) + c_1(Z_{\mathrm{tp}} - \Delta Z)] = X_P - X_P^0 \\ l_Y = Y_P - \dfrac{1}{\lambda}[a_2(X_{\mathrm{tp}} - \Delta X) + b_2(Y_{\mathrm{tp}} - \Delta Y) + c_2(Z_{\mathrm{tp}} - \Delta Z)] = Y_P - Y_P^0 \\ l_Z = Z_P - \dfrac{1}{\lambda}[(a_3(X_{\mathrm{tp}} - \Delta X) + b_3(Y_{\mathrm{tp}} - \Delta Y) + c_3(Z_{\mathrm{tp}} - \Delta Z)] = Z_P - Z_P^0 \end{cases} \tag{3-11-4}$$

X_P^0、Y_P^0、Z_P^0为用绝对定向元素$[\lambda、\Phi、\Omega、K、\Delta X、\Delta Y、\Delta Z]^{\mathrm{T}}$的近似值代入式（3-11-2）求得的近似值。

根据式（3-11-2）可得绝对定向的严密误差方程式，以矩阵形式表示为

$$\underset{3n,1}{\boldsymbol{V}} = \underset{3n,7}{\boldsymbol{A}}\,\underset{7,1}{\boldsymbol{X}} - \underset{3n,1}{\boldsymbol{L}},\quad \underset{3n,3n}{\boldsymbol{P}} = \underset{3n,3n}{\boldsymbol{I}} \tag{3-11-5}$$

其中，

$$\boldsymbol{V} = \begin{bmatrix} V_{X_P} & V_{Y_P} & V_{Z_P} \end{bmatrix}^{\mathrm{T}}$$

$$\boldsymbol{X} = \begin{bmatrix} \mathrm{d}\Delta X & \mathrm{d}\Delta Y & \mathrm{d}\Delta Z & \mathrm{d}\lambda & \mathrm{d}\Phi & \mathrm{d}\Omega & \mathrm{d}K \end{bmatrix}^{\mathrm{T}}$$

$$\boldsymbol{A} = \frac{1}{\lambda}\begin{bmatrix} -a_1 & -b_1 & -c_1 & -\dfrac{X_P}{\lambda} & -c_1(X_{\mathrm{tp}} - \Delta X) + a_1(Z_{\mathrm{tp}} - \Delta Z) & \lambda Z_P \sin K & \lambda Y_P \\ -a_2 & -b_2 & -c_2 & -\dfrac{Y_P}{\lambda} & -c_2(X_{\mathrm{tp}} - \Delta x) + a_2(Z_{\mathrm{tp}} - \Delta Z) & \lambda Z_P \cos K & -\lambda X_P \\ -a_3 & -b_3 & -c_3 & -\dfrac{Z_P}{\lambda} & -c_3(X_{\mathrm{tp}} - \Delta X) + a_3(Z_{\mathrm{tp}} - \Delta Z) & G & 0 \end{bmatrix}$$

系数阵$\boldsymbol{A}$中，$G = \sin\Phi\sin\Omega(X_{\mathrm{tp}} - \Delta X) - \cos\Omega(Y_{\mathrm{tp}} - \Delta Y) - \cos\Phi\sin\Omega(Z_{\mathrm{tp}} - \Delta Z)$；

式中常数项 L 由式（3-11-4）算得。

相应的法方程式的解为

$$\boldsymbol{X}=(\boldsymbol{A}^{\mathrm{T}}\boldsymbol{A})^{-1}(\boldsymbol{A}^{\mathrm{T}}\boldsymbol{L})$$

2. 绝对定向的近似作业公式

竖直航空摄影中，可以考虑小角度的情况，即λ的近似值取 1，$\varPhi$、$\varOmega$、K 的近似值取 0，代入式（3-11-5），可得近似公式为

$$\begin{bmatrix} X_P \\ Y_P \\ Z_P \end{bmatrix}=\frac{1}{\lambda}\begin{bmatrix} 1 & K & \varPhi \\ -K & 1 & \varOmega \\ -\varPhi & -\varOmega & 1 \end{bmatrix}\begin{bmatrix} X_{\mathrm{tp}}-\Delta X \\ Y_{\mathrm{tp}}-\Delta Y \\ Z_{\mathrm{tp}}-\Delta Z \end{bmatrix} \tag{3-11-6}$$

则可建立绝对定向的近似误差方程式为

$$\underset{3n,1}{V}=\underset{3n,7}{A}\underset{7,1}{X}-\underset{3n,1}{l},\ \underset{3n,3n}{P}=\underset{3n,3n}{I} \tag{3-11-7}$$

其中，

$$\boldsymbol{V}=\begin{bmatrix} V_{X_P} & V_{Y_P} & V_{Z_P} \end{bmatrix}^{\mathrm{T}},$$

$$\boldsymbol{X}=\begin{bmatrix} \mathrm{d}\Delta X & \mathrm{d}\Delta Y & \mathrm{d}\Delta Z & \mathrm{d}\lambda & \mathrm{d}\varPhi & \mathrm{d}\varOmega & \mathrm{d}K \end{bmatrix}^{\mathrm{T}}$$

$$\boldsymbol{A}=\begin{bmatrix} -1 & -K & -\varPhi & -X_P & (Z_{\mathrm{tp}}-\Delta Z) & 0 & (Y_{\mathrm{tp}}-\Delta Y) \\ K & -1 & -\varOmega & -Y_P & 0 & (Z_{\mathrm{tp}}-\Delta Z) & -(X_{\mathrm{tp}}-\Delta X) \\ \varPhi & \varOmega & -1 & -Z_P & -(X_{\mathrm{tp}}-\Delta X) & -(Y_{\mathrm{tp}}-\Delta Y) & 0 \end{bmatrix}$$

式中常数项由式（3-11-4）算得。

相应的法方程式的解为

$$X=(A^{\mathrm{T}}A)^{-1}(A^{\mathrm{T}}L) \tag{3-11-8}$$

其中，法方程式的系数阵 $\boldsymbol{A}^{\mathrm{T}}\boldsymbol{A}=$

$$
\begin{bmatrix}
\sum(1+K^2+\Phi^2) & \sum(\Phi\Omega) & \sum(-K\Omega) & \sum(X_P-KY_P-\Phi Z_P) & \sum[-(Z_{tp}-\Delta Z)-\Phi(X_{tp}-\Delta X)] & \sum[K(Z_{tp}-\Delta Z)-\Phi(Y_{tp}-\Delta Y)] & \sum[-(Y_{tp}-\Delta Y)-K(X_{tp}-\Delta X)] \\
 & \sum(1+K^2+\Omega^2) & \sum(K\Phi) & \sum(Y_P+KX_P-\Omega Z_P) & \sum[-K(Z_{tp}-\Delta Z)-\Omega(X_{tp}-\Delta X)] & \sum[-(Z_{tp}-\Delta Z)-\Omega(Y_{tp}-\Delta Y)] & \sum[-K(Y_{tp}-\Delta Y)+(X_{tp}-\Delta X)] \\
 & & \sum(1+\Phi^2+\Omega^2) & \sum(Z_P+\Omega Y_P+\Phi X_P) & \sum[-\Phi(Z_{tp}-\Delta Z)+(X_{tp}-\Delta X)] & \sum[-\Omega(Z_{tp}-\Delta Z)+(Y_{tp}-\Delta Y)] & \sum[-\Phi(Y_{tp}-\Delta Y)+\Omega(X_{tp}-\Delta X)] \\
 & \text{对} & & \sum(X_P^2+Y_P^2+Z_P^2) & \sum[-X_p(Z_{tp}-\Delta Z)+Z_{tp}(X_{tp}-\Delta X)] & \sum[-Y_P(Z_{tp}-\Delta Z)+Z_P(Y_{tp}-\Delta Y)] & \sum[-X_P(Y_{tp}-\Delta Y)+Y_P(X_{tp}-\Delta X)] \\
 & & \text{称} & & \sum[(Z_{tp}-\Delta Z)^2+(X_{tp}-\Delta X)^2] & \sum[(X_{tp}-\Delta X)(Y_{tp}-\Delta Y)] & \sum[(Z_{tp}-\Delta Z)(Y_{tp}-\Delta Y)] \\
 & & & & & \sum[(Z_{tp}-\Delta Z)^2+(Y_{tp}-\Delta Y)^2] & \sum[-(Z_{tp}-\Delta Z)(X_{tp}-\Delta X)] \\
 & & & & & & \sum[(Y_{tp}-\Delta Y)^2+(X_{tp}-\Delta X)^2]
\end{bmatrix}
$$

常数阵为

$$
\boldsymbol{A}^{\mathrm{T}}\boldsymbol{L} = -\begin{bmatrix}
\sum(-l_X + Kl_Y + \Phi l_Z) \\
\sum(-Kl_X - l_Y + \Omega l_Z) \\
\sum(-\Phi l_X - \Omega l_Y - l_Z) \\
\sum-(X_P l_X + Y_P l_Y + Z_P l_Z) \\
\sum((Z_{\mathrm{tp}} - \Delta Z)l_X - (X_{\mathrm{tp}} - \Delta X)l_Z) \\
\sum((Z_{\mathrm{tp}} - \Delta Z)l_Y - (Y_{\mathrm{tp}} - \Delta Y)l_Z) \\
\sum((Y_{\mathrm{tp}} - \Delta Y)l_X - (X_{\mathrm{tp}} - \Delta X)l_Y)
\end{bmatrix}
$$

3.11.2 坐标重心化

首先，取单元模型中全部控制点的摄测坐标和地面摄测坐标，分别计算其重心的坐标：

$$
\left.\begin{aligned}
X_{Pg} &= \frac{\sum_{i=1}^{n} X_{Pi}}{n}, Y_{Pg} = \frac{\sum_{1}^{n} Y_{Pi}}{n}, Z_{Pg} = \frac{\sum_{i=1}^{n} Z_{Pi}}{n} \\
X_{\mathrm{tp}g} &= \frac{\sum_{i=1}^{n} X_{\mathrm{tp}i}}{n}, Y_{\mathrm{tp}g} = \frac{\sum_{i=1}^{n} Y_{\mathrm{tp}i}}{n}, Z_{\mathrm{tp}g} = \frac{\sum_{i=1}^{n} Z_{\mathrm{tp}i}}{n}
\end{aligned}\right\} \tag{3-11-9}
$$

式中，n 为参与计算重心坐标的控制点的个数。

求坐标重心时要注意：两个坐标系中采用的点的个数要相等，同时点名要一致。

重心化的摄测坐标为

$$
\left.\begin{aligned}
\overline{X}_P &= X_P - X_{Pg} \\
\overline{Y}_P &= Y_P - Y_{Pg} \\
\overline{Z}_P &= Z_P - Z_{Pg}
\end{aligned}\right\} \tag{3-11-10}
$$

重心化的地面摄测坐标为

$$
\left.\begin{aligned}
\overline{X}_{\mathrm{tp}} &= X_{\mathrm{tp}} - X_{\mathrm{tp}g} \\
\overline{Y}_{\mathrm{tp}} &= Y_{\mathrm{tp}} - Y_{\mathrm{tp}g} \\
\overline{Z}_{\mathrm{tp}} &= Z_{\mathrm{tp}} - Z_{\mathrm{tp}g}
\end{aligned}\right\} \tag{3-11-11}
$$

对绝对定向误差方程式（3-11-7），若直接用重心化坐标表示可得如下形式：

$$
\underset{3n,1}{\boldsymbol{V}} = \underset{3n,7}{\boldsymbol{A}}\,\underset{7,1}{\boldsymbol{X}} - \underset{3n,1}{\boldsymbol{L}},\ \underset{3n,3n}{\boldsymbol{P}} = \underset{3n,3n}{\boldsymbol{I}} \tag{3-11-12}
$$

其中，

$$V=\begin{bmatrix}V_{X_P} & V_{Y_P} & V_{Z_P}\end{bmatrix}^{\mathrm{T}}$$

$$X=\begin{bmatrix}\mathrm{d}\Delta X & \mathrm{d}\Delta Y & \mathrm{d}\Delta Z & \mathrm{d}\lambda & \mathrm{d}\varphi & \mathrm{d}\Omega & \mathrm{d}K\end{bmatrix}^{\mathrm{T}}$$

$$A=\begin{bmatrix}-1 & -K & -\Phi & -\bar{X}_P & (\bar{Z}_{\mathrm{tp}}-\Delta Z) & 0 & (\bar{Y}_{\mathrm{tp}}-\Delta Y)\\ K & -1 & -\Omega & -\bar{Y}_P & 0 & (\bar{Z}_{\mathrm{tp}}-\Delta Z) & -(\bar{X}_{\mathrm{tp}}-\Delta X)\\ \Phi & \Omega & -1 & -\bar{Z}_P & -(\bar{X}_{\mathrm{tp}}-\Delta X) & -(\bar{Y}_{\mathrm{tp}}-\Delta Y) & 0\end{bmatrix}$$

常数项同样用重心化坐标按（3-11-4）式计算。

坐标重心化是区域网平差中经常采用的一种数据预处理方法，它有两个目的：一是减少模型点坐标在计算过程中的有效位数，以保证计算的精度；二是采用重心化坐标后，可使法方程式的系数简化，个别项的数值变成零，部分未知数可以分开求解，从而提高计算速度。

3.11.3 绝对定向元素的解算

根据式（3-11-12）式，一个平高控制点可以列出 3 个误差方程，一个高程控制点可以列出 1 个误差方程，所以，在摄影测量中，利用至少两个平高控制点和一个高程控制点，按（3-11-12）式至少列出 7 个误差方程，才能解算 7 个绝对定向元素，而且要求三个控制点不能在一条直线上。生产中，常在模型的四个角均匀布设 4 个平高控制点，因此有多余观测，可按最小二乘法平差解求 7 个绝对定向元素。

设有 n 个平高控制点，按照式（3-11-12）可列出 $3n$ 个误差方程，其矩阵表达式为

$$\underset{3n,1}{\boldsymbol{V}}=\underset{3n,7}{\boldsymbol{A}}\underset{7,1}{\boldsymbol{X}}-\underset{3n,1}{\boldsymbol{L}},\ \underset{3n,3n}{\boldsymbol{P}}=\underset{3n,3n}{\boldsymbol{I}} \tag{3-11-13}$$

相应的法方程式的解为

$$\boldsymbol{X}=(\boldsymbol{A}^{\mathrm{T}}\boldsymbol{A})^{-1}(\boldsymbol{A}^{\mathrm{T}}L) \tag{3-11-14}$$

式中，$\boldsymbol{X}=[\mathrm{d}\Delta X\quad \mathrm{d}\Delta Y\quad \mathrm{d}\Delta Z\quad \mathrm{d}\lambda\quad \mathrm{d}\Phi\quad \mathrm{d}\Omega\quad \mathrm{d}\kappa]^{\mathrm{T}}$

$$\boldsymbol{A}^{\mathrm{T}}\boldsymbol{A}=\begin{bmatrix}n_X & 0 & 0 & \sum\bar{X} & -\sum\bar{Z} & 0 & -\sum\bar{Y}\\ & n_Y & 0 & \sum\bar{Y} & 0 & -\sum\bar{Z} & \sum\bar{X}\\ & & n_Z & \sum\bar{Z} & \sum\bar{X} & \sum\bar{Y} & 0\\ & & & \sum(\bar{X}^2+\bar{Y}^2+\bar{Z}^2) & 0 & 0 & 0\\ & \text{对} & & & \sum(\bar{X}^2+\bar{Z}^2) & \sum\overline{XY} & \sum\overline{YZ}\\ & & \text{称} & & & \sum(\bar{Y}^2+\bar{Z}^2) & -\sum\overline{XZ}\\ & & & & & & \sum(\bar{X}^2+\bar{Y}^2)\end{bmatrix}$$

$$\boldsymbol{A}^{\mathrm{T}}\boldsymbol{L}=\begin{bmatrix}\sum l_X\\ \sum l_Y\\ \sum l_Z\\ \sum(\bar{X}l_X+\bar{Y}l_Y+\bar{Z}l_Z)\\ \sum(\bar{X}l_Z-\bar{Z}l_X)\\ \sum(\bar{Y}l_Z-\bar{Z}l_Y)\\ \sum(\bar{X}l_Y-\bar{Y}l_X)\end{bmatrix}$$

由于采用了重心化坐标，上式中的$\sum \bar{X} = \sum \bar{Y} = \sum \bar{Z} = 0$，于是相应的法方程式的解为

$$X = (\boldsymbol{A}^{\mathrm{T}}\boldsymbol{A})^{-1}(\boldsymbol{A}^{\mathrm{T}}L) \tag{3-11-15}$$

其中，法方程的系数阵和常数阵变化为

$$\boldsymbol{A}^{\mathrm{T}}\boldsymbol{A} = \begin{bmatrix} n_X & 0 & 0 & 0 & 0 & 0 & 0 \\ 0 & n_Y & 0 & 0 & 0 & 0 & 0 \\ 0 & 0 & n_Z & 0 & 0 & 0 & 0 \\ 0 & 0 & 0 & \sum(\bar{X}^2 + \bar{Y}^2 + \bar{Z}^2) & 0 & 0 & 0 \\ 0 & 0 & 0 & 0 & \sum(\bar{X}^2 + \bar{Z}^2) & \sum \bar{X}\bar{Y} & \sum \bar{Y}\bar{Z} \\ 0 & 0 & 0 & 0 & \sum \bar{X}\bar{Y} & \sum(\bar{Y}^2 + \bar{Z}^2) & -\sum \bar{X}\bar{Z} \\ 0 & 0 & 0 & 0 & \sum \bar{Y}\bar{Z} & -\sum \bar{X}\bar{Z} & \sum(\bar{X}^2 + \bar{Y}^2) \end{bmatrix}$$

$$\boldsymbol{A}^{\mathrm{T}}\boldsymbol{L} = \begin{bmatrix} 0 \\ 0 \\ 0 \\ \sum(\bar{X}l_X + \bar{Y}l_Y + \bar{Z}l_Z) \\ \sum(\bar{X}l_Z - \bar{Z}l_X) \\ \sum(\bar{Y}l_Z - \bar{Z}l_Y) \\ \sum(\bar{X}l_Y - \bar{Y}l_X) \end{bmatrix}$$

绝对定向元素的解算过程也是一个迭代过程：将第一次迭代解算出绝对定向元素的改正数值加到其初始值上得到绝对定向元素的新的近似值；将该近似值作为第二次迭代的初始值，重新建立误差方程，再次解求改正数。如此循环，直到改正数小于规定的限差为止。得到的绝对定向元素的平差值为

$$\begin{cases} \Delta X = \Delta X^0 + \mathrm{d}\Delta X^{(1)} + \mathrm{d}\Delta X^{(2)} + \cdots \\ \Delta Y = \Delta Y^0 + \mathrm{d}\Delta Y^{(1)} + \mathrm{d}\Delta Y^{(2)} + \cdots \\ \Delta Z = \Delta Z^0 + \mathrm{d}\Delta Z^{(1)} + \mathrm{d}\Delta Z^{(2)} + \cdots \\ \lambda = \lambda^0 + \mathrm{d}\lambda^{(1)} + \mathrm{d}\lambda^{(2)} + \cdots \\ \boldsymbol{\Phi} = \boldsymbol{\Phi}^0 + \mathrm{d}\boldsymbol{\Phi}^{(1)} + \mathrm{d}\boldsymbol{\Phi}^{(2)} + \cdots \\ \boldsymbol{\Omega} = \boldsymbol{\Omega}^0 + \mathrm{d}\boldsymbol{\Omega}^{(1)} + \mathrm{d}\boldsymbol{\Omega}^{(2)} + \cdots \\ \boldsymbol{K} = \boldsymbol{K}^0 + \mathrm{d}\boldsymbol{K}^{(1)} + \mathrm{d}\boldsymbol{K}^{(2)} + \cdots \end{cases} \tag{3-11-16}$$

解算出绝对定向元素后，根据地面摄测坐标的重心坐标和待定点的重心化摄测坐标，可解求待定点的地面摄测坐标为

$$\begin{bmatrix} X_{\mathrm{tp}} \\ Y_{\mathrm{tp}} \\ Z_{\mathrm{tp}} \end{bmatrix} = \lambda \begin{bmatrix} 1 & -K & -\boldsymbol{\Phi} \\ K & 1 & -\boldsymbol{\Omega} \\ \boldsymbol{\Phi} & \boldsymbol{\Omega} & 1 \end{bmatrix} \begin{bmatrix} \bar{X}_P \\ \bar{Y}_P \\ \bar{Z}_P \end{bmatrix} + \begin{bmatrix} \Delta X \\ \Delta Y \\ \Delta Z \end{bmatrix} + \begin{bmatrix} X_{\mathrm{tpg}} \\ Y_{\mathrm{tpg}} \\ Z_{\mathrm{tpg}} \end{bmatrix} \tag{3-11-17}$$

3.11.4 绝对定向的计算过程：

（1）选择绝对定向元素的初始值：$\Delta X^0=\Delta Y^0=\Delta Z^0=0,\ \lambda^0=1,\ \Phi^0=\Omega^0=K^0=0$。

（2）利用控制点按式（3-11-9）计算地面摄测坐标系的重心坐标和摄测坐标系的重心坐标。

（3）根据式（3-11-10）计算控制点和待定点的重心化摄测坐标；根据式（3-11-11）计算控制点的重心化地面摄测坐标。

（4）按式（3-11-12）和式（3-11-4）建立误差方程式。

（5）按式（3-11-15）解求绝对定向元素的改正数。

（6）按式（3-11-16）计算绝对定向元素的新值。

（7）判断 $\mathrm{d}\Phi$、$\mathrm{d}\Omega$、$\mathrm{d}K$是否小于给定的限值。若大于限值，则重复步骤（4）～（6）；若小于给定的限值，则按式（3-11-16）计算绝对定向元素的平差值。

（8）按（3-11-17）式计算待定点的地面摄测坐标。

（9）对绝对定向的结果进行精读评定。

若需要进行高精度的绝对定向，则选择严密绝对定向的公式（3-11-5），进行间接平差。

3.12 光束法双像摄影测量

光束法双像摄影测量是根据每张像片内所有的控制点和待定点，按共线条件方程式列误差方程，并在像对内进行整体平差，同时解求出两张像片的外方位元素和所有待定点的物方坐标的方法。该方法理论严密，是一种高精度的摄影测量方法。

已知共线条件方程为

$$\left.\begin{aligned}x&=-f\frac{a_1(X_A-X_S)+b_1(Y_A-Y_S)+c_1(Z_A-Z_S)}{a_3(X_A-X_S)+b_3(Y_A-Y_S)+c_3(Z_A-Z_S)}\\y&=-f\frac{a_2(X_A-X_S)+b_2(Y_A-Y_S)+c_2(Z_A-Z_S)}{a_3(X_A-X_S)+b_3(Y_A-Y_S)+c_3(Z_A-Z_S)}\end{aligned}\right\}\tag{3-12-1}$$

在线性化上式过程中，与单像空间后方交会公式（3-5-5）不同的是，未知数除了有外方位元素，还有待定点的物方坐标（常选为地面摄测坐标）。其误差方程的一般形式为

$$\left.\begin{aligned}v_x&=a_{11}\Delta X_S+a_{12}\Delta Y_S+a_{13}\Delta Z_S+a_{14}\Delta\varphi+a_{15}\Delta\omega+a_{16}\Delta\kappa-a_{11}\Delta X-a_{12}\Delta Y-a_{13}\Delta Z+(x)-x\\v_y&=a_{21}\Delta X_S+a_{22}\Delta Y_S+a_{23}\Delta Z_S+a_{24}\Delta\varphi+a_{25}\Delta\omega+a_{26}\Delta\kappa-a_{21}\Delta X-a_{22}\Delta Y-a_{23}\Delta Z+(y)-y\end{aligned}\right\}\tag{3-12-2}$$

式中，系数项 a_{ij}（$i=1$，2；$j=1$，2，…，6）按式（3-5-3）和式（3-5-46）计算。

误差方程式（3-12-2）中含有两类不同性质的未知参数：一类是像片的外方位元素，一个像对有 12 个，用向量 $\boldsymbol{t}$ 表示；另一类是待定点的地面摄测坐标，n 个待定点有 $3n$ 个，用向量 X 表示。对任意一对同名点，无论是控制点还是待定点，在左右像片上都能根据其在像片上的像点坐标，按式（3-12-2）列出 4 个误差方程。设一个立体像对中含有 4 个平高控制点，n 个待定点，则需解求 $12+3n$ 个未知数，而误差方程式的个数为 $16+4n$。

将误差方程式（3-12-1）表示为矩阵形式：

$$\begin{bmatrix} V_1 \\ V_2 \end{bmatrix} = \begin{bmatrix} A_1 & O & B_1 \\ O & A_2 & B_2 \end{bmatrix} \begin{bmatrix} t_1 \\ t_2 \\ X \end{bmatrix} - \begin{bmatrix} L_1 \\ L_2 \end{bmatrix} \tag{3-12-3}$$

式中，

$$\boldsymbol{V}_1 = [v_{x1} \quad v_{y1}]^{\mathrm{T}}$$

$$\boldsymbol{V}_2 = [v_{x2} \quad v_{y2}]^{\mathrm{T}}$$

$$\boldsymbol{A}_1 = \begin{bmatrix} a_{11} & a_{12} & a_{13} & a_{14} & a_{15} & a_{16} \\ a_{21} & a_{22} & a_{23} & a_{24} & a_{25} & a_{26} \end{bmatrix}_{\text{左片}}$$

$$\boldsymbol{A}_2 = \begin{bmatrix} a_{11} & a_{12} & a_{13} & a_{14} & a_{15} & a_{16} \\ a_{21} & a_{22} & a_{23} & a_{24} & a_{25} & a_{26} \end{bmatrix}_{\text{右片}}$$

$$\boldsymbol{B}_1 = \begin{bmatrix} -a_{11} & -a_{12} & -a_{13} \\ -a_{21} & -a_{22} & -a_{23} \end{bmatrix}_{\text{左片}}$$

$$\boldsymbol{B}_2 = \begin{bmatrix} -a_{11} & -a_{12} & -a_{13} \\ -a_{21} & -a_{22} & -a_{23} \end{bmatrix}_{\text{右片}}$$

$$\boldsymbol{t}_1 = \begin{bmatrix} \mathrm{d}X_{S_1} & \mathrm{d}Y_{S_1} & \mathrm{d}Z_{S_1} & \mathrm{d}\varphi_1 & \mathrm{d}\omega_1 & \mathrm{d}\kappa_1 \end{bmatrix}_{\text{左片}}^{\mathrm{T}}$$

$$\boldsymbol{t}_2 = \begin{bmatrix} \mathrm{d}X_{S_2} & \mathrm{d}Y_{S_2} & \mathrm{d}Z_{S_2} & \mathrm{d}\varphi_2 & \mathrm{d}\omega_2 & \mathrm{d}\kappa_2 \end{bmatrix}_{\text{右片}}^{\mathrm{T}}$$

$$\boldsymbol{X} = \begin{bmatrix} \mathrm{d}X & \mathrm{d}Y & \mathrm{d}Z \end{bmatrix}^{\mathrm{T}}$$

$$\boldsymbol{L}_1 = [l_{x1} \quad l_{y1}]^{\mathrm{T}}$$

$$\boldsymbol{L}_2 = [l_{x2} \quad l_{y2}]^{\mathrm{T}}$$

式（3-12-3）还可以表示成更紧凑的形式：

$$\boldsymbol{V} = [A \quad \vdots \quad B] \begin{bmatrix} t \\ X \end{bmatrix} - L \tag{3-12-4}$$

对于控制点，式（3-12-4）中：$B = O$，$X = O$。

式（3-12-4）相应的法方程式为

$$\begin{bmatrix} A^{\mathrm{T}}A & A^{\mathrm{T}}B \\ B^{\mathrm{T}}A & B^{\mathrm{T}}B \end{bmatrix} \begin{bmatrix} t \\ X \end{bmatrix} = \begin{bmatrix} A^{\mathrm{T}}L \\ B^{\mathrm{T}}L \end{bmatrix}$$

或用新符号表示为

$$\begin{bmatrix} N_{11} & N_{12} \\ N_{21} & N_{22} \end{bmatrix} \begin{bmatrix} t \\ X \end{bmatrix} = \begin{bmatrix} u_1 \\ u_2 \end{bmatrix} \tag{3-12-5}$$

上述法方程式有两类未知数。为了计算方便，常先消去一类未知数。

（1）若先消去待定点的坐标改正数 X，保留外方位元素改正数 t，得改化法方程式为

$$(N_{11}-N_{12}N_{22}^{-1}N_{12}^{\mathrm{T}})t=(u_1-N_{12}N_{22}^{-1}u_2) \tag{3-12-6}$$

对上式求解，可得到外方位元素改正数向量：

$$\boldsymbol{t}=(N_{11}-N_{12}N_{22}^{-1}N_{12}^{\mathrm{T}})^{-1}(u_1-N_{12}N_{22}^{-1}u_2) \tag{3-12-7}$$

在求得两张像片的 12 个方位元素改正数后加到其近似值上，作为新的近似值。重复上述计算过程，反复趋近其正确值。

（2）若先消去外方位元素改正数 t，保留待定点的坐标改正数 X，得另一组改化法方程式为

$$(N_{22}-N_{12}^{\mathrm{T}}N_{11}^{-1}N_{12})X=(u_2-N_{12}^{\mathrm{T}}N_{11}^{-1}u_1) \tag{3-12-8}$$

则待定点的坐标改正数向量：

$$\boldsymbol{X}=(N_{22}-N_{12}^{\mathrm{T}}N_{11}^{-1}N_{12})^{-1}(u_2-N_{12}^{\mathrm{T}}N_{11}^{-1}u_1) \tag{3-12-9}$$

求得所有未知数的改正数后，加到其近似值上作为新的近似值。重复上述计算过程，反复趋近正确值。

如图 3.35 所示，像对中有四个控制点，两个待定点，则误差方程式如下：

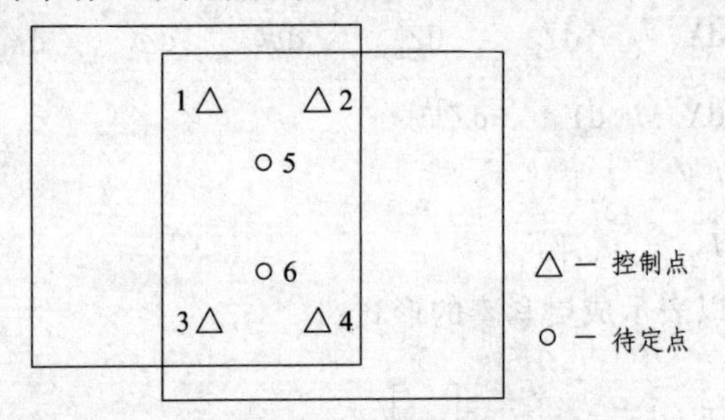

图 3.35　一个立体像对

$$\begin{bmatrix} V_{11}\\ V_{12}\\ V_{13}\\ V_{14}\\ V_{15}\\ V_{16}\\ V_{21}\\ V_{22}\\ V_{23}\\ V_{24}\\ V_{25}\\ V_{26} \end{bmatrix}=\begin{bmatrix} A_{11} & & \vdots & & \\ A_{12} & & \vdots & & \\ A_{13} & & \vdots & & \\ A_{14} & & \vdots & & \\ A_{15} & & \vdots & B_{15} & \\ A_{16} & & \vdots & & B_{16}\\ & A_{21} & \vdots & & \\ & A_{22} & \vdots & & \\ & A_{23} & \vdots & & \\ & A_{24} & \vdots & & \\ & A_{25} & \vdots & B_{25} & \\ & A_{26} & \vdots & & B_{26} \end{bmatrix}\begin{bmatrix} t_1\\ t_2\\ X_5\\ X_6 \end{bmatrix}-\begin{bmatrix} l_{11}\\ l_{12}\\ l_{13}\\ l_{14}\\ l_{15}\\ l_{16}\\ l_{21}\\ l_{22}\\ l_{23}\\ l_{24}\\ l_{25}\\ l_{26} \end{bmatrix} \tag{3-12-10}$$

脚注第一位代表像片编号，第二位代表点的编号。每个点列两个误差方程式，A、B 为式

（3-12-3）中的系数，t_1、t_2分别代表左右像片的 6 个外方位元素，X_5、X_6为两个待定点的三个坐标改正数。

用光束法解算未知数时，需给出未知数的初始值，通常可用单像空间后方交会-前方交会法求出的外方位元素和待定点的物方坐标作为光束法解算时未知数的初始值。

3.13 双像解析摄影测量三种方法的比较

摄影测量中，解析处理立体像对常用的方法有三种：

（1）利用像片的空间后方交会-前方交会法来解求目标物的空间坐标。

（2）利用立体像对的相对定向-绝对定向法来解求目标物的空间坐标。

（3）利用光束法双像摄影测量来解求目标物的空间坐标。

三种方法比较如下：

后方交会-前方交会法是利用控制点的物方坐标与像方坐标，根据共线条件方程式，由单像空间后方交会求出左右像片的外方位元素，然后根据待定点的同名点坐标通过前方交会求出待定点的物方坐标。前方交会结果的精度依赖于空间后方交会的精度。

相对定向-绝对定向法，是利用立体像对的内在几何关系——共面条件方程式，先解求立体像对的相对定向元素，按前方交会法计算出模型点的像空间辅助坐标，建立与地面相似的相对立体模型后，再利用至少两个平高控制点和一个高程控制点，解算单元模型的绝对定向元素，按空间相似变换关系式，将相对立体模型进行平移、旋转、缩放，最终纳入到规定的地面坐标系中，解求出地面目标的地面测量坐标。该方法计算公式比较多，且作业公式多近似，最后的点位精度取决于相对定向和绝对定向的精度，所以，用这种方法的解算结果不能严格表达一幅影像的外方位元素。若要获得高精度的成果，需采用严密相对定向作业公式和严密绝对定向作业公式。

光束法双像摄影测量是基于每张像片内所有的控制点和待定点的像点坐标，按共线条件方程式列立误差方程，并在像对内进行整体平差，同时解求出两张像片的外方位元素和所有待定点的物方坐标的方法。该方法在三种方法中，理论最严密，理论精度最高，待定点的坐标是完全按最小二乘平差法解算出来的。

基于上述分析，第一种方法常在已知像片的外方位元素、需确定少量待定点坐标时采用；第二种方法多用于航带法空中三角测量；第三种方法应用于光束法空中三角测量。

思考题

（1）摄影测量常用的坐标系有哪些？各是怎么定义的？各有什么用途？

（2）什么是像片的外方位元素？什么是像片的内方位元素？各有几个？是如何定义的？

（3）画图并推导共线条件方程式，并说明方程中符号的含义。共线条件方程式在摄影测量中有何应用？

（4）什么是单像空间后方交会？观测值是什么？未知量是什么？需要多少个控制点才能完成？

（5）绘制单像空间后方交会程序流程图，并编制相应程序。

（6）空间多像前方交会的目的是什么？观测值和未知量各是什么？

（7）试设计空间后方交会-前方交会解算地面点三维坐标的作业过程。

（8）什么是共面条件方程？利用它可解决摄影测量中的什么问题？

（9）什么是解析相对定向？它的目的是什么？相对定向完成的判定条件是什么？

（10）解析相对定向有哪两种方法？是在哪个坐标系中进行的？它们的数学模型、未知数、观测值各是什么？是否需要控制点？

（11）绘制连续相对定向程序流程图，并编制相应程序。

（12）什么是解析绝对定向？它的数学模型是什么？需要多少个控制点？在绝对定向前进行坐标重心化的目的是什么？

（13）绘制绝对定向程序流程图，并编制相应程序。

（14）双像摄影测量解求地面点三维坐标的方法有哪些？各有何特点？

（15）已知四对点的像片坐标和地面摄测坐标如下：

点号 \ 坐标	影像坐标		地面摄测坐标		
	x/mm	y/mm	x/m	y/m	z/m
1	−86.15	−68.99	36 589.41	25 273.32	2 195.17
2	−53.40	82.21	37 631.08	31 324.51	728.69
3	14.78	−76.63	39 100.97	24 934.98	2 386.50
4	10.46	64.43	40 426.54	30 319.81	757.31

像片内方位元素为：$f = 153.24$ mm，$x_0 = y_0 = 0$。

试计算空间后方交会的解。

第 4 章　解析空中三角测量

4.1　概　述

4.1.1　解析空中三角测量的意义

利用双像摄影测量方法，能够解求待定点的地面坐标，但每个像对均需要布设三个以上的地面控制点进行控制。这些地面控制点的地面坐标需要通过野外控制测量方法测定。实际应用中，航摄范围往往是由若干条航带构成的区域网，每条航带由若干张航片组成，若按双像摄影测量的方法，所需控制点的数量多，野外控制测量的工作量太大。能否在区域网中只测定少量的野外控制点，而大量立体测图所需的控制点以及待定点的地面坐标，根据影像间所满足的摄影测量关系，在内业通过摄影测量的解析解算加密获得呢？回答是肯定的，解析空中三角测量就是为解决这个问题而提出的方法。

解析空中三角测量是用摄影测量解析法，确定区域网内所有影像的外方位元素和地面点的地面坐标的方法。该方法是将空中摄站及影像放到整个区域网中，起到点的传递和构网的作用，所以称为空中三角测量，也称解析空三加密。

解析空中三角测量的意义在于：

（1）无需直接触及被量测目标，只要能够摄影成像即可测定其空间位置和几何形状，不受地面通视条件的限制。

（2）能够快速地、大面积地同时进行点位的测定，把大部分野外测控工作转至室内完成，节省大量野外测量工作量，提高效率。

（3）摄影测量平差计算时，可引入系统误差改正，可进行粗差检测，可同非摄影测量观测值进行联合平差，提高精度；同时，加密区域内部精度均匀，且受区域大小的影响小。

所以，空中三角测量方法已成为一种十分重要的点位测定方法，它主要有以下应用：

（1）为立体测绘地形图、制作影像平面图和正射影像图提供定向控制点和内、外方位元素。

（2）单元模型中解析计算大量地面点的地面坐标。

（3）应用于解析法地面摄影测量和非地形摄影测量。

概括起来，解析空中三角测量的应用可分为两个方面：一方面是用于地形测图的摄影测量加密；另一方面是用于不同应用要求的高精度摄影测量加密。

4.1.2 解析空中三角测量所需的信息

1. 摄影测量信息

主要指在影像上量测的控制点、定向点、连接点及待求点的影像坐标，或在所建立的摄影测量立体模型上量测的上述各类点的模型坐标。上述各类点可出现在多幅影像或多个模型中，它们与在影像上是否清晰成像有关，与在地面上是否通视无关。

2. 非摄影测量信息

主要指将空中三角测量网纳入到规定物方坐标系所必需的基准信息，如已知大地测量坐标的物方控制点、外方位元素观测值以及物方点之间存在的相对控制条件等，同时还要考虑到不同方法求解时的几何可测定性和对影像系统误差的有效改正。

4.1.3 解析空中三角测量的分类

根据所采用的平差数学模型，分为航带法空中三角测量、独立模型法空中三角测量和光束法空中三角测量。

根据平差范围的大小，可分为单模型法空中三角测量、单航带法空中三角测量和区域网法空中三角测量。

当平差范围不同时，可选择航带法、独立模型法或光束法中的一种完成，如单航带空中三角测量法、航带法区域网空中三角测量等。上述方法将在本章后续内容中详细介绍。

4.2 像点坐标量测与系统误差预改正

4.2.1 像点坐标量测

像点坐标的量测对于摄影测量的作用是至关重要的。传统的量测像点坐标的仪器主要有立体坐标量测仪、单像坐标量测仪和解析测图仪。在近代摄影测量中，可在数字摄影测量工作站或数字图像处理软件上，通过影像匹配方法，实现立体像对上同名点的像点坐标自动识别和量测。

4.2.2 像点坐标的系统误差预改正

摄影瞬间，地面点、摄影中心和像片上对应像点应三点共线。可是像片在摄影及摄影处理过程中或数字化过程中，受仪器及外界环境的影响，如摄影机物镜的畸变差、大气折光、地球曲率、摄影材料变形等因素的影响，地面点在像片中对应的像点位置常常发生位移，破坏了三点共线的条件。上述因素对每张影像的影响有相同的规律，属于系统误差。这种误差在单模型立体测图时，对成图的精度影响不大，一般不予考虑。但在空三加密以及高精度的解析处理和数字摄影测量时，由于系统误差的传递和累积，对摄影测量结果却有着明显的影响，所以，有必要在空三前对像点坐标的系统误差进行预改正。

像点坐标的系统误差预改正主要包括以下几个方面：

1. 摄影材料变形改正

摄影材料的变形情况比较复杂，有均匀变形和不均匀变形，所引起的像点坐标位移可通过框标信息加以改正。传统光学航片上一般有 4 ~ 8 个框标。

摄影材料引起的像点坐标的变形可用双线性变换公式改正：

$$\left.\begin{aligned} x_1 &= a_0 + a_1 x' + a_2 y' + a_3 x'y' \\ y_1 &= b_0 + b_1 x' + b_2 y' + b_3 x'y' \end{aligned}\right\} \tag{4-2-1}$$

式中，x'，y'——像点坐标的量测值；

x_1，y_1——经摄影测量变形改正后的像点坐标值；

a_i，b_i——变换系数，$i = 1$，2，3。

式（4-2-1）需要 4 个以上的框标的理论坐标值和量测值，用最小二乘平差法求得 8 个变换系数。求得变换系数后，即可根据式（4-2-1）求得像片上经过摄影材料变形改正后的像点坐标。

实际上，在 3.3.1 节的影像内定向过程中，已顾及了摄影材料的变形改正，所以，若像点坐标的量测包括了内定向步骤，可以不作摄影材料变形改正。

2. 摄影机物镜畸变差改正

物镜畸变差包括对称畸变和非对称畸变。对称畸变是在以像主点 o 为中心的辐射线上，辐射距相等的点，畸变相等；非对称畸变是因物镜各组合透镜不同心所引起，其畸变值仅是对称畸变的 1/3，所以一般只对对称畸变进行改正。

对称畸变差可用下列多项式来改正：

$$\left.\begin{aligned} x_2 &= x_1 + \Delta x = x_1 - x_1(k_0 + k_1 r^2 + k_2 r^4) \\ y_2 &= y_1 + \Delta y = y_1 - y_1(k_0 + k_1 r^2 + k_2 r^4) \end{aligned}\right\} \tag{4-2-2}$$

式中　$r = \sqrt{x_1^{\ 2} + y_1^{\ 2}}$——以像主点为极点的向径；

Δx，Δy——像点坐标畸变差改正数；

x_1，y_1——摄影材料变形改正后的像点坐标；

x_2，y_2——经畸变差改正和摄影材料变形改正后的像点坐标；

k_i——物镜畸变差改正系数，由摄影机检定时获得，$i = 0$、1、2。

3. 大气折光改正

大气折光引起像点在辐射方向的改正为

$$\Delta r = -\left(f + \frac{r^2}{f}\right) \cdot r_f \tag{4-2-3}$$

式中　r——以像底点为极点的向径，$r=\sqrt{x_2{}^2+y_2{}^2}$；

f——摄影机主距；

r_f——折光差角，$r_f=\dfrac{n_0-n_H}{n_0+n_H}\cdot\dfrac{r}{f}$；

n_0，n_H——地面上及高度为 H 处的大气折射率，可由气象资料或大气模型获得。

大气折光引起的像点误差随像点的辐射距离增大而增大。因此，大气折光差引起的像点坐标的改正值公式为

$$\left.\begin{aligned}\mathrm{d}x&=\frac{x_2}{r}\Delta r\\ \mathrm{d}y&=\frac{y_2}{r}\Delta r\end{aligned}\right\}\tag{4-2-4}$$

式中　x_2，y_2——大气折光改正以前的像点坐标。

4. 地球曲率改正

以上各种系统误差都破坏了物象间的中心投影关系，而地球曲率的影响则属于投影变换不同引起的差异。大地水准面是一个椭球面，而地图投影中采用的地面坐标系是以平面作为水准面的，当摄影面积较大时，这种差异会影响到解析空中三角测量的成果精度，所以需要予以改正。

地球曲率引起的像点坐标在辐射方向的改正为

$$\delta=\frac{H}{2Rf^2}r^3\tag{4-2-5}$$

式中　r——以像底点为极点的向径，$r=\sqrt{x_2{}^2+y_2{}^2}$；

H——摄站点的航高；

R——地球的曲率半径。

像点坐标的地球曲率改正值为

$$\left.\begin{aligned}\delta_x&=\frac{x_2}{r}\delta=\frac{x_2Hr^2}{2f^2R}\\ \delta_y&=\frac{y_2}{r}\delta=\frac{y_2Hr^2}{2f^2R}\end{aligned}\right\}\tag{4-2-6}$$

式中　x_2，y_2——地球曲率改正前的像点坐标。

经摄影材料变形改正、摄影机物镜畸变差改正、大气折光改正和地球曲率改正后的像点坐标为

$$\left.\begin{aligned}x&=x_1+\Delta x+\mathrm{d}x+\delta_x\\ y&=y_1+\Delta y+\mathrm{d}y+\delta_y\end{aligned}\right\}\tag{4-2-7}$$

式中　x，y——经各项系统误差预改正后的像点坐标值；

x_1，y_1——经摄影材料变形改正后的像点坐标值；

Δx，Δy——物镜畸变差引起的像点坐标改正值；

dx，dy——大气折光引起的像点坐标改正值；

δ_x，δ_y——地球曲率引起的像点坐标改正值。

在影响像点坐标的主要系统误差进行预改正后，即可利用像点坐标（x，y）进行后续的解析空中三角测量处理。

4.3 航带法空中三角测量

4.3.1 航带法空中三角测量的基本思想和工作流程

1. 航带法空中三角测量的基本思想

航带法空中三角测量的基本思想是：首先将一条航带内的若干立体像对，按连续法相对定向建立成单个的立体模型，并通过模型连接构建自由航带，然后把航带模型视为一个单元模型进行航带网的绝对定向。由于单个模型不可避免地存在偶然误差和系统误差，在构建航带网的过程中被传递和累积，致使航带模型产生不可忽视的非线性变形，所以航带模型在经过绝对定向后，还需进行航带模型的非线性变形改正，最终求出加密点的地面坐标。

2. 航带法空中三角测量的主要工作流程

航带法空中三角测量的主要工作流程如下：

（1）量测像点坐标并进行系统误差的预改正。

（2）连续像对的相对定向。

（3）模型连接，构建航带模型。

（4）航带模型的绝对定向。

（5）航带模型的非线性变形改正。

（6）解算加密点的地面坐标。

4.3.2 单航带航带法解析空中三角测量

1. 建立航带模型

（1）量测每个像对选定好的加密点及待定点的像平面直角坐标，并对它们进行系统误差预改正。

（2）连续法相对定向建立单个模型。

首先从航带的第一个像对开始。

选择航带第一个像对左片的像空间直角坐标系为该像对的像空间辅助坐标系，按照式（3-10-10），通过连续相对定向求出右片相对于左片的相对定向元素；然后以定向后的第一个像对右片的三个相对定向角元素为第二个像对左片的角元素（实际是同一张像片），进行第二个像对的连续相对定向，求出第二个像对右片的相对定向元素。如此下去，直至所有像对的相对定向完成为止。

模型点在各自的像空间辅助坐标系中的坐标可按前方交会公式（3-8-5）和式（3-8-6）计算。其中，各个模型的像空间辅助坐标系的原点是本模型的左摄影中心，相对定向过程中，各模型的基线分量 b_x 也是自由选取的。

所以，连续相对定向完成后建立的航带内各单个模型的像空间辅助坐标系的特点是：各模型的像空间辅助坐标系的坐标轴彼此平行，但坐标系的原点不同，模型比例尺不一致。

（3）模型连接。

相邻模型比例尺的不同通常反映在模型之间公共连接点的高程不等。需要以相邻两个模型重叠范围内公共连接点的高程应相等为条件，进行模型连接。

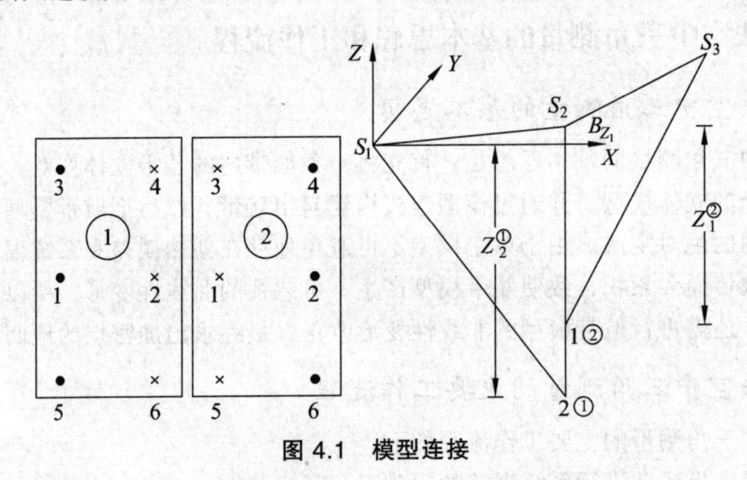

图 4.1　模型连接

图 4.1 所示相邻两个模型 1 和 2。模型 1 中的 2 点与模型 2 中的 1 点是同名点。如果前后两个模型的比例尺相同，则模型 1 中 2 点的高程 $Z_2^{模型1}$ 与模型 2 中 1 点的高程 $Z_1^{模型2}$ 应该相等，即

$$Z_1^{模型2} = Z_2^{模型1} - B_{Z_1}$$

式中，B_{Z_1} 为右摄站 S_2 在像空间辅助坐标系 S_1-XYZ 中的 Z 坐标，是相对定向元素。

实际上，在连续相对定向完成后，模型 1 和模型 2 的模型比例尺是不同的，即

$$Z_1^{模型2} \neq Z_2^{模型1} - B_{Z_1}$$

那么，高程 $Z_1^{模型2}$ 与高程 $Z_2^{模型1}$ 有如下比例关系：

$$k_2 = \frac{Z_2^{模型1} - B_{Z_1}}{Z_1^{模型2}} \tag{4-3-1}$$

式中　k_2——模型 2 相对于模型 1 的比例尺归化系数；

$Z_2^{模型1}$——模型 1 中 2 点对应模型点的像空间辅助坐标 Z 坐标；

$Z_1^{模型2}$——模型 2 中 1 点对应模型点的像空间辅助坐标 Z 坐标。

同理，模型 1 的 4、6 点分别与模型 2 的 3、5 点共为同名点。仿照式（4-3-1），可求得比例尺归化系数 k_4、k_6。

为了提高模型连接的精度，k 常常取用公共连接点 2、4、6（模型 1 为例）上求得的模型比例尺归化系数 k_i（$i=2$，4，6）的平均值，即

$$k = \frac{1}{3}(k_2 + k_4 + k_6) \tag{4-3-2}$$

求得模型比例尺归化系数 k 后，在后一模型中，每一模型点的像空间辅助坐标以及基线分量均需乘以归化系数 k，就可获得与前一模型比例尺一致的坐标。

从航带的左端至右端的方向，利用三度重叠范围内的公共连接点信息，按式（4-3-2）求得相邻模型间的比例尺归化系数，顺次将后一模型的比例尺归化到前一模型的比例尺中，建立统一的以第一个模型的比例尺为基准的航带模型，这样，就可以将各模型的模型坐标纳入到全航带统一的坐标系中。这一过程称为模型连接。

由此可见：模型连接的实质就是求出相邻模型之间的比例尺归化系数 k。

（4）构建自由航带网。

模型连接后，整条航带中各模型的比例尺一致了，但各模型间的坐标原点仍然不同。可通过将各模型上模型点的像空间辅助坐标纳入到航带网坐标系——摄测坐标系 $P\text{-}X_PY_PZ_P$——中得以统一。

选择摄测坐标系的坐标轴分别平行于第一个像对的像空间辅助坐标系的坐标轴，Z 轴同地面的交点为原点 P。

航带中，第一个模型左摄站 S_1 的摄测坐标为

$$\left.\begin{aligned} (X_P)_{S_1} &= 0 \\ (Y_P)_{S_1} &= 0 \\ (Z_P)_{S_1} &= mf \end{aligned}\right\}$$

右摄站 S_2 的摄测坐标为

$$\left.\begin{aligned} (X_P)_{S_2} &= (X_P)_{S_1} + mb_X = B_X \\ (Y_P)_{S_2} &= (Y_P)_{S_1} + mb_Y = B_Y \\ (Z_P)_{S_2} &= (Z_P)_{S_1} + mb_Z = B_Z + mf \end{aligned}\right\} \tag{4-3-3}$$

第一个模型中，任一模型点 i 的摄测坐标为

$$\left.\begin{aligned} X_{P_i} &= (X_P)_{S_1} + mN_1X_1 \\ Y_{P_i} &= \frac{1}{2}[(Y_P)_{S_1} + mN_1Y_1 + (Y_P)_{S_2} + mN_2Y_2] \\ Z_{P_i} &= (Z_P)_{S_1} + mN_1Z_1 \end{aligned}\right\} \tag{4-3-4}$$

式中，m 为摄影比例尺分母，乘以 m 相当于把模型放大到与实地大致一样。

在顾及模型比例尺归化系数 k 的情况下，第二个模型以后各模型的右摄站点和模型点的摄测坐标的计算公式如下：

第一个模型以后各模型的右摄站的摄测坐标为

$$
\left.\begin{aligned}
(X_P)_{S_j} &= (X_P)_{S_{(j-1)}} + k_j m b_{X_{j-1}} \\
(Y_P)_{S_j} &= (Y_P)_{S_{(j-1)}} + k_j m b_{Y_{j-1}} \\
(Z_P)_{S_j} &= (Z_P)_{S_{(j-1)}} + k_j m b_{Z_{j-1}}
\end{aligned}\right\} \tag{4-3-5}
$$

式中，j 为模型的编号，$j=2$，3，4，…，n；k_j 表示 j 模型的比例尺归化系数。

第一个模型以后各模型的模型点 i 的摄测坐标为

$$
\left.\begin{aligned}
X_{P_i} &= (X_P)_{S_{(j-1)}} + k_j m N_{1j} X_{1j} \\
Y_{P_i} &= \frac{1}{2}[(Y_P)_{S_{(j-1)}} + k_j m N_{1j} Y_{1j} + (Y_P)_{S_j} + k_j m N_{2j} Y_{2j}] \\
Z_{P_i} &= (Z_P)_{S_{(j-1)}} + k_j m N_{1j} Z_{1j}
\end{aligned}\right\} \tag{4-3-6}
$$

式中　$(X_P)_{S_{(j-1)}}$，$(Y_P)_{S_{(j-1)}}$，$(Z_P)_{S_{(j-1)}}$——各模型中左摄站的摄测坐标；

$(X_P)_{S_j}$，$(Y_P)_{S_j}$，$(Z_P)_{S_j}$——各模型中右摄站的摄测坐标；

b_{y_j}，b_{z_j}——j 模型求得的相对定向元素；

$(N_{1j}X_{1j}, N_{1j}Y_{1j}, N_{1j}Z_{1j})$——$j$ 模型中模型点在像空间辅助坐标系中坐标；

N_{1j}，N_{2j}——j 模型中左右像片的点投影系数；

m——摄影比例尺分母；

f——摄影机的主距。

完成上述计算，可得模型点在统一摄测坐标系中坐标（X_P，Y_P，Z_P）。航带内所有模型完成上述计算，则建成自由航带网。

2. 航带模型的绝对定向

经上述步骤构建的自由航带模型的绝对位置和模型比例尺是无法知道的，所以需要根据已知地面控制点的信息，将航带模型的摄测坐标转换到地面摄测坐标系中，求得待定点的地面摄测坐标。这一过程称为绝对定向。

航带模型的绝对定向，是把自由航带网当做单元模型，采用与单个模型绝对定向相同的方法。其主要流程如下：

（1）将外业控制测量测得的控制点的地面测量坐标，转换为可供绝对定向使用的地面摄测坐标。

由于地面测量坐标系与地面摄测坐标系的 Z 轴平行，所以，两坐标系之间的转换就转变成一个平面相似变换。选择分布在航带首、末像对中的两个控制点按下式完成：

$$
\left.\begin{aligned}
&\begin{bmatrix}\Delta X_P \\ \Delta Y_P\end{bmatrix} = \lambda \begin{bmatrix}\sin\theta & \cos\theta \\ \cos\theta & -\sin\theta\end{bmatrix}\begin{bmatrix}\Delta X_t \\ \Delta Y_t\end{bmatrix} = \begin{bmatrix} b & a \\ a & -b\end{bmatrix}\begin{bmatrix}\Delta X_t \\ \Delta Y_t\end{bmatrix} \\
&\Delta Z_P = \lambda \Delta Z_t
\end{aligned}\right\} \tag{4-3-7}
$$

其中，θ 为两平面坐标系坐标轴之间的夹角，λ 为缩放系数。$(\Delta X_t, \Delta Y_t, \Delta Z_t)$ 以及 $(\Delta X_P, \Delta Y_P, \Delta Z_P)$ 分别是两套坐标系原点平移至航带的第一个控制点时的坐标。根据式（4-3-7）有

$$
\left.\begin{aligned}
a &= \frac{\Delta X_P \Delta Y_t + \Delta Y_P \Delta X_t}{\Delta X_t^2 + \Delta Y_t^2} \\
b &= \frac{\Delta X_P \Delta X_t + \Delta Y_P \Delta Y_t}{\Delta X_t^2 + \Delta Y_t^2} \\
\lambda &= \sqrt{a^2 + b^2} = \sqrt{\frac{\Delta X_P^2 + \Delta Y_P^2}{\Delta X_t^2 + \Delta Y_t^2}}
\end{aligned}\right\} \tag{4-3-8}
$$

参数 a、b、λ的求解，需要借助地面测量坐标和地面摄测坐标均已知的两个控制点信息完成。

求得参数 a、b、λ后，将全部地面控制点的地面测量坐标按式（4-3-7）变换至地面摄测坐标系中。

（2）重心和重心化坐标的计算。

选择不位于一条直线上、跨度尽量大的足够数量的控制点（至少两个平高控制点，一个高程控制点）作为绝对定向的定向点，由式（3-11-9）计算地面摄测坐标和摄测坐标的重心，由式（3-11-10）和式（3-11-11）计算重心化的地面摄测坐标和重心化的摄测坐标。

（3）绝对定向的计算。

按照式（3-11-13）和式（3-11-15），利用控制点的重心化坐标，建立绝对定向的误差方程和相应的法方程式，通过迭代计算出 7 个绝对定向元素，再代入空间相似变换关系式（3-11-17），解算出所有模型点经绝对定向后的重心化地面摄测坐标 $(\bar{X}_{\text{tp}}, \bar{Y}_{\text{tp}}, \bar{Z}_{\text{tp}})$。

3. 航带模型的非线性改正

由于像片上的像点坐标存在各种残存的系统误差和偶然误差，在构建航带网的过程中，这两类不同性质的误差会独立或不独立地进行传递和累积，致使航带网产生非线性变形。所以，航带模型绝对定向后获得的模型坐标 $(\bar{X}_{\text{tp}}, \bar{Y}_{\text{tp}}, \bar{Z}_{\text{tp}})$ 只是在地面摄测坐标系中的概略值，还需利用地面控制点的信息进行航带网的非线性变形改正。

航带网的非线性变形是复杂的，很难用一个简单的数学式精确表达出来。通常采用多项式曲面来逼近复杂的变形曲面，利用提供的控制点的已知值和摄影测量结果之间的不符值，通过最小二乘拟合，使控制点处拟合曲面上不符值的平方和为最小，此时的曲面即为航带网的非线性变形曲面。

多项式平差的计算方法较多，常用的计算方法有两种：一是对三维坐标分别采用独立多项式来求解和改正；二是平面坐标采用正形变换多项式，高程采用独立的一般多项式求解和改正。下面以前者为例介绍非线性变形改正。

设经绝对定向概算后，控制点的重心化摄测坐标为 $(\bar{X}, \bar{Y}, \bar{Z})$，相应点的重心化地面摄测坐标为 $(\bar{X}_{\text{tp}}, \bar{Y}_{\text{tp}}, \bar{Z}_{\text{tp}})$，当有非线性变形$\Delta X$、$\Delta Y$、$\Delta Z$ 时：

$$
\left.\begin{aligned}
\bar{X}_{\text{tp}} &= \bar{X} + \Delta X \\
\bar{Y}_{\text{tp}} &= \bar{Y} + \Delta Y \\
\bar{Z}_{\text{tp}} &= \bar{Z} + \Delta Z
\end{aligned}\right\} \tag{4-3-9}
$$

选择二次多项式为非线性变形改正公式（当航带较长时，可选择三次多项式）：

$$\left.\begin{aligned}\Delta X &= A_0 + A_1\bar{X} + A_2\bar{Y} + A_3\bar{X}^2 + A_4\bar{X}\bar{Y} \\ \Delta Y &= B_0 + B_1\bar{X} + B_2\bar{Y} + B_3\bar{X}^2 + B_4\bar{X}\bar{Y} \\ \Delta Z &= C_0 + C_1\bar{X} + C_2\bar{Y} + C_3\bar{X}^2 + C_4\bar{X}\bar{Y}\end{aligned}\right\} \tag{4-3-10}$$

式中，A_i，B_i，C_i（$i=0$，1，⋯，4）为非线性变形参数，是待求量。

二次多项式共有 15 个变形参数，1 个平高控制点可以按式（4-3-10）列 3 个方程，所以至少需要 5 个平高控制点才能解求这 15 个变形参数。为了进行最小二乘平差并提高平差的可靠性，实际布点时地面控制点总是有多余的，可选择 6 个点、8 个点或 10 个点。其中 6 个点的分布见图 4.2。

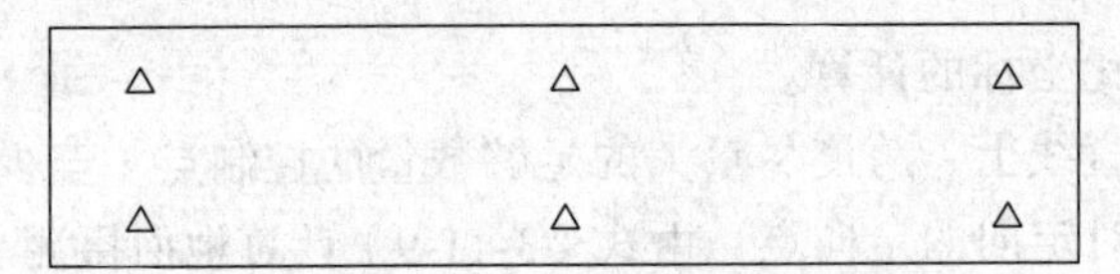

图 4.2　控制点点位分布

根据式（4-3-9）和式（4-3-10）对航带进行整体平差处理。

平差时，选择控制点的重心化摄测坐标 $(\bar{X},\bar{Y},\bar{Z})$ 为观测值，其对应的改正数为（V_X，V_Y，V_Z），权阵为单位阵。若航带内有 n 个控制点，可按式（4-3-9）和式（4-3-10）列出其误差方程式。下面以 X 为例：

由　　$\bar{X}_{\text{tp}} = \bar{X} + V_X + \Delta X$

有　　$$\underset{n,1}{V_X} = \underset{n,5}{A}\,\underset{5,1}{X} - \underset{n,1}{L}, P = I \tag{4-3-11}$$

式中，

$$\underset{n,1}{\boldsymbol{V}_X} = [-V_{X_1}\quad -V_{X_2}\quad \ldots -V_{X_n}]^{\mathrm{T}}$$

$$\underset{n,5}{\boldsymbol{A}} = \begin{bmatrix} 1 & \bar{X}_1 & \bar{Y}_1 & \bar{X}_1^2 & \bar{X}_1\bar{Y}_1 \\ 1 & \bar{X}_2 & \bar{Y}_2 & \bar{X}_2^2 & \bar{X}_2\bar{Y}_2 \\ \vdots & \vdots & \vdots & & \\ 1 & \bar{X}_n & \bar{Y}_n & \bar{X}_n^2 & \bar{X}_n\bar{Y}_n \end{bmatrix}$$

$$\underset{5,1}{\boldsymbol{X}} = [A_0\quad A_1\quad A_2\quad A_3\quad A_4]^{\mathrm{T}}$$

$$\underset{n,1}{\boldsymbol{L}} = [l_{X1}\quad l_{X2}\quad \cdots l_{Xn}]^{\mathrm{T}}$$

$$\boldsymbol{L}_{Xi} = \bar{X}_{\text{tp}i} - \bar{X}_i, (i = 1, 2, \cdots, n)$$

法方程式为

$$A^{\mathrm{T}}AX - A^{\mathrm{T}}L = 0 \tag{4-3-12}$$

解法方程就可求出 X 坐标的非线性变形参数 $[A_0 \quad A_1 \quad A_2 \quad A_3 \quad A_4]^T$。同理，可求出 Y 坐标的变形参数 $[B_0 \quad B_1 \quad B_2 \quad B_3 \quad B_4]^T$ 和 Z 坐标的变形参数 $[C_0 \quad C_1 \quad C_2 \quad C_3 \quad C_4]^T$。

将解求的变形参数代入式（4-3-10），并顾及航带网中任意加密点 i 的重心化摄测坐标 $(\bar{X}, \bar{Y}, \bar{Z})_i$，即可获得加密点的地面摄测坐标 (X_{tp}, Y_{tp}, Z_{tp})：

$$\begin{bmatrix} X_{tp} \\ Y_{tp} \\ Z_{tp} \end{bmatrix} = \begin{bmatrix} \bar{X}_P \\ \bar{Y}_P \\ \bar{Z}_P \end{bmatrix} + \begin{bmatrix} \Delta X \\ \Delta Y \\ \Delta Z \end{bmatrix} + \begin{bmatrix} X_{tpg} \\ Y_{tpg} \\ Z_{tpg} \end{bmatrix} \tag{4-3-13}$$

4.3.3 航带法区域网空中三角测量

航带法区域网空三是以单航带法空中三角测量为基础构建自由航带网，再以几条航带或一个测区作为平差解算单元，整体解求各航带的非线性变形改正系数，进而求出整个测区内全部待定点的地面坐标。这种方法可使整个测区内待定点的精度一致，并且利用相邻航带旁向重叠范围内的公共连接点信息，达到控制点的作用，有效减少野外地面控制点的数量，提高作业效率。

1. 航带法区域网空三的基本思想

首先按照单航带空中三角测量的方法，构建每条航带自由网，然后利用本航带的控制点以及与相邻航带的公共连接点的信息，整体解算各条航带的非线性变形改正系数，进而求得整个测区内全部待定点的地面坐标。其平差准则是：相邻航带公共连接点内业计算的地面摄测坐标应相等，控制点内业计算的地面摄测坐标与野外实测的地面摄测坐标应相等。

2. 航带法区域网平差的计算过程

航带法区域网平差的计算过程可分为两大部分：一是区域网的概算，建立统一的区域网；二是区域网的整体平差，求解区域内各航带的非线性变形改正系数，以求出待定点的地面坐标。

（1）区域网的概算。

区域网的概算是将区域中各条单航带网纳入到该区域比例尺统一的坐标系中，并确定每一航带网在区域中的概略位置，以拼成一个松散的区域网。具体过程如下：

① 建立自由比例尺的单航带网。

按单航带法，将各航带分别进行连续相对定向和模型连接，求出各航带模型中摄站点、控制点和待定点在本航带统一的摄测坐标系中的坐标。由此建立的各航带模型的摄测坐标系彼此间是独立的：坐标轴彼此平行，但原点和模型比例尺均不同，所以称之为自由比例尺的航带网。

② 航带网的绝对定向。

为了统一区域内各航带网的坐标系，需要将单航带网逐条进行绝对定向。因未考虑误差累积带来的非线性变形改正，所以称此时的绝对定向为概略绝对定向。其具体过程如下：

a. 计算整个区域及各航带的地面摄测坐标重心和摄测坐标重心。如图 4.3 所示，选择全

区域首末两个控制点 A 和 F 计算每条航带的地面摄测坐标重心为

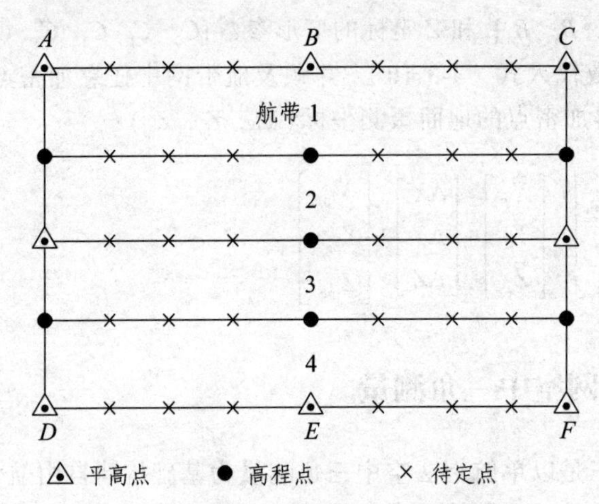

图 4.3　航带法区域网空中三角测量示意图

$$\left.\begin{aligned}X_{\mathrm{tpg}i}&=\frac{1}{2}(X_{\mathrm{tp}A}+X_{\mathrm{tp}F})\\Y_{\mathrm{tpg}i}&=Y_{\mathrm{tp}A}-\frac{1}{2}(2i-1)\left(\frac{Y_{\mathrm{tp}A}-Y_{\mathrm{tp}F}}{N}\right)\\Z_{\mathrm{tpg}i}&=\frac{1}{2}(Z_{\mathrm{tp}A}+Z_{\mathrm{tp}F})\end{aligned}\right\}\tag{4-3-14}$$

每条航带的摄测坐标重心为

$$\left.\begin{aligned}X_{\mathrm{pg}i}&=\frac{1}{2}(X_{PA}+X_{PF})\\Y_{\mathrm{pg}i}&=Y_{PA}-\frac{1}{2}(2i-1)\left(\frac{Y_{PA}-Y_{PF}}{N}\right)\\Z_{\mathrm{pg}i}&=\frac{1}{2}(Z_{PA}+Z_{PF})\end{aligned}\right\}\tag{4-3-15}$$

式中，i 为航带编号，N 为全区航带数。

有了各航带的两套坐标重心后，按下式分别计算各航带中所有点的两套重心化坐标：

$$\begin{cases}\bar{X}_{\mathrm{tp}}=X_{\mathrm{tp}}-X_{\mathrm{tpg}}\\\bar{Y}_{\mathrm{tp}}=Y_{\mathrm{tp}}-Y_{\mathrm{tpg}}\\\bar{Z}_{\mathrm{tp}}=Z_{\mathrm{tp}}-Z_{\mathrm{tpg}}\end{cases},\quad\begin{cases}\bar{X}_{P}=X_{P}-X_{\mathrm{pg}}\\\bar{Y}_{P}=Y_{P}-Y_{\mathrm{pg}}\\\bar{Z}_{P}=Z_{P}-Z_{\mathrm{pg}}\end{cases}\tag{4-3-16}$$

b. 利用第一条航带中的已知控制点，按 3.11 节中所述的方法进行概略绝对定向，先求出第一条航带中各点在区域摄测坐标系中的概略坐标（因为尚未进行非线性变形改正，所以是概略的）。

c. 利用每条航带中的控制点信息和公共点信息，依次进行第二条航带以后各条航带的概略绝对定向。注意：此时各航带网作概略绝对定向后，各公共点的坐标都不取中数，以保持各航带的相对独立性。从而构建了松散的区域网。

（2）区域网的整体平差。

全区域各航带完成概略绝对定向后，各航带的模型点坐标都被纳入到统一的地面摄测坐标系中。此时，各航带网未进行非线性变形改正，其模型点坐标均为地面摄测坐标概值；同时，各航带网还保持着各自独立的坐标，各航带网中的控制点和公共点上均有不符值，所以，需进行区域网的整体平差才能解求出待定点地面坐标的正确值。

① 误差方程式的建立。

航带法区域网平差，是根据航带网中控制点上的内业坐标应与野外实测坐标相等，以及相邻航带间公共连接点上的坐标应相等为平差条件，并假定控制点上的野外实测坐标没有误差，其误差方程式可按照下列两种形式列出：

a. 对已知控制点：根据航带网中控制点上的内业坐标应与野外实测坐标相等的平差原则，以 X 坐标为例，有如下关系式：

$$\bar{X}_{\text{tp控}} = \bar{X}_{\text{P控}} + V_{X\text{控}} + \Delta X_{\text{控}} \tag{4-3-17}$$

式中，ΔX 为非线性改正值。若一条航带有 n 个控制点，则可列出 n 个上述误差方程式。上式写为误差方程的矩阵形式为

$$-V_{j\text{控}} = A_{j\text{控}} a_j - L_{j\text{控}}\ ,\quad P_i = 1\ (i = 1,\ 2,\ \cdots,\ n) \tag{4-3-18}$$

式中，j 表示航带编号；

$$A_{j\text{控}} = \begin{bmatrix} 1 & \bar{X}_{j\text{控}} & \bar{Y}_{j\text{控}} & \bar{X}^2_{j\text{控}} & \bar{X}_{j\text{控}}\bar{Y}_{j\text{控}} \end{bmatrix}$$
$$a_j = \begin{bmatrix} A_{0j} & A_{1j} & A_{2j} & A_{3j} & A_{4j} \end{bmatrix}^T$$
$$L_{j\text{控}} = \begin{bmatrix} \bar{X}_{tp\text{控}} - \bar{X}_{p\text{控}} \end{bmatrix}$$

同理，可以建立 Y 坐标和 Z 坐标的误差方程。

b. 对航带间公共连接点：根据相邻航带间公共连接点上的坐标应相等的平差原则，以 X 坐标为例，有如下关系式：

$$\begin{aligned} &\bar{X}_{pj} + V_{Xj} + A_{0j} + A_{1j}\bar{X}_j + A_{2j}\bar{Y}_j + A_{3j}\bar{X}_j{}^2 + A_{4j}\bar{X}_j\bar{Y}_j = \\ &\bar{X}_{p(j+1)} + V_{X(j+1)} + A_{0(j+1)} + A_{1(j+1)}\bar{X}_{j+1} + A_{2(j+1)}\bar{Y}_{j+1} + A_{3(j+1)}\bar{X}_{j+1}{}^2 + A_{4(j+1)}\bar{X}_{j+1}\bar{Y}_{j+1} \end{aligned} \tag{4-3-19}$$

若相邻航带有 n 个公共连接点，则可列出 n 个上述误差方程式。上式写为误差方程的矩阵形式为

$$-(V_{Xj} - V_{X(j+1)}) = \begin{bmatrix} A_j & -A_{j+1} \end{bmatrix} \begin{bmatrix} a_j \\ a_{j+1} \end{bmatrix} - L_{Xj(j+1)}\ ,\quad P_i = \frac{1}{2}\ (i = 1, 2, \cdots, n) \tag{4-3-20}$$

式中，

$$\begin{bmatrix} A_j & -A_{j+1} \end{bmatrix} = \begin{bmatrix} 1 & \bar{X}_j & \bar{Y}_j & \bar{X}_j^2 & \bar{X}_j\bar{Y}_j & -1 & -\bar{X}_{j+1} & -\bar{Y}_{j+1} & -\bar{X}_{j+1}^2 & -\bar{X}_{j+1}\bar{Y}_{j+1} \end{bmatrix}$$
$$L_{Xj(j+1)} = \bar{X}_{P(j+1)} - \bar{X}_{Pj}$$
$$\begin{bmatrix} a_j \\ a_{j+1} \end{bmatrix} = \begin{bmatrix} A_{0j} & A_{1j} & A_{2j} & A_{3j} & A_{4j} & A_{0j+1} & A_{1(j+1)} & A_{2(j+1)} & A_{3(j+1)} & A_{4(j+1)} \end{bmatrix}^{\mathrm{T}}$$

其中，j、$j+1$ 为相邻航带的编号。

现以图 4.3 所示的区域网为例，列出全区域的 X 坐标的总体误差方程式如下：

$$-\begin{bmatrix} V_1^{控} \\ V_{12} \\ V_2^{控} \\ V_{23} \\ V_3^{控} \\ V_{34} \\ V_4^{控} \end{bmatrix} = \begin{bmatrix} A_1^{控} & 0 & 0 & 0 \\ A_1^{下} & -A_2^{上} & 0 & 0 \\ 0 & A_2^{控} & 0 & 0 \\ 0 & A_2^{下} & -A_3^{上} & 0 \\ 0 & 0 & A_3^{控} & 0 \\ 0 & 0 & A_3^{下} & -A_4^{上} \\ 0 & 0 & 0 & A_4^{控} \end{bmatrix} \begin{bmatrix} a_1 \\ a_2 \\ a_3 \\ a_4 \end{bmatrix} - \begin{bmatrix} l_1^{控} \\ l_{12} \\ l_2^{控} \\ l_{23} \\ l_3^{控} \\ l_{34} \\ l_4^{控} \end{bmatrix} \tag{4-3-21a}$$

其中，控制点所列误差方程式对应的权为 1，而公共连接点所列误差方程式对应的权为 $\frac{1}{2}$。式（4-3-21a）的矩阵形式为

$$-V = AX - L, P \tag{4-3-21b}$$

根据误差方程式（4-3-21b），可得相应的法方程式：

$$\boldsymbol{A}^{\mathrm{T}}\boldsymbol{PA} - \boldsymbol{A}^{\mathrm{T}}\boldsymbol{PL} = 0 \tag{4-3-22}$$

解法方程式（4-3-22）即可求出整体平差后航带网中各航带的非线性改正系数。

法方程式（4-3-22）的系数阵（$\boldsymbol{A}^{\mathrm{T}}\boldsymbol{PA}$）是一个 4×4 的矩阵块，每一子块为 5×5 的方阵。其内容为

$$\boldsymbol{A}^{\mathrm{T}}\boldsymbol{PA} = \begin{array}{c} I航带 \\ \\ II航带 \\ \\ III航带 \\ \\ IV航带 \end{array} \left[\begin{array}{c:c:c:c} A_{1控}^{\mathrm{T}}A_{1控} + \frac{1}{2}A_{1下}^{\mathrm{T}}A_{1下} & -\frac{1}{2}A_{1下}^{\mathrm{T}}A_{2上} & 0 & 0 \\ \hdashline -\frac{1}{2}A_{2上}^{\mathrm{T}}A_{1下} & A_{2控}^{\mathrm{T}}A_{2控} + \frac{1}{2}A_{2上}^{\mathrm{T}}A_{2上} + \frac{1}{2}A_{2下}^{\mathrm{T}}A_{2下} & -\frac{1}{2}A_{2下}^{\mathrm{T}}A_{3上} & 0 \\ \hdashline 0 & -\frac{1}{2}A_{3上}^{\mathrm{T}}A_{2下} & A_{3控}^{\mathrm{T}}A_{3控} + \frac{1}{2}A_{3上}^{\mathrm{T}}A_{3上} + \frac{1}{2}A_{3下}^{\mathrm{T}}A_{3下} & -\frac{1}{2}A_{3下}^{\mathrm{T}}A_{4上} \\ \hdashline 0 & 0 & -\frac{1}{2}A_{4上}^{\mathrm{T}}A_{3下} & A_{4控}^{\mathrm{T}}A_{4控} + \frac{1}{2}A_{4上}^{\mathrm{T}}A_{4上} \end{array}\right] \tag{4-3-23}$$

② 由式（4-3-23）可总结出法方程式系数阵的结构特点如下：

a. 系数阵为一与航带数有关的带状方阵，其阶数等于航带数乘 5。

b. 主对角线两边对称位置的矩阵子块互为转置矩阵。

c. 主对角线上的各矩阵子块的内容是：各航带参与平差的点（本航带内控制点、j+1 条航带的上排公共点和 j 条航带的下排公共点）的逐点自身法化阵之和。其中控制点的自身法化项前面的系数为 1，公共点自身法化项前面的系数为 $1/k$，k 为公共点所跨的航带数；图 4.3 中公共点跨了两条航带，所以系数取 1/2。

d. 非主对角线上的各矩阵子块是相邻上下航带中参与平差的公共点的相互法化阵，即按所属航带的系数矩阵转置乘以相邻航带系数矩阵的和，其系数为 $-1/k$。

法方程式常数阵是一个一列四块的列矩阵，每一子块为 5×1 的子列矩阵，即

$$\boldsymbol{A}^{\mathrm{T}}\boldsymbol{PL}=\begin{bmatrix} A_{1控}^{\mathrm{T}}L_{1控}+\dfrac{1}{2}A_{1下}L_{12} \\ A_{2控}^{\mathrm{T}}L_{2控}-\dfrac{1}{2}A_{2上}^{\mathrm{T}}L_{12}+\dfrac{1}{2}A_{2下}^{\mathrm{T}}L_{23} \\ A_{3控}^{\mathrm{T}}L_{3控}-\dfrac{1}{2}A_{3上}^{\mathrm{T}}L_{23}+\dfrac{1}{2}A_{3下}^{\mathrm{T}}L_{34} \\ A_{4控}^{\mathrm{T}}L_{4控}-\dfrac{1}{2}A_{4上}^{\mathrm{T}}L_{34} \end{bmatrix} \tag{4-3-24}$$

由式（4-3-24）可总结出法方程式常数项的结构特点为：本航带内控制点的系数矩阵转置乘以该点的常数项，加上本航带公共点系数矩阵转置乘以该公共点的常数项之和。对于控制点的权取 1；当公共点为上排点时权取 $-1/k$，当公共点为下排点时权取 $1/k$。

按照式（4-3-23）和式（4-3-24）法方程式的特点，可直接根据区域网的结构列出该区域网的总体法方程式，不需组成全区域网的总误差方程式。这对于解析计算有着重要意义，它可以节省计算单元，减少计算步骤。

为了简便，将上述法方程式用新矩阵符号表达为

$$\begin{bmatrix} N_{11} & N_{12} & 0 & 0 \\ N_{21} & N_{22} & N_{23} & 0 \\ 0 & N_{32} & N_{33} & N_{34} \\ 0 & 0 & N_{43} & N_{44} \end{bmatrix}\begin{bmatrix} a_1 \\ a_2 \\ a_3 \\ a_4 \end{bmatrix}=\begin{bmatrix} L_1 \\ L_2 \\ L_3 \\ L_4 \end{bmatrix} \tag{4-3-25}$$

（3）法方程式的解算。

航带法区域网平差的法方程式的系数阵是一个简单的带状矩阵,可以用高斯约化法求解。

高斯约化法的思想是：逐个消去未知数，只保留首式，逐步约化使系数阵变为一个上三角阵，其相应常数项进行同样约化，求出最后一组未知数；然后从下而上回代，逐个解求出全部未知数。下面详细叙述约化过程：

在法方程式（4-3-25）中：

① 保持第一行元素不变；

② 将第一行元素左乘 $N_{12}^{\mathrm{T}}N_{11}^{-1}$（包括常数项），得到相应行元素为

$$N_{12}^{\mathrm{T}} \quad N_{12}^{\mathrm{T}}N_{11}^{-1}N_{12} \quad 0 \quad 0 \quad \vdots \quad N_{12}^{\mathrm{T}}N_{11}^{-1}L_1 \tag{a}$$

用第二行的元素分别减去 （a）中的对应元素，消去第二行中的 N_{21}，得出新的第二行的元素为

$$0 \quad N_{22}-N_{12}^{\mathrm{T}}N_{11}^{-1}N_{12} \quad N_{23} \quad 0 \quad \vdots \quad L_2-N_{12}^{\mathrm{T}}N_{11}^{-1}L_1 \tag{b}$$

用新的矩阵符号表示（b）式中各元素：

$$0 \quad N'_{22} \quad N_{23} \quad 0 \quad \vdots \quad L'_2$$

③ 按上述同样的方法消去第三行中的 N_{32}，得出新的第三行的元素为

$$0 \quad 0 \quad N_{33}-N_{23}^{\mathrm{T}}N_{22}^{\prime -1}N_{23} \quad N_{34} \quad \vdots \quad L_3-N_{23}^{\mathrm{T}}N_{22}^{\prime -1}L_2 \tag{c}$$

用新的矩阵符号表示（c）式中各元素：

$$0 \quad N'_{33} \quad N_{34} \quad 0 \quad \vdots \quad L'_3$$

④ 用同样的方法得到新的第四行的元素为

$$0 \quad 0 \quad 0 \quad N'_{44} \quad \vdots \quad L'_4$$

经上述约化后，法方程式变为约化法方程式：

$$\begin{bmatrix} N_{11} & N_{12} & 0 & 0 \\ 0 & N'_{22} & N_{23} & 0 \\ 0 & 0 & N'_{33} & N_{34} \\ 0 & 0 & 0 & N'_{44} \end{bmatrix}\begin{bmatrix} a_1 \\ a_2 \\ a_3 \\ a_4 \end{bmatrix}=\begin{bmatrix} L_1 \\ L'_2 \\ L'_3 \\ L'_4 \end{bmatrix} \tag{4-3-26}$$

上式的系数阵为上三角阵，可先求出 a_4，经过自下而上的回代，逐个求出每条航带 X 坐标的非线性变形改正参数 a_3、a_2、a_1，即

$$\left.\begin{aligned} a_4 &= N_{44}^{\prime -1}L'_4 \\ a_3 &= N_{33}^{\prime -1}L'_3 - N_{33}^{\prime -1}N_{34}a_4 \\ a_2 &= N_{22}^{\prime -1}L'_2 - N_{22}^{\prime -1}N_{23}a_3 \\ a_1 &= N_{11}^{-1}L_1 - N_{11}^{-1}N_{12}a_2 \end{aligned}\right\} \tag{4-3-27}$$

由上例可以列出航带法区域网平差法方程式系数的约化与回代的通式：

约化通式：

$$\left.\begin{aligned} N'_{i+1,i+1} &= N_{i+1,i+1} - N_{i,i+1}^{\mathrm{T}}N_{i,i}^{\prime -1}N_{i,i+1} \\ L'_{i+1} &= L_{i+1} - N_{i,i+1}^{\mathrm{T}}N_{i,i}^{\prime -1}L'_i \\ i &= 1,\ 2,\ \cdots,\ n-1 \end{aligned}\right\} \tag{4-3-28}$$

回代通式：

$$\begin{aligned} a_n &= N_{n,n}^{\prime -1}L'_n \\ a_i &= N_{i,i}^{\prime -1}L'_i - N_{i,i}^{\prime -1}N_{i,i+1}a_{i+1} \\ i &= (n-1),\ \cdots,\ 1 \end{aligned} \tag{4-3-29}$$

式中，i 表示系数阵的行编号；n 表示全区域航带的总条数。

以上是以 X 坐标为例，同法可以求出 Y 和 Z 坐标的非线性改正系数。

（4）待定点的地面坐标计算。

解求出各航带网的非线性变形改正系数后，即可计算出各航带网中待定点的地面摄测坐标：

$$\left.\begin{aligned}X_{\text{tp}} &= X_{\text{tpgj}} + \bar{X}_{Pj} + A_{0j} + A_{1j}\bar{X}_{Pj} + A_{2j}\bar{Y}_{Pj} + A_{3j}\bar{X}_{Pj}{}^{2} + A_{4j}\bar{X}_{Pj}\bar{Y}_{Pj} \\ Y_{\text{tp}} &= Y_{\text{tpgj}} + \bar{Y}_{Pj} + B_{0j} + B_{1j}\bar{X}_{Pj} + B_{2j}\bar{Y}_{Pj} + B_{3j}\bar{X}_{Pj}{}^{2} + B_{4j}\bar{X}_{Pj}\bar{Y}_{Pj} \\ Z_{\text{tp}} &= Z_{\text{tpgj}} + \bar{Z}_{Pj} + C_{0j} + C_{1j}\bar{X}_{Pj} + C_{2j}\bar{Y}_{Pj} + C_{3j}\bar{X}_{Pj}{}^{2} + C_{4j}\bar{X}_{Pj}\bar{Y}_{Pj}\end{aligned}\right\} \tag{4-3-30}$$

式中，j 为航带的编号。

如果是单点，由式（4-3-30）求得结果为该点的地面摄测坐标；如果是相邻航带公共点，则取相邻航带计算出的坐标的均值。

然后根据式（4-3-8）解算出的 a、b、λ，将全区域内所有待定点的地面摄测坐标变换为地面测量坐标，即

$$\begin{bmatrix} X_t \\ Y_t \\ Z_t \end{bmatrix} = \begin{bmatrix} b' & a' & 0 \\ a' & -b' & 0 \\ 0 & 0 & \lambda' \end{bmatrix} \begin{bmatrix} X_{\text{tp}} \\ Y_{\text{tp}} \\ Z_{\text{tp}} \end{bmatrix} + \begin{bmatrix} X_{t1} \\ Y_{t1} \\ Z_{t1} \end{bmatrix} \tag{4-3-31}$$

式中，$a' = \dfrac{a}{a^2+b^2}$，$b' = \dfrac{b}{a^2+b^2}$，$\lambda' = \dfrac{1}{\lambda}$；$x_{t_1}$，$y_{t_1}$，$z_{t_1}$ 为区域中 1 点的地面摄测坐标值。

如果需要计算像片的外方位元素，则需根据加密控制点的地面摄影测量坐标，逐片进行空间后方交会。

4.4 光束法区域网空中三角测量

光束法区域网空中三角测量的基本思想是：以每张像片为基本单元，以中心投影的共线方程式作为平差的数学模型，建立全区统一的误差方程式，整体平差解求全区内每张像片的方位元素以及待定点的地面坐标，如图 4.4 所示。

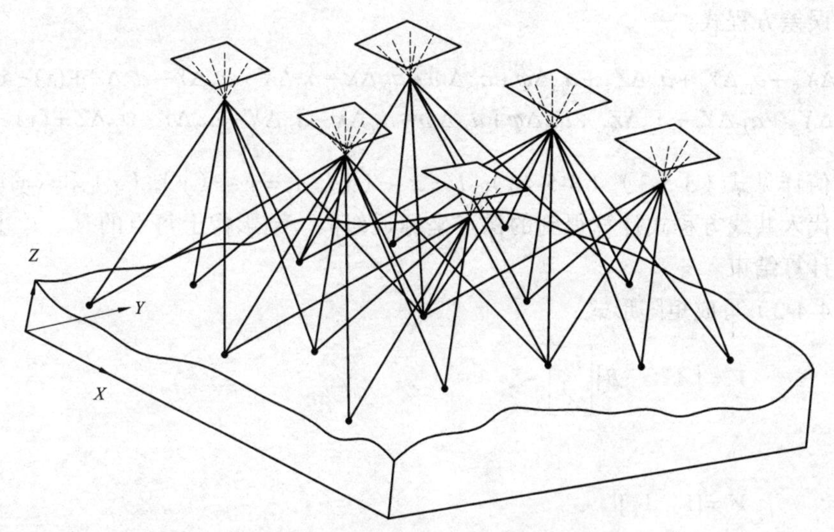

图 4.4 光束法空中三角测量示意图

4.4.1 光束法区域网空中三角测量的工作流程

光束法区域网平差的工作流程如下：

（1）确定各影像外方位元素和地面点坐标的初始值。可以利用航带法区域网空中三角测量方法，提供影像外方位元素和地面点坐标的近似值；在竖直摄影情况下，也可以设$\varphi^0=\omega^0=0$，κ^0的角值和地面点坐标近似值则可以在旧地图上读取。

（2）从每幅影像上的控制点和待定点的像点坐标出发，按共线条件方程式列出误差方程式。

（3）逐点法化建立改化法方程式，按边法化边消元的循环分块法，解求每张像片的外方位元素。

（4）按空间前方交会法求得待定地面点的地面坐标，对于相邻影像的公共点，应取其均值作为最后结果。

光束法区域网空中三角测量是以像点坐标为观测值进行的区域网平差，理论精度严密，但对原始数据的系统误差十分敏感，只有在较好地预先消除像点坐标的系统误差后，才能得到理想的加密成果。

4.4.2 误差方程式和法方程式的建立

光束法区域网空中三角测量以共线条件方程式为平差模型。对共线条件方程式：

$$\left.\begin{aligned} x&=-f\frac{a_1(X_A-X_S)+b_1(Y_A-Y_S)+c_1(Z_A-Z_S)}{a_3(X_A-X_S)+b_3(Y_A-Y_S)+c_3(Z_A-Z_S)}\\ y&=-f\frac{a_2(X_A-X_S)+b_2(Y_A-Y_S)+c_2(Z_A-Z_S)}{a_3(X_A-X_S)+b_3(Y_A-Y_S)+c_3(Z_A-Z_S)}\end{aligned}\right\}\tag{4-4-1}$$

线性化可得误差方程式：

$$\left.\begin{aligned} V_x&=a_{11}\Delta X_S+a_{12}\Delta Y_S+a_{13}\Delta Z_S+a_{14}\Delta\varphi+a_{15}\Delta\omega+a_{16}\Delta\kappa-a_{11}\Delta X-a_{12}\Delta Y-a_{13}\Delta Z+(x)-x\\ V_y&=a_{21}\Delta X_S+a_{22}\Delta Y_S+a_{23}\Delta Z_S+a_{24}\Delta\varphi+a_{25}\Delta\omega+a_{26}\Delta\kappa-a_{21}\Delta X-a_{22}\Delta Y-a_{23}\Delta Z+(y)-y\end{aligned}\right\}\tag{4-4-2}$$

式中各系数值详见式（3-5-3）、（3-5-4b）；$l_x=x-(x)$，$l_y=y-(y)$，(x)和(y)是将未知数的近似值代入共线方程式计算得到的像点坐标近似值。当影像上每点的 l_x，l_y 小于某一限差时，迭代计算结束。

将式（4-4-2）写成矩阵形式：

$$\boldsymbol{V}=\begin{bmatrix}A & B\end{bmatrix}\begin{bmatrix}t\\X\end{bmatrix}-L\tag{4-4-3}$$

式中，

$$\boldsymbol{V}=[V_x\ \ V_y]^{\mathrm{T}}$$
$$\boldsymbol{t}=[\Delta X_S\ \ \Delta Y_S\ \ \Delta Z_S\ \ \Delta\varphi\ \ \Delta\omega\ \ \Delta\kappa]^{\mathrm{T}}$$
$$\boldsymbol{X}=[\Delta X\ \ \Delta Y\ \ \Delta Z]^{\mathrm{T}}$$

$$A = \begin{bmatrix} a_{11} & a_{12} & a_{13} & a_{14} & a_{15} & a_{16} \\ a_{21} & a_{22} & a_{23} & a_{24} & a_{25} & a_{26} \end{bmatrix}$$

$$B = \begin{bmatrix} -a_{11} & -a_{12} & -a_{13} \\ -a_{21} & -a_{22} & -a_{23} \end{bmatrix}$$

$$L = [l_x \quad l_y]^{\mathrm{T}}$$

在合理确定未知数的初始值后，根据式（4-4-2）可列出每张像片上每个控制点和加密点的一组误差方程式。这类误差方程式中含有两类未知数 t 和 X。其中 t 对应于所有影像的外方位元素（每张像片有 6 个）的总和，X 对应于所有待定点的地面坐标。其误差方程式对应的法方程式为

$$\begin{bmatrix} \boldsymbol{A}^{\mathrm{T}}\boldsymbol{A} & \boldsymbol{A}^{\mathrm{T}}\boldsymbol{B} \\ \boldsymbol{B}^{\mathrm{T}}\boldsymbol{A} & \boldsymbol{B}^{\mathrm{T}}\boldsymbol{B} \end{bmatrix} \begin{bmatrix} t \\ X \end{bmatrix} - \begin{bmatrix} \boldsymbol{A}^{\mathrm{T}}\boldsymbol{L} \\ \boldsymbol{B}^{\mathrm{T}}\boldsymbol{L} \end{bmatrix} = 0 \tag{4-4-4}$$

将法方程式（4-4-4）用新矩阵符号表示为

$$\begin{bmatrix} H_{11} & H_{12} \\ H_{12}^{T} & H_{22} \end{bmatrix} \begin{bmatrix} t \\ X \end{bmatrix} - \begin{bmatrix} u_1 \\ u_2 \end{bmatrix} = 0 \tag{4-4-5}$$

法方程式系数矩阵结构如图 4.5 所示。对于一张像片的外方位元素，未知数有 6 个；一个待定点的地面坐标未知数有 3 个。所以，对于一张像片的法方程式系数矩阵需占 6×6 个单元，一个地面点的法方程系数矩阵需占 3×3 个单元，相关系数阵（$\boldsymbol{A}^{\mathrm{T}}\boldsymbol{B}$）占 6×3 个单元。

全区像片的总数为 $n \times N$ 片（n 为每条航带内的像片数，N 为全区的航带数），全区外方位元素未知数的总个数为 $6nN$ 个，全区 m 个待定点的坐标未知数的总个数为 $3m$ 个。这样，法方程式（4-4-5）的未知数总数为（$6nN + 3m$）个。

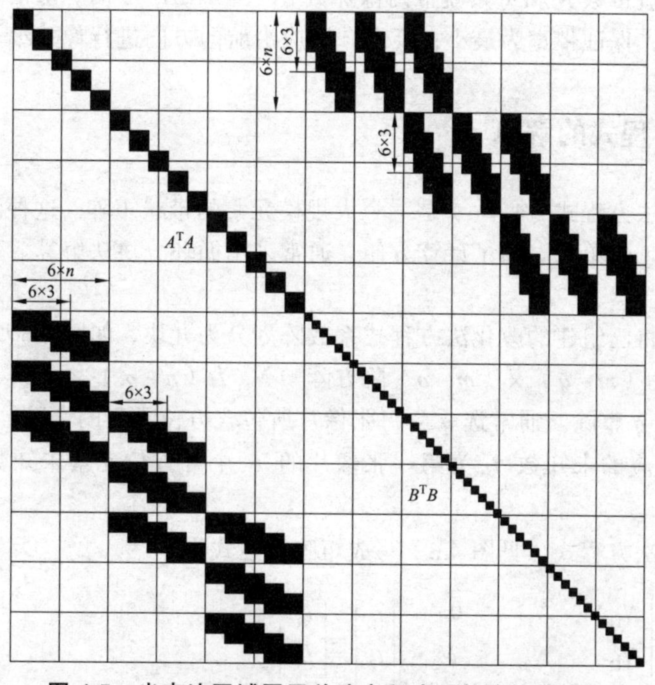

图 4.5　光束法区域网平差法方程式系数阵的结构图

4.4.3 改化法方程式的结构

对于区域网空中三角测量而言，由于所涉及的航线数、每条航线的影像数和每幅影像的像点数有时会很多，此时误差方程式的总数将十分可观。

而法方程式（4-4-5）的系数阵是一个大规模的带状稀疏矩阵。为计算方便，在计算过程中可先消去其中的一类未知数而只求另一类未知数。一般情况下，待定点的坐标未知数 X 的个数常远大于定向未知数 t 的个数，因此，用消元法先消去式（4-4-5）中的未知数 X，得到只含定向未知数 t 的改化法方程式为

$$(H_{11}-H_{12}H_{22}^{-1}H_{12}^{\mathrm{T}})t=u_1-H_{12}H_{22}^{-1}u_2 \tag{4-4-6}$$

改化法方程式未知数的系数阵是与全区像片数有关的一个转置对称带状矩阵，其阶数为 $6\,nN\times 6\,nN$。

由于一个区域是由数条航带组成，而每条航带由多张像片组成，所以全区所有像片需按从区域左上角到区域右下角的顺序编号，编排所有像片外方位元素未知数的次序。而航片沿航向编号或是沿旁向编号，将直接影响到改化法方程式解算的容量和计算量。

把由矩阵的主对角线到该行最远处的非零元素间所包含的未知数的个数定义为带宽。带状矩阵的带宽与解算改化法方程式需占用的存储量有密切关系。带宽越窄，解算所需占用的容量和计算量越小。光束法区域网平差计算带宽 m 的公式如下：

像片沿航带方向（航向）编号的带宽：$m=6\times(n+3)$　　（4-4-7）

像片沿垂直航带方向（旁向）编号的带宽：$m=6\times(2N+2)$　　（4-4-8）

式中，N 表示全区航带数；n 表示航带内像片数。

根据全区域的航带数 N 和每条航带内像片数 n，当 $n>2N-1$ 时，应沿垂直航带方向（旁向）进行像片编号，保证带宽为最小；反之，则应沿航向方向进行像片编号。

4.4.4 带状法方程式的解算

光束法的改化法方程式（4-4-6）是一个大规模元素的带状矩阵。这种法方程组的直接解算需要占用大量的工作单元。为了计算方便，通常采用循环分块法解算。下面介绍边法化边消元的循环分块法。

循环分块法是将已组建的改化法方程式系数阵划分为九块，如图 4.6 所示。其中 N_{11} 为 $q\times q$ 阶方阵，N_{22} 为 $(m-q)\times(m-q)$ 阶方阵，N_{33} 为 $(n-m)\times(n-m)$ 阶方阵。这里要求 $(n-m)$ 能被 q 整除。通常选 q 为每张像片所包含方位元素的个数。N_{11} 为第一张像片的自身法化阵，相应的未知数 t_1 为第一张像片的 6 个外方位元素未知数。这样划分后，$N_{13}=N_{31}^{\mathrm{T}}=0$。

分块后的改化法方程式（见图 4.6）写成矩阵表达式为

$$\begin{bmatrix} N_{11} & N_{12} & 0 \\ N_{12}^{\mathrm{T}} & N_{22} & N_{23} \\ 0 & N_{23}^{T} & N_{33} \end{bmatrix}\begin{bmatrix} t_1 \\ t_2 \\ t_3 \end{bmatrix}=\begin{bmatrix} L_1 \\ L_2 \\ L_3 \end{bmatrix} \tag{4-4-9}$$

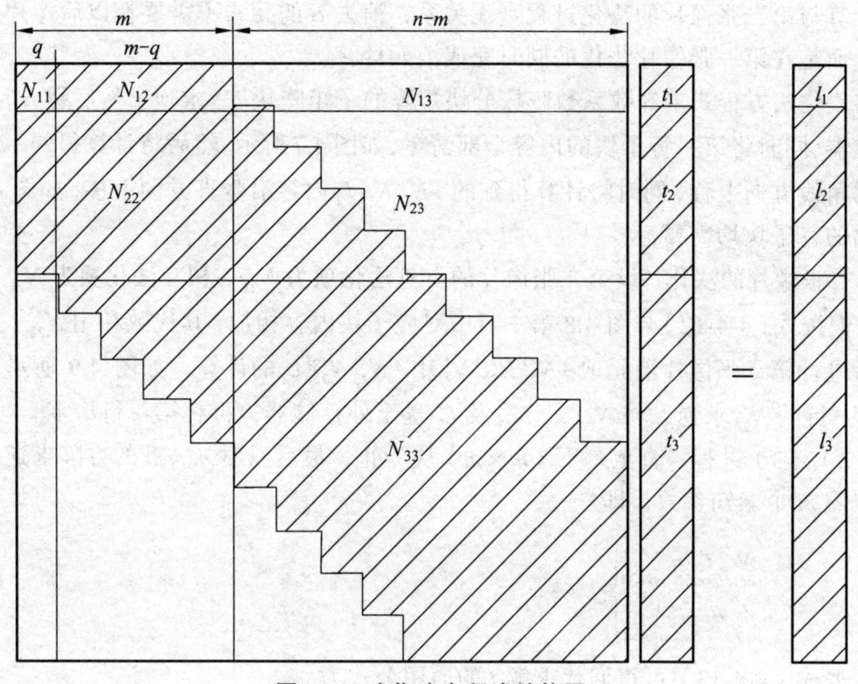

图 4.6　改化法方程式结构图

由式（4-4-9）的第一式中可求得

$$t_1 = N_{11}{}^{-1}(L_1 - N_{12}t_2) \tag{4-4-10}$$

将式（4-4-10）代入式（4-4-9），则得一次消元后的改化法方程式为

$$\begin{bmatrix} N_{22} - N_{12}^{\mathrm{T}}N_{11}^{-1}N_{12} & N_{23} \\ N_{23}^{\mathrm{T}} & N_{33} \end{bmatrix}\begin{bmatrix} t_2 \\ t_3 \end{bmatrix} = \begin{bmatrix} L_2 - N_{12}^{\mathrm{T}}N_{11}^{-1}L_1 \\ L_3 \end{bmatrix} \tag{4-4-11}$$

由图 4.6 和式（4-4-11）可以看出，消去未知数 t_1 后，改化法方程式的结构并没有变，发生变化的部分仅在 N_{22} 和 L_2 两部分。

考虑这一特点，没有必要照常规平差法先列出全区范围所有像片的改化法方程式，然后再循环消元，这样势必导致系数阵占用许多计算机内存空间。实际解算时，利用式（4-4-11）的特点，直接采用边法化边消元的循环分块解算方法，这个解算方法的特点是：只占用 $m \times m$ 个子块的存储单元，借助计算机的外围设备就可以完成改化法方程式的求解。

下面简述这一解法的具体求解过程：

（1）按照常规平差法求解第一张像片的 N_{11}、N_{12}、L_1，根据式（4-4-10）可消去法方程式（4-4-9）中未知数 t_1，同时得消元后的新内容：

$$\begin{aligned} N'_{22} &= N_{22} - N_{12}^{\mathrm{T}}N_{11}^{-1}N_{12} \\ L'_2 &= L_2 - N_{12}^{\mathrm{T}}N_{11}^{-1}L_1 \end{aligned} \tag{4-4-12}$$

N_{11}、N_{12} 及 L_1 的计算可以理解为第一张像片的法化过程，称为边法化过程；

$-N_{12}^{T}N_{11}^{-1}N_{12}$和$-N_{12}^{T}N_{11}^{-1}L_1$的计算可以理解为第一张像片未知数的消元过程，称为边消元过程。这两步的计算与第二张像片的法化过程毫无关系，消去 t_1 的元素不需要在以后像片的法化完成后进行，而是在第一张像片法化的同时完成消元计算。

（2）将改化法方程式未知数系数阵按分块矩阵的子矩阵块 N_{11} 求逆，然后将 N_{11}^{-1}、N_{12}和L_1送至外存储器，同时将第一行子块的内容全部清零，如图 4.7 所示。然后将计算得的 $-N_{12}^{T}N_{11}^{-1}N_{12}$ 内容沿主对角线方向上移，同时将计算得到的 $-N_{12}^{T}N_{11}^{-1}L_1$ 内容沿竖直方向上移，如图 4.8 所示。移位后空出的各子块均需要清零。

（3）第二张像片的法化。设第二张像片的自身法化项为 N_{22}，相互法化项为 N_{23} 及常数项为 L_2，将它们按式（4-4-12）与图 4.8 第一行中对应子块内容相加，其代数和用 N_{22}'、N_{23}' 及 L_2' 表示，然后进行第二张像片消元项 $-N_{23}'^{T}N_{22}'^{-1}N_{23}'$和$-N_{23}'^{T}N_{22}'^{-1}L_2'$ 的计算，如图 4.9 所示。然后将图 4.9 中第一行的 N_{22}' 求逆，将 $N_{22}'^{-1}$、N_{23}' 及 L_2' 送至外存储器，再将第一行清零。

重复（2）、（3）过程，直至剩下（$m\times m$）块为止，最后只对 $m\times m$ 的方阵求逆，解算出与带宽对应的 m 个未知参数，即

$$\left.\begin{aligned} \underset{m\times m}{N'}\,\underset{m\times 1}{t'} &= \underset{m\times 1}{L'} \\ \underset{m\times 1}{t'} &= \underset{m\times m}{N'^{-1}}\,\underset{m\times 1}{L'} \end{aligned}\right\} \tag{4-4-13}$$

（4）根据式（4-4-13）可得回代求解 t 的通用公式为

$$t_i = N_{ii}'^{-1}(L_i' - N_{ii+1}'L_{i+1}) \tag{4-4-14}$$

式中，i 表示像片编号；N_{ii}'、N_{ii+1}' 均可从外存储器中调入内存进行运算。这样可求得全区域中所有像片的外方位元素的改正数。

再根据（4-4-5）式可得解算待定点地面坐标改正数的公式：

$$X = (H_{22} - H_{12}^{T}H_{11}^{-1}H_{12})^{-1}(u_2 - H_{12}^{T}H_{11}^{-1}u_1) \tag{4-4-15}$$

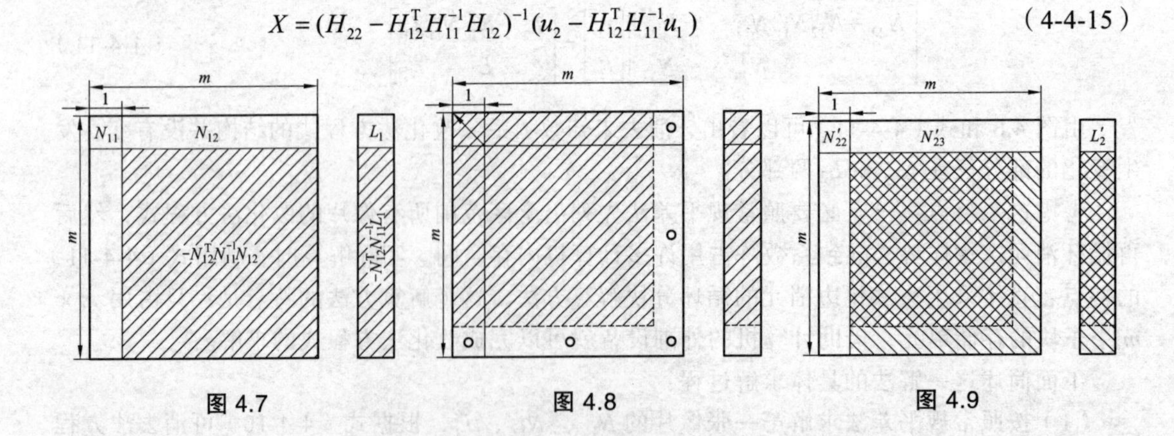

图 4.7　　图 4.8　　图 4.9

4.4.5　像片方位元素和待定点地面坐标的解算

将式（4-4-14）解算出的方位元素改正数，加上方位元素的初始值，可得像片方位元素的最后值。

将式（4-4-15）解算出的待定点地面坐标改正数，加上待定点地面坐标的初始值，可得待定点地面坐标的最后值。

4.5　独立模型法空中三角测量简介

在航带法空中三角测量中，为了避免误差累积，可以不构建自由航带，而是选择单模型或双模型作为平差单元，进行独立模型法空中三角测量。由一个个相互连接的单模型既可以构成一条航带网，也可以组成一个区域网，但构网过程中的误差却被限制在单个模型范围内而不会发生传递累积，这样就可以克服航带法空中三角测量的不足，有利于加密精度的提高。

4.5.1　独立模型法空中三角测量的基本思想和工作流程

独立模型法空中三角测量的基本思想是：把一个单元模型（可以由一个立体像对或两个立体像对，甚至三个立体像对组成）视为刚体，利用各单元模型彼此间的公共连接点连成一个区域，在连接过程中，每个单元模型只能作平移、旋转和缩放，这样的要求只有通过单元模型的空间相似变换来实现。在变换中，应使单元模型间公共连接点的坐标相等，控制点内业解算的地面摄测坐标与其野外实测的地面摄测坐标相等，同时观测值改正数的平方和为最小。在满足这些条件的情况下，按最小二乘平差法可求得待定点的地面摄测坐标，如图 4.10 所示。

独立模型法空中三角测量的工作流程如下：

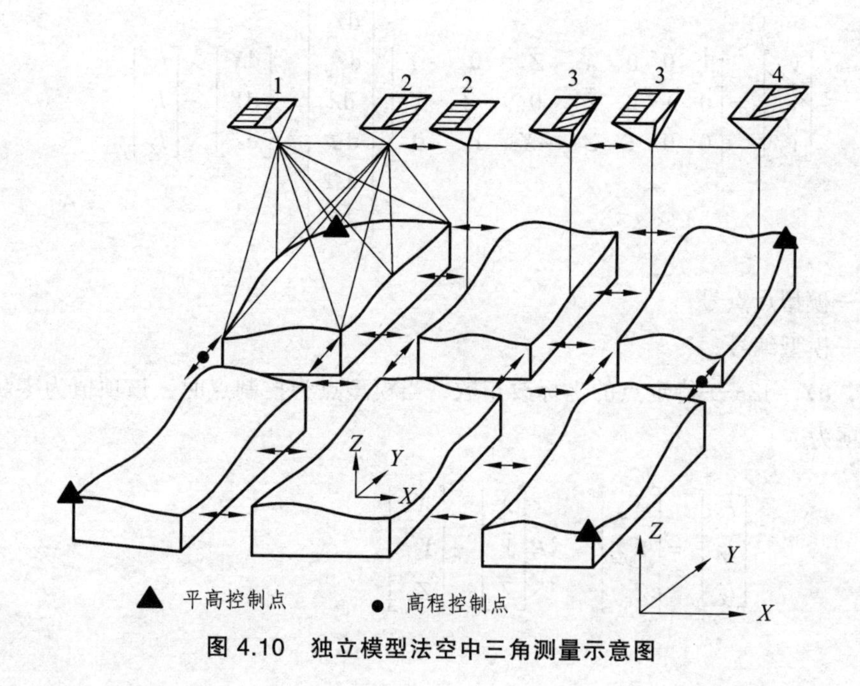

图 4.10　独立模型法空中三角测量示意图

（1）利用单独像对相对定向法求出各单元模型中模型点的坐标，包括摄站点的坐标。

（2）利用相邻模型之间的公共点和所在模型中的控制点，对每个模型各自进行空间相似变换，列出误差方程式，并逐点法化，组成总体法方程式。

（3）建立全区域的改化法方程式，并按循环分块法求解每个单元模型的七个变换参数。

（4）由已经求得的每个模型的七个参数，计算每个模型中待定点平差后的地面坐标；若为相邻模型的公共点，则取其平均值作为最后坐标。

4.5.2 独立模型法空中三角测量的数学模型

通过单独像对相对定向建立单元模型后，对区域网中每个模型分别进行空间相似变换：

$$\begin{bmatrix} X_{tp} \\ Y_{tp} \\ Z_{tp} \end{bmatrix} = \lambda \boldsymbol{R} \begin{bmatrix} \bar{X} \\ \bar{Y} \\ \bar{Z} \end{bmatrix} + \begin{bmatrix} X_g \\ Y_g \\ Z_g \end{bmatrix} \tag{4-5-1}$$

式中 $\bar{X}$, $\bar{Y}$, $\bar{Z}$——单元模型中任一点的重心化坐标；

X_{tp}, Y_{tp}, Z_{tp}——地面摄测坐标；

X_g, Y_g, Z_g——该模型的地面摄测坐标系的重心坐标；

λ——单元模型的缩放系数；

$\boldsymbol{R}$——由模型绝对定向元素构成的旋转矩阵。

将式（4-5-1）线性化，可列出误差方程式：

$$-\begin{bmatrix} v_X \\ v_Y \\ v_Z \end{bmatrix}_{ij} = \begin{bmatrix} 1 & 0 & 0 & \bar{X} & \bar{Z} & 0 & -\bar{Y} \\ 0 & 1 & 0 & \bar{Y} & 0 & -\bar{Z} & \bar{X} \\ 0 & 0 & 1 & \bar{Z} & -\bar{X} & \bar{Y} & 0 \end{bmatrix}_{ij} \begin{bmatrix} dX_g \\ dY_g \\ dZ_g \\ d\lambda \\ d\Phi \\ d\Omega \\ dK \end{bmatrix}_j - \begin{bmatrix} dX \\ dY \\ dZ \end{bmatrix}_{ij} - \begin{bmatrix} l_X \\ l_Y \\ l_Z \end{bmatrix}_{ij} \tag{4-5-2}$$

式中 i——模型点点号；

j——模型编号；

dX, dY, dZ——待定点的坐标改正数，当模型点为控制点时，该项值为零。

常数项为

$$\begin{bmatrix} l_X \\ l_Y \\ l_Z \end{bmatrix}_{ij} = \begin{bmatrix} X_{tp} \\ Y_{tp} \\ Z_{tp} \end{bmatrix}_{ij} - \lambda \boldsymbol{R} \begin{bmatrix} \bar{X} \\ \bar{Y} \\ \bar{Z} \end{bmatrix}_{ij} - \begin{bmatrix} X_g \\ Y_g \\ Z_g \end{bmatrix}_j \tag{4-5-3}$$

当模型点为待定点时，其常数项为

$$\begin{bmatrix} l_X \\ l_Y \\ l_Z \end{bmatrix}_{ij} = \begin{bmatrix} X_0 \\ Y_0 \\ Z_0 \end{bmatrix}_i - \lambda \boldsymbol{R} \begin{bmatrix} \bar{X} \\ \bar{Y} \\ \bar{Z} \end{bmatrix}_{ij} - \begin{bmatrix} X_g \\ Y_g \\ Z_g \end{bmatrix}_j \tag{4-5-4}$$

式中　X_0，Y_0，Z_0——模型公共连接点坐标的均值，在迭代趋近中，每次用新坐标值求得。

将式（4-5-2）用新的矩阵符号表示为

$$-V = At + BX - L \tag{4-5-5}$$

式中，t 为模型定向未知数，X 为待定点的坐标改正数。相应的法方程式为

$$\begin{bmatrix} A^{\mathrm{T}}A & A^{\mathrm{T}}B \\ B^{\mathrm{T}}A & B^{\mathrm{T}}B \end{bmatrix} \begin{bmatrix} t \\ X \end{bmatrix} - \begin{bmatrix} A^{\mathrm{T}}L \\ B^{\mathrm{T}}L \end{bmatrix} = 0$$

或

$$\begin{bmatrix} N_{11} & N_{12} \\ N_{12}^{\mathrm{T}} & N_{22} \end{bmatrix} \begin{bmatrix} t \\ X \end{bmatrix} - \begin{bmatrix} L_1 \\ L_2 \end{bmatrix} = 0 \tag{4-5-6}$$

通常待定点的坐标未知数 X 的个数远远大于定向未知数 t 的个数，故求解法方程式时，常先消去其中含未知数较多的 X，得到仅含未知数 t 的改化法方程式：

$$(N_{11} - N_{12}N_{22}^{-1}N_{12}^{\mathrm{T}})t = L_1 - N_{12}N_{22}^{-1}L_2 \tag{4-5-7}$$

利用式（4-5-7）求出每一个模型的定向参数后，再按式（4-5-1）求得待定点的地面摄测坐标。对模型公共点坐标取均值作为最后结果。

上述独立模型法区域网空中三角测量的计算量较大，为了提高计算速度，可采用平面与高程分开求解的方法。

4.6　三种区域网空中三角测量方法的比较

上面介绍了目前摄影测量解析空中三角测量中常用的三种区域网平差方法。下面从数学模型和平差原理上来比较这三种方法的特点以及在实际作业中应如何选择合适的区域网平差方法。

1. 航带法空中三角测量

航带法空中三角测量产生于电子计算机问世之初，是从模拟仪器上的空中三角测量演变过来的，是一种分步的近似平差方法。首先通过单个像对的相对定向和模型连接构建自由航

带，然后再进行每条航带多项式非线性变形改正时，顾及航带间公共连接点条件和区域内的控制点条件，使之得到最佳的符合。

从这个思想出发，航带法区域网整体平差的数学模型是航带坐标的非线性多项式改正公式，观测值是自由航带中各点的摄影测量坐标，平差单元为航带，整体平差未知数是各航带的非线性改正系数。

这种平差方法的特点是未知数少，解算方便和快速，但精度不高。所谓的观测值，即自由航带的摄测坐标，它不是真正的原始观测值，故彼此并不独立。因此航带法空中三角测量不是严密的空中三角测量方法。目前该方法主要用于小比例尺低精度点位加密或为严密平差提供初始值。

2. 光束法空中三角测量

光束法区域网空中三角测量是基于摄影成像时像点、物点和摄影中心三点共线的特点而提出的，是一种严密的空中三角测量方法。这种方法最初提出时，由于受当时计算机水平和计算技术的限制，未能广泛应用。但随着摄影测量技术的发展和计算机水平的提高，这种严密的平差方法日益得到广泛应用，并已成为解析空中三角测量的主流。

光束法区域网平差的数学模型是共线条件方程式，平差单元是单个光束，每幅影像的像点坐标为原始观测值，未知数是各影像的外方位元素（在某些特点条件下也包含内方位元素）和所有待求点的地面坐标。通过各个光束在空间的平移、旋转和缩放，使同名光线最佳地交会，并最佳地纳入到地面控制系统中去。它理论严密，误差方程式直接对原始观测值列出，能很方便地顾及影像系统误差的影响，便于引入非摄影测量观测值（如导航数据和地面测量观测值）进行联合平差。它还可以严密处理非常规摄影测量以及非量测摄影机的影像数据。

光束法区域网平差未知数多、计算机量大，计算速度也相对较慢，平差前需提供各未知数的初始值。目前光束法区域网平差已广泛应用于各种高精度的解析空中三角测量和点位测定的实际生产中。

3. 独立模型法空中三角测量

独立模型法空中三角测量源于单元模型空间相似变换的思想。利用由影像坐标经单独相对定向后求出的或量测的独立模型坐标，通过各单元立体模型在空间的旋转、平移和缩放，使得模型公共点有尽可能相同的坐标，并通过地面控制点使整个空中三角测量网最佳地纳入到规定的坐标系中。从这个思想出发，独立模型法区域网平差的数学模型是单元模型的空间相似变换公式，观测值是计算的或量测的模型坐标，平差单元为独立模型，未知数是各模型空间相似变换的 7 个参数和加密点的地面坐标。

对于一个区域而言，独立模型法区域网平差未知数要比航带法区域网平差多得多，但采用平高分求的办法解算时，其解算所占用的内存和计算时间要比光束法区域网平差少得多。这种方法是一种相当严密的平差方法。如果能顾及模型坐标间的相关特性，独立模型法在理论上与光束法同样严密。

三种摄影测量区域网平差方法的比较参见图 4.11。

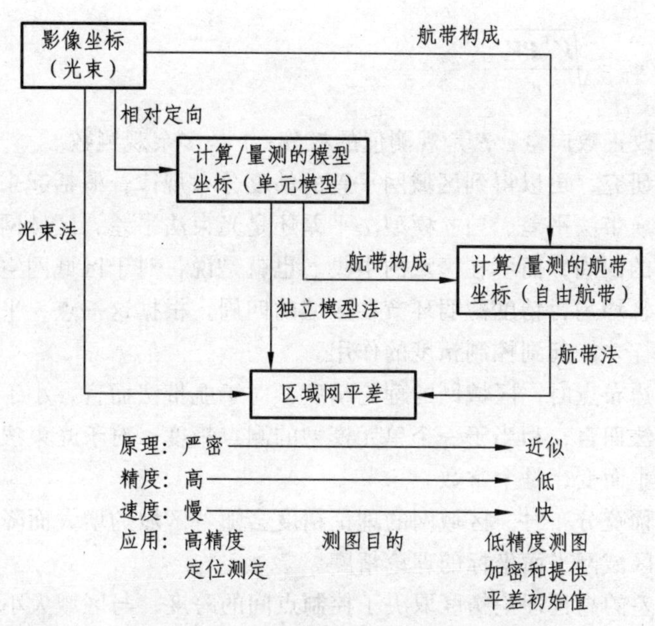

图 4.11　三种区域网平差方法的比较

4.7　解析空中三角测量的精度分析

解析空中三角测量的任务是解决目标点的空间定位问题。定位精度如何，这是在解决实际问题时，用户很关心的指标。明确了不同方法所能达到的精度，才能根据需要选择方法。

解析空中三角测量的精度，一方面可从理论上进行分析，通过最小二乘平差计算，求出待定点坐标的方差-协方差阵；另一种方法是选择一定数量的野外实测控制点作为检查点，将平差计算所得该点的内业解算坐标与野外实测坐标比较，视其差值为真误差，由这些真误差计算出点位坐标精度。通常我们把前一种方法得到的精度估计称为理论精度，通过对理论精度的分析，可以了解和掌握区域网平差后误差的分布规律，根据这些误差分布规律，可以对控制点进行合理的分布设计。后一种方法得到的精度估计称为实际精度，这是评定解析空中三角测量精度比较客观的方法。实际精度与理论精度的差异往往有助于发现观测数据或平差模型中存在的误差，因此，在实际工作中提供足够多的多余控制点数是非常必要的。

4.7.1　解析空中三角测量的理论精度

空中三角测量中未知数的理论精度是以平差获得的未知数的中误差作为测度来进行评定的。依据测量平差精度评定方法，用下式来表示第 i 个未知数的理论精度：

$$m_i = m_0 \cdot \sqrt{Q_{ii}} \tag{4-7-1}$$

式中，Q_{ii} 为法方程式系数阵逆阵 Q_{xx} 中第 i 个对角线元素；m_0 为单位权中误差，可按下式计算：

$$m_0 = \sqrt{\frac{V^{\mathrm{T}}PV}{r}} \qquad (4\text{-}7\text{-}2)$$

式中，$\boldsymbol{V}$是观测值改正数向量；$\boldsymbol{P}$是观测值的权阵；r是多余观测数。

对理论精度的研究，可以得到区域网平差的精度分布规律，概括起来有以下几点：

（1）不论采用航带法平差、独立模型法平差还是光束法平差，区域网空中三角测量精度的最弱点位于区域的四周，而不在区域的中央。也就是说：对于区域网空中三角测量，区域内部精度较高，而且均匀，精度薄弱环节在区域的四周。根据这一点，平面控制点应当布设在区域的四周，这样才能起到控制精度的作用。

（2）当密集周边布点时，区域网的理论精度：对于航带法而言，小于一条航带的测点精度；对于独立模型法而言，相当于一个单元模型的测点精度；对于光束法区域网平差，其理论精度不随区域大小而变，是个常数。

（3）当控制点稀疏分布时，区域网的理论精度会随着区域的增大而降低。但若增大旁向重叠，则可以提高区域网平面坐标的理论精度。

（4）区域网平差的高程理论精度取决于控制点间的跨度，与区域大小无关。只要高程控制点间的跨度相同，即使区域大小不一样，它们的高程理论精度都是相等的。

从理论上讲，光束法平差最符合最小二乘法原理，精度最佳。因为光束法平差中使用的观测值是真正的观测值——像点坐标，而其他两种方法在平差中的观测值均为像点坐标的函数。不过，如果区域网中的系统误差没有得到很好的补偿，三种方法的精度都不会有显著差异，光束法的优势也体现不出来。

4.7.2 解析空中三角测量控制点布设的原则

通过上述理论精度的分析和讨论，可以对区域网平差的控制点布设提出以下原则：

（1）平面控制点应采用周边布点。高精度加密点位时，宜采用跨度 $i = 2B$（B 为摄影基线）的密周边布点，区域越大越有利。一般测图时不一定采用密周边布点，平面控制点间距视成图精度要求和区域大小而定。

（2）高程控制点应布设成锁形。高程控制点沿旁向间距为 $2B$，沿航向间距则根据要求的精度而定。在高精度加密平面点位时，仍需要布设适当的高程控制点，以保证模型的变形不致对平面坐标产生影响；在旁向重叠为20%时，每条航线两端必须各有一对高程控制点。

（3）当信噪比较大时（$\dfrac{\sigma_{\mathrm{s}}}{\sigma_{\mathrm{n}}} > 0.7$），光束法区域网平差可利用附加参数的自检校平差来补偿影像系统误差。此时地面控制应当有足够的强度，以避免附加参数与坐标未知数间的强相关。

（4）在区域网平差中可用来代替地面控制点的非摄影测量观测值主要是导航数据，如GPS 提供的摄站坐标，只要记录齐全、无失锁现象，就可以只在每个区域四角各布设一个平高控制点。如果用地面测量观测值代替或加强区域网的控制点，则有关平面的观测值（如距离、水平角、方位角等）最好布设在区域周边或四角。有关高程的相对观测值（如高程、高度角等）应平行于航带方向布设。

（5）为了提高区域网的可靠性，控制点可布设成点组。

（6）在不增加控制点的情况下，通过扩大平差区域范围（上下各增加一条航线，左右各增加一个模型）可以提高加密精度和可靠性。

当然，作业中实际的布点要求应根据相应的航空摄影测量外业规范执行。

4.7.3 解析空中三角测量的实际精度

上面介绍了区域网空中三角测量的理论精度，它反映了观测值中偶然误差的影响与控制点的点位分布有关。而实际情况是复杂的，往往要受到偶然误差和系统误差以及粗差的综合影响，这就意味着实际精度与理论精度有一定的差异。因此，有必要研究如何估计区域网空中三角测量的实际精度。

区域网空中三角测量实际精度是利用多余控制点（也称检查点）的野外实测的地面坐标（通常视为无误差的真值），与经区域网平差后得到的检查点的内业解算的地面坐标的差值来估计的。根据误差理论中方差的定义，可得到解析空中三角测量的实际精度估算公式：

$$\left.\begin{aligned}\mu_x &= \sqrt{\frac{\sum (X_{\text{控}} - X_{\text{摄}})^2}{n_X}} \\ \mu_Y &= \sqrt{\frac{\sum (Y_{\text{控}} - Y_{\text{摄}})^2}{n_Y}} \\ \mu_Z &= \sqrt{\frac{\sum (Z_{\text{控}} - Z_{\text{摄}})^2}{n_Z}}\end{aligned}\right\} \qquad (4\text{-}7\text{-}3)$$

式中，$(X_{\text{控}}, Y_{\text{控}}, Z_{\text{控}})$是检查点野外实测的地面坐标，视为无误差；$(X_{\text{摄}}, Y_{\text{摄}}, Z_{\text{摄}})$为检查点经空三内业解算的地面坐标；$n_X$、$n_Y$、$n_Z$为检查点的个数。

实际精度有助于发现空中三角测量平差模型存在的误差和观测数据中存在的误差。

4.8 系统误差补偿与自检校光束法空中三角测量

对于解析空中三角测量而言，从航空摄影开始，至影像坐标量测以及模型坐标解算的整个数据获取过程和处理中，都会带来许多系统误差。摄影测量中的系统误差常常是指由于某种物理原因造成的，有一定规律而又不可避免的误差，如摄影机物镜的畸变差、摄影材料的变形、地球曲率和大气折光、量测系统的误差以及作业员的系统误差等。

从理论上讲，如果能获得上述各种系统误差的有关参数（如通过实验室实验检校等），就可以在解析空中三角测量之前，运用4.2节的方法预先消除这些系统误差的影响。

然而，区域网平差的实际结果表明，即使进行系统误差预改正，平差结果仍然存在着难以预先估计和测定的系统误差影响。同时，系统误差除了表现有系统特性外，有的还随着外界条件的变化，存在着随机变化的特性。这就影响了平差模型的准确性，从而使最严密的平差方法（如光束法）也不能获得最精确的平差结果，实际精度与理论精度之间仍然存在着明显的差异。在高精度的摄影测量中，必须对系统误差进行有效补偿。

4.8.1 系统误差补偿的方法

许多影像的系统误差是在实验室中、在静止状态下测定的，而实际数据获取过程是一个动态过程。所以，除了通过实验室手段测定各种系统误差参数外，在平差前后还可采用下列几种方法来补偿影像的系统误差。

1. 试验场检校法

它是一种直接补偿方法，由德国 Kupfer 教授提出。考虑到常规的实验室检校不能完全代表获取摄影数据的实际过程，Kupfer 提出利用真实摄影飞行条件下的试验场检校法，由大量地面控制点求得补偿系统误差的参数。在保证摄影测量条件（即摄影机、摄影期、大气条件、摄影材料、摄影处理条件、观测设备及观测员等）基本不变的情况下，用这组参数来补偿和改正实际区域网平差中的系统误差。

2. 验后补偿法

这种补偿系统误差的方法最先由法国学者 Masson D′Autuml 提出。该方法不改变原来的平差程序，而是通过对平差后残差大小及方向的分析，来推算影像系统误差的大小及特征，然后在观测值上引入系统误差改正，利用改正后的影像坐标重新计算，使平差结果得到改善。

广义的验后补偿法还包括根据控制点在平差后的坐标残差，进行最小二乘配置法的滤波和推估，从而消除和补偿地面控制网中产生的应力，使摄影测量网更好地纳入到大地坐标系统。

3. 自检校法

在摄影测量中最常用的补偿系统误差方法是自检校法，或称利用附加参数的整体平差法。它选用若干附加参数组成系统误差模型，将这些附加参数作为未知数或带权观测值，与区域网的其他未知参数进行整体平差求解，从而在平差过程中自行检定和消除系统误差的影响。

4. 自抵消法

通过对同一测区进行相互垂直的两次航摄飞行（即四次覆盖测区），航向与旁向重叠均为 60%，从而获得同一测区的四组摄影测量数据。将这四组数据同时进行区域网平差，此时各组数据之间的系统变形将会相互抵消或减弱。

上述各种方法可以组合起来使用，如自检校平差加验后补偿法，试验场检校与自检校平差同时采用，通过这些组合可获得最佳效果。

需要强调指出的是，像点坐标中包含的系统误差通常是与偶然误差混在一起的。在这种情况下，系统误差相当于某种信号，而偶然误差则是噪声。当偶然误差很大时，信噪比将很小，此时，系统误差将很难测出和加以补偿，而且改正系统误差也不会对结果有明显的改善。此外，像点坐标或控制点坐标上的粗差也会干扰对系统误差的补偿，因此，只有尽力减小影像坐标的偶然误差，利用适当的方法剔除数据中的粗差，才能有效地补偿影像的系统误差。

4.8.2 利用附加参数的自检校光束法平差

利用附加参数自检校光束法平差的基本思想是：采用一个用若干附加参数描述的系统误差模型，在区域网平差的同时解求这些附加参数，进而达到自动测定和消除系统误差的目的。

由于系统误差可以方便地表示为影像坐标的函数，所以通常只在以影像坐标为观测值的光束法区域网平差中进行附加参数的自检校平差。

1. 基本解算过程

由于影像系统误差通常并不很大，因此描述系统误差的附加参数也不会很大。一般不宜将附加参数处理成自由未知数，而是把它们视为带权观测值。如果将外业控制点也处理成带权观测值的话，则平差的基本误差方程式为

$$\left.\begin{aligned} \boldsymbol{V}_1 &= \boldsymbol{A}_1\boldsymbol{X}_1 + \boldsymbol{A}_2\boldsymbol{X}_2 + \boldsymbol{A}_3\boldsymbol{X}_3 - \boldsymbol{L}_1, \text{像点坐标的权阵} \boldsymbol{P}_1 \\ \boldsymbol{V}_2 &= \boldsymbol{I}_2\boldsymbol{X}_2 - \boldsymbol{L}_2, \text{控制点坐标的权阵} \boldsymbol{P}_2 \\ \boldsymbol{V}_3 &= \boldsymbol{I}_3\boldsymbol{X}_3 - \boldsymbol{L}_3, \text{附加参数的权阵} \boldsymbol{P}_3 \end{aligned}\right\} \tag{4-8-1}$$

式中 $\boldsymbol{X}_1$——外方位元素和坐标未知数改正数向量；

$\boldsymbol{L}_1$——像点（或模型点）坐标的观测值向量；

$\boldsymbol{X}_2$——控制点坐标的改正数向量；

$\boldsymbol{L}_2$——控制点坐标改正数的观测值向量（取控制点坐标为初值时，$L_2 = 0$）；

$\boldsymbol{X}_3$——附加参数向量；

$\boldsymbol{L}_3$——附加参数的观测值向量，只有当该参数已预先测出或已知时它才不为零；

$\boldsymbol{A}_1$，$\boldsymbol{A}_2$，$\boldsymbol{A}_3$——相应的误差方程式系数矩阵，其中 $\boldsymbol{A}_3$ 由系统误差模型所决定。

根据误差方程（4-8-1）可得法方程式：

$$\begin{bmatrix} \boldsymbol{A}_1^{\mathrm{T}}\boldsymbol{P}_1\boldsymbol{A}_1 & \boldsymbol{A}_1^{\mathrm{T}}\boldsymbol{P}_1\boldsymbol{A}_2 & \boldsymbol{A}_1^{\mathrm{T}}\boldsymbol{P}_1\boldsymbol{A}_3 \\ \boldsymbol{A}_2^{\mathrm{T}}\boldsymbol{P}_1\boldsymbol{A}_1 & \boldsymbol{A}_2^{\mathrm{T}}\boldsymbol{P}_1\boldsymbol{A}_2 + \boldsymbol{P}_2 & \boldsymbol{A}_2^{\mathrm{T}}\boldsymbol{P}_1\boldsymbol{A}_3 \\ \boldsymbol{A}_3^{\mathrm{T}}\boldsymbol{P}_1\boldsymbol{A}_1 & \boldsymbol{A}_3^{\mathrm{T}}\boldsymbol{P}_1\boldsymbol{A}_2 & \boldsymbol{A}_3^{\mathrm{T}}\boldsymbol{P}_1\boldsymbol{A}_3 + \boldsymbol{P}_3 \end{bmatrix} \begin{bmatrix} \boldsymbol{X}_1 \\ \boldsymbol{X}_2 \\ \boldsymbol{X}_3 \end{bmatrix} = \begin{bmatrix} \boldsymbol{A}^{\mathrm{T}}\boldsymbol{P}_1\boldsymbol{L}_1 \\ \boldsymbol{A}_2^{\mathrm{T}}\boldsymbol{P}_1\boldsymbol{L}_1 + \boldsymbol{P}_2\boldsymbol{L}_2 \\ \boldsymbol{A}_3^{\mathrm{T}}\boldsymbol{P}_1\boldsymbol{L}_1 + \boldsymbol{P}_3\boldsymbol{L}_3 \end{bmatrix} \tag{4-8-2}$$

这种形式的法方程式导出的改化法方程式是镶边带状结构的形式，可按逐次分块约化法求解。

2. 系统误差模型的选择

从理论上讲，像点坐标系统误差是像点坐标的函数，可以一般地表示为

$$\left.\begin{aligned}\Delta x &= f_x(x,y)\\ \Delta y &= f_y(x,y)\end{aligned}\right\} \tag{4-8-3}$$

式中，（x，y）为像点在以像主点为原点的像平面直角坐标系中的坐标。

由于这种函数关系很难得知，1972—1980 年期间，各国学者曾研究过不同的附加参数选择方案。

（1）从引起系统误差的物理因素出发，美国的布朗博士提出了包含四类改正项，共 21 个参数的模型：

$$\begin{aligned}\Delta x = {} & a_1 x + a_2 y + a_3 xy + a_4 y^2 + a_5 x^2 y + a_6 xy^2 + a_7 x^2 y^2 + \\ & \frac{x}{f}\left[a_{13}(x^2 - y^2) + a_{14}x^2y^2 + a_{15}(x^4 - y^4)\right] + \\ & x\left[a_{16}(x^2 + y^2) + a_{17}(x^2 + y^2)^2 + a_{18}(x^2 + y^2)^3\right] + \\ & a_{19} + a_{21}\left(\frac{x}{f}\right) \\ \Delta y = {} & a_8 xy + a_9 x^2 + a_{10}x^2 y + a_{11}xy^2 + a_{12}x^2y^2 + \\ & \frac{y}{f}\left[a_{13}(x^2 - y^2) + a_{14}x^2y^2 + a_{15}(x^4 - y^4)\right] + \\ & y\left[a_{16}(x^2 + y^2) + a_{17}(x^2 + y^2)^2 + a_{18}(x^2 + y^2)^3\right] + \\ & a_{20} + a_{21}\left(\frac{y}{f}\right)\end{aligned} \tag{4-8-4}$$

其中，$a_1 \sim a_{12}$ 这一组参数主要反映不可补偿的软片变形和非径向畸变，它们几乎是正交的，而且与 $a_{13} \sim a_{18}$ 也近似正交；$a_{13} \sim a_{15}$ 表示压平板不平引起的附加参数，它们并不严格取决于径距，还包含了不规则畸变的径向分量；至于压片板不平的非对称影响可用 a_5x^2y 和 $a_{11}xy^2$ 两项的组合作用来补偿；$a_{16} \sim a_{18}$ 这 3 个参数表示对称的径向畸变和对称的径向压平误差的影响；系数 $a_{19} \sim a_{21}$ 相当于内方位元素误差，通常不予考虑，只有地形起伏很大时才有必要列入。

在这组附加参数中，$a_{13} \sim a_{18}$ 之间存在着一些强相关，而且它们与地面坐标未知数之间可能也强相关，所以必须通过统计检验和附加参数可靠性分析来适当地选取参数。

（2）从纯数学角度建立系统误差模型，此时不强调附加参数的物理含义，而只关心它们对系统误差的有效补偿。可采用一般多项式，包含傅立叶系数的多项式或由球谐函数导出的多项式，但人们更喜欢采用正交多项式的附加参数，因为它能保证附加参数之间相关很小而利于解算。

最典型的正交多项式附加参数组是由德国 Ebner 教授提出的，共有 12 个附加参数。其形式为

$$
\left.\begin{aligned}
\Delta x &= b_1 x + b_2 y - b_3(2x^2 - 4b^2/3) + b_4 xy + b_5(y^2 - 2b^2/3) \\
&\quad + b_7 x(y^2 - 2b^2/3) + b_9(x^2 - 2b^2/3)y + b_{11}(x^2 - 2b^2/3)(y^2 - 2b^2/3) \\
\Delta y &= -b_1 y + b_2 x + b_3 xy - b_4(2y^2 - 4b^2/3) + b_6(x^2 - 2b^2/3) \\
&\quad + b_8(x^2 - 2b^2/3)y + b_{10}(y^2 - 2b^2/3)x + b_{12}(x^2 - 2b^2/3)(y^2 - 2b^2/3)
\end{aligned}\right\} \tag{4-8-5}
$$

该误差模型是考虑到每幅影像有9个标准配置点的情况。若每幅影像分布5×5个标准点，则还可以得到包含44个附加参数的正交多项式，这主要用于高精度的地籍加密中。

（3）Bauer 提出的3参数模型：

$$
\left.\begin{aligned}
\Delta x &= a_1 x(r^2 - 100) - a_3 y \\
\Delta y &= a_1 y(r^2 - 100) + a_2 x + a_3 y
\end{aligned}\right\} \tag{4-8-6}
$$

3. 对自检校区域网平差方法的评价

自检校区域网平差是在解析摄影测量平差中补偿系统误差的最有效方法，其原理也可以用来处理大地测量、重力测量、卫星大地测量以及工程测量控制网中的系统误差。自检校区域网平差方法在许多国家中已作为标准方法用于高精度解析空中三角测量中。

根据研究，只要信噪比大于 0.8，即系统误差与偶然误差相比不是太小，就可用带附加参数的自检校平差。对于一般加密情况，可引入少量几个可测定的附加参数。进行高精度加密时，可引入较多的附加参数，而且可以将它们处理成带权观测值，或采用程序控制下的自动检验和选择附加参数的方法。

4.9 GPS 辅助空中三角测量

4.9.1 概　述

GPS 辅助空中三角测量是利用安装在飞机和设在地面的一个或多个基准站上的至少两台 GPS 信号接收机，同步而连续地观测 GPS 卫星信号，经过 GPS 载波相位测量差分定位技术的离线数据后处理，获取航摄仪曝光时刻摄站的三维坐标，然后将其视为附加观测值引入摄影测量区域网平差中，采用统一的数学模型和算法，以整体确定目标点位和像片方位元素，并对其质量进行评定的理论、技术和方法。

早在20世纪50年代初，就开始了空中三角测量中使用各种辅助数据的研究，如高差仪和地平摄影机数据、空中断面记录仪数据、计算机控制的像片导航系统（CPNS）数据等引入空中三角测量，目的是减少控制点数量，进而减少外业工作量。由于受当时技术条件的限制，不但获取数据的成本十分昂贵，而且所获取数据的精度也不是很高，未能在摄影测量实践中得到广泛应用。

从 1984 年德国 Ackermann 教授首次报道了利用 CPNS 数据进行联合平差的模拟试验结

果起，国内外很多学者对利用 GPS 数据进行区域网平差的理论和方法进行了广泛而深入的研究和模拟试验，使人们对利用 GPS 辅助空中三角测量有了新的认识。

研究表明，将 GPS 所确定的摄站位置作为辅助数据用于区域网联合平差，可显著减少甚至完全免除常规空中三角测量所需的地面控制点，从而达到大量节省像片野外控制测量的工作量、缩短航测成图时间、降低生产成本、提高生产效率的目的。

通过对 GPS 辅助空中三角测量的模拟和试验研究，可归纳总结出以下几点认识：

（1）采用基于载波相位差分动态 GPS 定位技术，能够以 cm 级精度确定机载 GPS 接收天线相位中心的三维坐标，但坐标值包含随时间变化的线性漂移系统误差。

（2）GPS 摄站坐标在区域网联合平差中是极其有效的，只需要中等精度的 GPS 摄站坐标即可满足测图要求。

（3）外方位线元素的利用一般比角元素更有效。附加的姿态测量数据在其精度很高时，可用来改善高程加密精度。

（4）利用 GPS 数据的光束法区域网平差有较好的可靠性。

（5）从理论上讲，GPS 提供的摄站坐标用于区域网平差，可完全取代地面控制点，条件是区域网平差需在 GPS 直角坐标系 WGS—84 中进行。

（6）为了获得在国家大地坐标系（高斯-克吕格坐标系）中区域网平差的结果，要求区域网中有一定数量的地面控制点。在区域网的四角分别布设一个平高控制点，即可达到目的。若 GPS 坐标必须逐条航带进行变换，则区域的两端还需要布设 2 排高程控制点；或另加飞 2 条构架垂直航带，并带 GPS 数据。图 4.12 是一种典型的 GPS 辅助空中三角测量的地面控制点布设方案。

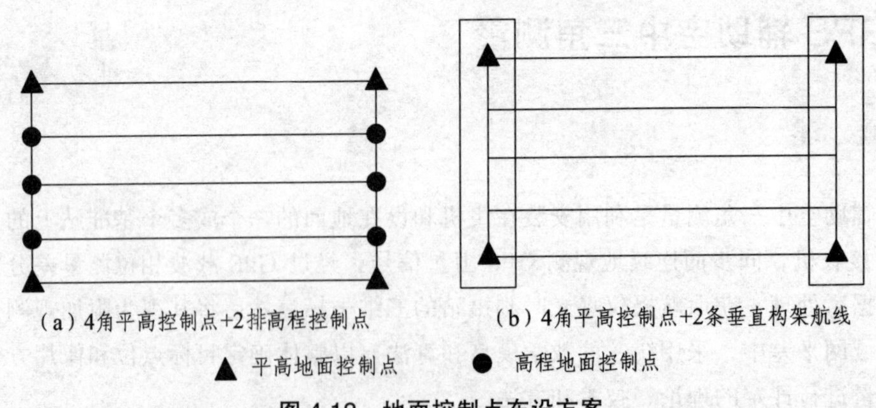

图 4.12　地面控制点布设方案

4.9.2　GPS 摄站坐标与摄影中心坐标的几何关系

由于机载 GPS 接收机天线的相位中心不可能与航摄仪物镜后节点重合，所以会产生一个偏心向量。

在航摄飞行中，为了能够利用 GPS 动态定位技术获取航摄仪曝光时刻的空间坐标，必须对传统的航摄系统进行改造：首先，在飞机外表顶部中轴线附近安装一个高动态 GPS 信号接收机天线；其次，须在航摄仪中加装曝光传感器；然后，将 GPS 天线通过前置放大器以及航摄仪通过外部事件接口，与机载 GPS 接收机相连，构成一个可用于 GPS 导航的航摄系统。

图 4.13 为利用差分 GPS 定位方式获取摄站坐标的示意图。

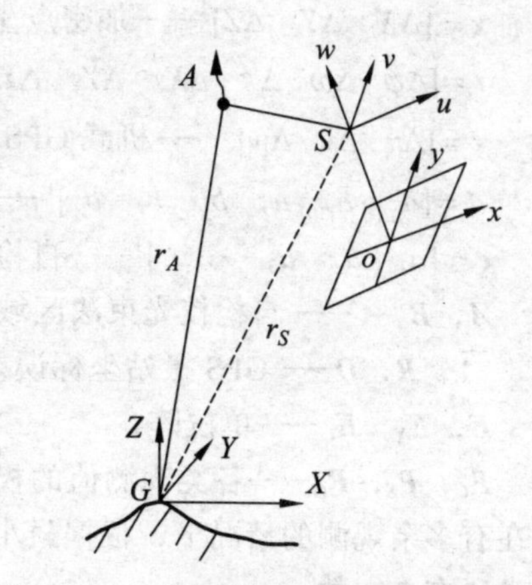

图 4.13 GPS 辅助空中三角测量示意图

在图 4.13 中，设机载 GPS 天线相位中心 A 和航摄仪摄影中心 S 在以 G 为原点的大地坐标系 G-XYZ 中的坐标分别为 $A(X_A, Y_A, Z_A)$、$S(X_S, Y_S, Z_S)$。若 A 点在像空间辅助坐标系 S-uvw 中的坐标为 (u, v, w)，根据像片姿态角 φ、ω、κ 构成正交变换矩阵 $\boldsymbol{R}$，可得到如下关系式：

$$\begin{bmatrix} X_A \\ Y_A \\ Z_A \end{bmatrix} = \begin{bmatrix} X_S \\ Y_S \\ Z_S \end{bmatrix} + \boldsymbol{R} \begin{bmatrix} \mu \\ v \\ w \end{bmatrix} \tag{4-9-1}$$

Fire β 等学者研究发现：基于载波相位测量的动态 GPS 定位，会产生随航摄飞行时间 t 线性变化的漂移系统误差。所以，在式（4-9-1）中引入该系统误差的改正，可得如下关系式：

$$\begin{bmatrix} X_A \\ Y_A \\ Z_A \end{bmatrix} = \begin{bmatrix} X_S \\ Y_S \\ Z_S \end{bmatrix} + \boldsymbol{R} \begin{bmatrix} \mu \\ v \\ w \end{bmatrix} + \begin{bmatrix} a_X \\ a_Y \\ a_Z \end{bmatrix} + (t - t_0) \begin{bmatrix} b_X \\ b_Y \\ b_Z \end{bmatrix} \tag{4-9-2}$$

式中 t_0——参考时刻；

a_X, a_Y, a_Z; b_X, b_Y, b_Z——GPS 摄站坐标漂移系统误差改正参数。

式（4-9-2）即机载 GPS 接收机天线相位中心坐标与航摄仪摄影中心坐标间的严格几何关系。

4.9.3 GPS 辅助光束法区域网平差

GPS 辅助光束法区域网平差的数学模型，可以在自检校光束法区域网平差的基础上，联合式（4-9-2）所得，其误差方程式为

$$\left.\begin{aligned} \boldsymbol{V}_X &= \boldsymbol{A}\boldsymbol{t} + \boldsymbol{B}\boldsymbol{x} + \boldsymbol{C}\boldsymbol{c} & -l_X, &\quad \text{权}\boldsymbol{E} \\ \boldsymbol{V}_C &= \quad\;\; \boldsymbol{E}_X\boldsymbol{x} & -l_C, &\quad \text{权}\boldsymbol{P}_C \\ \boldsymbol{V}_S &= \qquad\qquad \boldsymbol{E}_C\boldsymbol{c} & -l_S, &\quad \text{权}\boldsymbol{P}_S \\ \boldsymbol{V}_G &= \bar{\boldsymbol{A}}\boldsymbol{t} \qquad\qquad + \boldsymbol{R}\boldsymbol{r} + \boldsymbol{D}\boldsymbol{d} & -l_G, &\quad \text{权}\boldsymbol{P}_G \end{aligned}\right\} \tag{4-9-3}$$

式中　$\boldsymbol{V}_X$，$\boldsymbol{V}_C$，$\boldsymbol{V}_S$，$\boldsymbol{V}_G$——像点坐标改正数向量、地面控制点坐标改正数向量、自检校参数改正数向量、GPS 摄站观测值改正数向量；

$\boldsymbol{x}=[\Delta X \quad \Delta Y \quad \Delta Z]^{\mathrm{T}}$——加密点坐标改正数向量；

$\boldsymbol{t}=[\Delta\varphi \quad \Delta\omega \quad \Delta\kappa \quad \Delta Xs \quad \Delta Ys \quad \Delta Ys]^{\mathrm{T}}$——像片外方位元素改正数向量；

$\boldsymbol{r}=[\Delta u \quad \Delta v \quad \Delta w]^{\mathrm{T}}$——机载 GPS 天线中心与航摄仪摄影中心偏心分量改正数向量；

$\boldsymbol{d}=[a_X \quad a_Y \quad a_Z \quad b_X \quad b_Y \quad b_Z]^{\mathrm{T}}$——漂移误差改正参数向量；

$\boldsymbol{c}=[a_1 \quad a_2 \quad a_3 \quad \cdots \quad]^{\mathrm{T}}$——自检校参数向量；

$\boldsymbol{A}$，$\boldsymbol{B}$，$\boldsymbol{C}$——自检校光束法区域网平差误差方程式中相应于 t、x、c 的系数阵；

$\bar{\boldsymbol{A}}$，$\boldsymbol{R}$，$\boldsymbol{D}$——GPS 摄站坐标误差方程式对应于 t、r、d 的系数阵；

$\boldsymbol{E}$，$\boldsymbol{E}_X$，$\boldsymbol{E}_C$——单位阵；

$\boldsymbol{P}_C$，$\boldsymbol{P}_S$，$\boldsymbol{P}_G$——各类观测值的权阵。

在有多余观测的情况下，根据最小二乘平差法，可选择传统的边法化边消元的循环分块法解求所有未知数。

4.9.4 GPS 辅助空中三角测量的作业过程

GPS 辅助空中三角测量的作业过程可概括为以下四个阶段：

（1）现行航空摄影系统的改造及偏心测定。对现行的航空摄影飞机进行改造，安装 GPS 接收机天线，并进行 GPS 接收机天线相位中心到摄影中心的偏心测定。

（2）带 GPS 信号接收机的航空摄影。在航空摄影过程中，以 0.5 ~ 1.0s 的数据更新率，用至少 2 台分别设在地面基准站和飞机上的 GPS 接收机同时而连续地观测 GPS 卫星信号，以获取 GPS 载波相位观测量和航摄仪曝光时刻。

（3）解求 GPS 摄站坐标。对 GPS 载波相位观测量进行离线数据后处理，解求航摄仪曝光时刻机载 GPS 天线相位中心的三维坐标（GPS 摄站坐标）及其方差-协方差矩阵。

（4）将 GPS 摄站坐标视为带权观测值，与摄影测量数据进行联合区域网平差，确定待求地面点的位置，并评定其质量。

4.9.5 对方法的评价和展望

GPS 辅助空中三角测量历经了 20 多年的研究和实践探索，其理论和方法已基本成熟，现已步入实用阶段。纵观各项研究成果，可得出如下结论和建议：

（1）用基于 GPS 载波相位差分定位技术，来确定航空遥感中传感器的空间坐标是可行的，将其用于摄影测量定位可满足各种比例尺航测成图方法对加密成果的精度要求。

（2）GPS 辅助光束法区域网平差可大大减少地面控制点的数量，GPS 摄站坐标作为空中控制，能够很好地抑制区域网中的误差传播，由于其在区域网中的分布密集而均匀，使得区域网平差的精度和可靠性非常好。但是，为了进行 GPS 摄站坐标的变换，改正各种系统误差，平差时还需引入少量地面控制点。

（3）与经典的光束法区域网平差作业模式相比，GPS 辅助光束法区域网平差可大大减少野外控制工作量，缩短作业时间和成图周期。

（4）在使用 GPS 辅助空中三角测量技术时，区域的四角应布设 4 个平高控制点，这些点最好简单布标，且在 GPS 航空摄影时进行测定。此外，还应在区域两端加摄 2 条垂直构架航线或在区域两端垂直于航线方向布设 2 排高程地面控制点。

（5）GPS 辅助空中三角测量是一种全新的技术，它的应用还涉及诸如 GPS 航摄系统的偏移处理、地球曲率的影响、大地测量坐标系的转换、地面控制点的布设、系统误差的补偿和粗差的检测等许多技术细节。

4.10 机载 POS 系统对地定位

4.10.1 概 述

定位定向系统（Position Orientation System—POS）是一种测量移动物体的空间位置和三轴姿态信息的系统，它集差分 GPS 技术和惯性导航系统技术于一体，广泛应用于飞机、轮船和导弹的导航定位。也称 GPS/IMU 集成系统。

POS 系统主要包括：GPS 接收机、惯性测量单元（Inertial Measurement Unit—IMU）、计算机系统和数据后处理软件包四个部分。其中，GPS 接收机和 IMU 惯性测量单元是 POS 进行定位定向的关键组成部分。

差分 GPS（Differential GPS—DGPS）是指使用两台或两台以上的 GPS 接收机同步地观测相同的卫星，以确定不同测站在 WGS—84 大地坐标系中的相对位置或坐标差。GPS 具备观测时间短、定位精度高的特点，能提供全天候、全天时、连续的导航定位。

惯性测量单元 IMU 是根据相对惯性空间的牛顿运动定律，利用陀螺仪、加速度计等惯性测量元件来测定航天飞机或其他运动载体运动过程中的加速度、角速度以及运动方向，经计算机积分运算，确定运动载体的位置、速度信息及姿态角等导航参数。IMU 的抗干扰能力非常强，可任意连续工作很长时间，能完全自主导航。

IMU 的精度容易受陀螺仪和加速度计等惯性器件精度的影响，所需的初始对准时间长，IMU 的定位误差会随着时间的增加而积累漂移误差，利用 GPS 获取的速度和位置等信息可实现对惯性器件的漂移进行补偿。所以，GPS/IMU 组合能优势互补、扬长避短，大大提高 POS 系统的导航能力、定位精度和可靠性。

4.10.2 POS 与航空摄影系统的集成

POS 系统和航摄系统的集成由惯性测量单元 IMU、航摄仪、机载 GPS 接收机和地面基准站 GPS 接收机 4 部分组成。其中，前三者必须稳固安装在飞机上，保证在航空摄影过程中三者之间的相对位置关系不变，如图 4.14、图 4.15 所示。

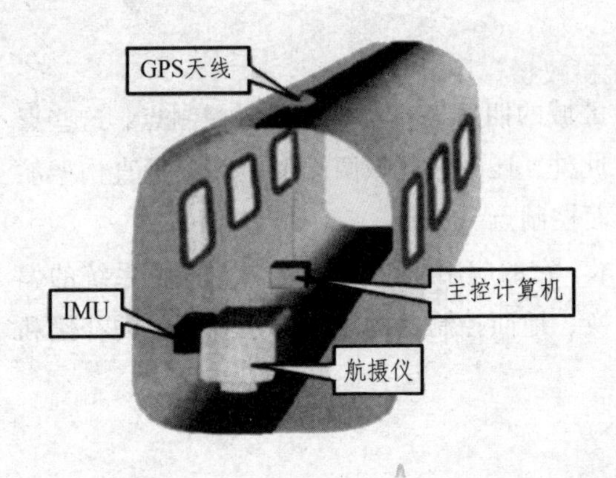

图 4.14　POS 系统和航空摄影系统的集成

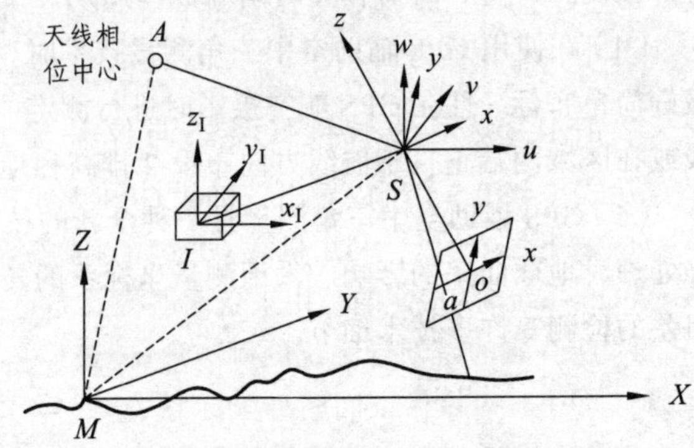

图 4.15　POS 几何关系

航摄仪、GPS 天线和 IMU 三者之间的空间坐标可以进行相互变换。为了保证获取航摄仪曝光瞬间摄影中心的空间位置和姿态信息，航摄仪应该提供或加装曝光传感器即脉冲输出装置。目前，Leica 公司的 RC-20 和 RC-30，Zeiss 厂的 RMK-TOP 等现代航摄仪已带有此脉冲信号输出装置，而 IMU 和机载 GPS 接收机则有对应的外部事件输入装置。

4.10.3　GPS、IMU 及航摄仪三者之间空间关系的确定

1. GPS 天线相位中心与航摄仪摄影中心的关系

在图 4.15 中，设 GPS 天线相位中心 A 及航摄仪摄影中心 S 在摄影测量坐标系 $M\text{-}XYZ$ 中的坐标分别为（X_A，Y_A，Z_A）、（X_S，Y_S，Z_S），GPS 天线相位中心 A 在坐标系 $S\text{-}uvw$ 中的坐标为（u，v，w）。根据航摄像片姿态角（φ，ω，κ）构成旋转矩阵 $\boldsymbol{R}$，可得如下关系式：

$$\begin{bmatrix} X_A \\ Y_A \\ Z_A \end{bmatrix} = \begin{bmatrix} X_S \\ Y_S \\ Z_S \end{bmatrix} + \boldsymbol{R} \begin{bmatrix} u \\ v \\ w \end{bmatrix} \tag{4-10-1}$$

其中，

$$\boldsymbol{R} = \boldsymbol{R}_\varphi \boldsymbol{R}_\omega \boldsymbol{R}_\kappa = \begin{bmatrix} a_1 & a_2 & a_3 \\ b_1 & b_2 & b_3 \\ c_1 & c_2 & c_3 \end{bmatrix} \tag{4-10-2}$$

式中，a_i，b_i，c_i（$i=1$，2，3）为 3 个角元素（φ，ω，κ）构成的方向余弦。

采用载波相位观测量的差分 GPS 定位，在航摄飞行中，会产生随飞行时间 t 线性变化的系统误差，称为漂移系统误差。所以，在式（4-9-1）中引入该系统误差改正，得关系式：

$$\begin{bmatrix} X_A \\ Y_A \\ Z_A \end{bmatrix} = \begin{bmatrix} X_S \\ Y_S \\ Z_S \end{bmatrix} + \boldsymbol{R} \begin{bmatrix} u \\ v \\ w \end{bmatrix} + \begin{bmatrix} a_X \\ a_Y \\ a_Z \end{bmatrix} + (t-t_0) \begin{bmatrix} b_X \\ b_Y \\ b_Z \end{bmatrix} \tag{4-10-3}$$

式（4-10-3）即为 GPS 天线相位中心 A 与航摄仪摄影中心 S 的严格关系式。

其中，t_0 为参考时刻；a_X、a_Y、a_Z、b_X、b_Y、b_Z 为线性漂移误差改正参数。

2. IMU 测定的航摄仪姿态与像片姿态角的关系

从式（4-10-3）可以看出，机载 GPS 天线相位中心的空间位置与航摄像片的 3 个姿态角 φ、ω、κ相关，所以，利用机载 GPS 观测值解算摄影中心的空间位置离不开航摄仪的姿态参数。POS 系统中 IMU 即是用来获取航摄仪姿态信息的。

IMU 获取的是惯导系统的侧滚角φ、俯仰角ω、航偏角κ。由于系统集成时，IMU 三轴陀螺坐标系和航摄仪像空间辅助坐标系之间总存在角度偏差$\Delta\varphi$、$\Delta\omega$、$\Delta\kappa$，所以，航摄像片的姿态参数需要通过转角变换计算得到。

航摄像片的 3 个姿态角所构成的正交变换矩阵满足如下关系式：

$$\boldsymbol{R} = \boldsymbol{R}_I^G(\varphi,\ \omega,\ \kappa)\cdot\Delta\boldsymbol{R}_P^I(\Delta\varphi,\ \Delta\omega,\ \Delta\kappa) \tag{4-10-4}$$

式中　$\boldsymbol{R}_I^G(\varphi, \omega, \kappa)$——IMU 坐标系到物方坐标系之间的变换矩阵；

$\Delta\boldsymbol{R}_P^I(\Delta\varphi, \Delta\omega, \Delta\kappa)$——像空间辅助坐标系到 IMU 坐标系之间的变换矩阵；

φ, ω, κ——IMU 获取的姿态参数；

$\Delta\varphi, \Delta\omega, \Delta\kappa$——IMU 坐标系与像空间辅助坐标系之间的偏差。

根据式（4-10-4）在测算出航摄仪的 3 个姿态参数后，再根据式（4-10-3）即可解算出摄站的空间位置信息，从而得到航摄像片的 6 个外方位元素。

4.10.4　机载 POS 对地定位技术的作业方式

机载 POS 对地定位技术是指在地面上架设一个或多个 GPS 基准站，在飞机上安置一个 GPS 接收机（移动站）。通过同步观测相同的 GPS 卫星，利用载波相位差分定位技术，求取航摄仪的位置参数；利用高精度 IMU 求取航摄仪的姿态参数，将位置参数和姿态参数进行融合处理，求取测图所需的每张航片的 6 个外方位元素。

机载 POS 对地定位技术能够大大减少甚至无需地面控制点，直接进行航空影像的空间定位，为航空影像的自动化测图应用提供快速、便捷的技术手段。

机载 POS 对地定位技术的作业方式包括两个：集成传感器定向（Integrated Sensor Orientation—ISO）和直接定向（Direct Georeferencing—DG）。

1. 利用 POS 数据进行集成传感器定向

集成传感器定向，也称 POS 辅助空中三角测量。在 GPS、IMU 与航摄仪三者之间的关系不确定的情况下，利用适当数量的地面控制点，通过将 GPS/IMU 系统获取的三维空间坐标与 3 个姿态参数，直接作为空中三角测量的附加观测值参与区域网平差，从而高精度获取每张航片的 6 个外方位元素，以此大幅度减少野外控制点的数量，降低作业强度。

集成传感器定向的过程中，需要进行空中三角测量和加密点量测，可得到更好的容错能力和更精确的定向结果，不需要进行预先的系统校正，因为校正参数能够在空中三角测量的过程中解算出来。

2. 利用 POS 数据进行直接传感器定向

直接传感器定向，也称直接地理定位。当已知 GPS 天线相位中心、IMU 和航摄仪三者之间空间关系时，可直接对 POS 系统获取的 GPS 天线中心的空间坐标（X, Y, Z）以及 IMU 系统获取的侧滚角φ、俯仰角ω、航偏角κ进行数据处理，获得航空影像曝光瞬间的摄站中心的三维空间坐标和姿态角，即影像的外方位元素，从而实现无地面控制条件下直接恢复航空摄影的成像过程。

直接传感器定向具有很明显的优点：整个测区不需要进行空中三角测量、不需要地面控制点，与传统空三相比，大大降低了费用，缩短了处理时间。其缺点在于：需要布设检校场，通过集成检校来获取系统的系统误差；缺少了多余观测，计算过程中出现的任何问题都可能影响最终结果。此外，由于几何模型考虑得比较简单，即使区域网结构十分完美，且检校场和 GPS/IMU 数据联合处理准确无误，直接传感器定向所能达到的精度仍难满足大比例尺测图的需要。

比较上述两种方法：由于集成传感器定向是将 GPS/IMU 数据直接纳入区域网，用地面控制点进行联合平差的，所以，理论上集成传感器定向较直接传感器定向具有可靠的精度和稳定性。但是在崇山峻岭、戈壁荒漠等难以通行的地区，以及在自然灾害频发区、国界及争议区、自然条件恶劣地区等难以开展地面控制测量工作的地区，采用直接传感器定向可以快速高效行之有效地地编绘基础地理图件，也是唯一可行的方法。目前，机载 POS 系统直接对地定位技术已经逐步应用于生产实践。

4.10.5 POS 系统简介

目前比较有代表性的 POS 系统主要有：加拿大 Applanix 在 1996 年开发的 POS AV 系统、德国 IGI 公司推出的 AEROcontrol 系统、瑞士 Leica 公司于 2006 年研发的 IPAS10 系统以及中国航天科工集团第三研究院自动化控制研究所研发的 POS 2010。下面就 POS AV 系统和 AEROcontrol 系统进行介绍。

1. POS AV 系统

POS AV 系统是加拿大 Applanix 公司开发的，基于 DGPS/IMU 的定位定向系统。它由 4 部分组成：

（1）惯性测量单元（IMU）：IMU 由三个加速度计、三个陀螺仪、数字化电路与一个执行信号调节以及温度补偿功能的中央处理器组成。经过补偿的加速度计和陀螺仪数据作为速度和角度的增率，通过一系列界面，传送到计算机系统 PCS 中，然后 PCS 在捷联式惯性导航器中组合这些加速度和角速度速率，以获取 IMU 相对于地球的位置、速度和方向。

（2）GPS 接收机：GPS 系统由一系列 GPS 导航卫星和 GPS 接收机组成。采用载波相位差分的 GPS 动态定位技术，解求 GPS 天线相位中心位置。在多数应用中，POS AV 系统采用内嵌式低噪双频 GPS 接收机来为数据处理软件提供波段和距离信息。

（3）计算机系统（PCS）：PCS 包含 GPS 接收机、大规模存储系统和一个实时组合导航的计算机。实时组合导航计算的结果作为飞行管理系统的输入信息。

（4）数据后处理软件 POSPac：POSPac 是通过处理 POS AV 系统在飞行中获得的 IMU 和

GPS 原始数据，以及 GPS 基准站数据得到最优的组合导航解。当 POS 系统用于摄影测量时，最后还需要利用 POSPac 软件中的 POSEO 模块解算每张影像在曝光瞬间的外方位元素。

2. AEROcontrol 系统

AEROcontrol 系统是德国 IGI 公司开发的高精度机载定位定向系统，主要由三部分组成：

（1）GPS/IMU 系统 AEROcontrol，包括惯性测量装置 IMU-IId、GPS 接收机、计算机装置。

（2）导航和管理系统 CCNS4，用于航空飞行任务的导航、定位和管理。

（3）后处理软件 AEROoffice，它提供了处理和评定采集数据所需的全部功能。软件除了提供 DGPS/IMU 的组合 Kalman 滤波功能外，还提供用于将外定向参数转化到本地绘图坐标系的工具。

思考题

1. 解析空中三角测量的目的和意义是什么？完成空中三角测量需要哪些信息？
2. 解析空中三角测量中的控制点、检查点、连接点和定向点各有何用途？
3. 解析空中三角测量的方法有哪些？
4. 航带法区域网空三、光束法区域网空三的基本思想和作业流程各是什么？它们进行区域网整体平差时的平差单元、平差模型、观测值、未知数和特点各是什么？
5. 若对图示区域网分别进行航带法平差和光束法平差，试计算观测值个数和未知数的个数。

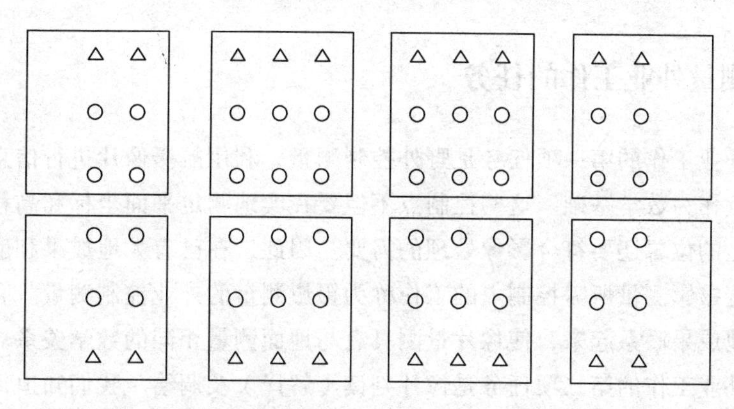

两条航带，每条航带四张航片。

△代表控制点，○代表加密点。

6. 解析空三精度评定指标有哪些？
7. 试述自检校光束法空三的基本思想。
8. 试述 GPS 辅助空三的基本思想及其特点。
9. 什么是机载 POS 系统？它的作业方式有哪些？可应用于哪些领域？

第 5 章　摄影测量的外业工作

摄影测量的主要应用是利用影像测制地形图。与野外地形测绘测制地形图的方法相比，摄影测量具有作业速度快、效率高，作业范围大、成本低，成图质量好、精度均匀、地貌表示逼真，工作自动化程度高、外业劳动强度低，成果现势性好等优点。因此，摄影测量是地形图测绘和更新的有效手段。

利用摄影测量方法测制地形图包括三个阶段：航空摄影、外业工作和内业工作。航空摄影是利用摄影机获取测区的影像信息；外业工作是在野外实地测量摄影测量处理所需控制点的坐标，进行像片调绘以及必要的补测工作；内业工作是依据航摄影像和外业成果，进行空中三角测量加密，进行摄影测量立体测图。本章将介绍摄影测量的外业工作。

5.1　摄影测量外业工作的任务和作业流程

5.1.1　摄影测量外业工作的任务

摄影测量外业工作的第一项任务是野外控制测量。利用航摄像片进行信息处理，要有一定数量的控制点作为数学基础。这些控制点不但要在实地测定平面坐标和高程，而且它们的数量和在像片上的位置还要符合影像处理的需要。因此，在已有大地成果和航摄资料的基础上，在野外测定摄影测量所需控制点的工作称为摄影测量的外业控制测量。它的意义在于把航摄资料与大地成果联系起来，使像片量测具有与地面测量相同的数学关系。

摄影测量外业工作的第二项任务是像片判读（解译）及调绘。我们知道，像片上虽然有地物、地貌的原始影像，但航片是不能作为地形图使用的，这是由于未经处理的原始航片有变形，而且不符合地形图是对测区综合取舍和用规定符号表示的要求。为了立体测图的需要，必须实地调查，并将调查结果按规定要求描绘注记在像片上，这项工作称为像片调绘。

此外，对于航摄漏洞、大面积的云影与阴影、影像不清楚的地区，以及新增地物的区域，还需进行必要的补测工作，这也是摄影测量外业工作的任务之一。

5.1.2　摄影测量外业工作的作业流程

摄影测量的外业工作是摄影测量过程中的一个重要环节。只有安排好各项工序，才能保证外业工作顺利完成。摄影测量外业工作的作业流程包括以下工序：

1. 技术设计

技术设计包括两部分内容：一是技术任务书的拟定；二是技术设计图的制作。编写技术任务书，主要包括设计的目的与任务、测区自然地理概况、测区已有测绘成果、旧图资料、设计方案等内容。设计技术任务书应从技术和组织上说明根据和理由，提出最合理的技术方案。设计图是设计书的补充和附件，所绘制的设计图应与设计书相配合，准确表示出作业地区、任务范围、地理情况和已知大地控制情况等。

2. 准备工作及拟定具体作业计划

准备工作包括：对作业使用的各种仪器、器材进行检校；收集外业工作必需的资料，如航摄资料、基础控制点成果以及各种地图资料等。

完成测区整体设计后，按所分担的任务拟订具体实施方案，内容包括：对测区的航片编号；在像片上标绘已知点和图廓线；按摄影测量要求在像片上选出控制点，并将点位转标到旧地图上，以便设计出比较合理的像控点的平面和高程联测方案；确定调绘片，划分调绘面积，并且拟订作业进程表。

3. 外业工作施测

摄影测量外业施测工作主要包括控制测量、像片调绘及必要的地形测绘工作。

控制测量包括踏勘已知点，根据摄影测量对控制点的点位布设要求在像片上预选控制点，再到实地确定控制点的确切点位，然后在像片上刺点，根据平面和高程联测方案，进行选点、观测、计算和成果整理等。

像片调绘工序一般与野外控制测量同时进行。

4. 外业成果检查与验收

对外业成果的检查与验收是保证成果质量的重要措施。为了对外业成果质量进行整体评价，发现差错并及时纠正，必须对外业成果进行全面的检查验收，具体包括：作业组的自检与互检、作业队检查，对成果组织验收、上交。

5.2 像片联测

摄影测量测绘地形图的方案是按测区地形条件、成图比例尺以及内业测图使用的仪器等因素考虑的，不管采用哪种内业成图方法，一般都需要在测区内布设一定数量的控制点，用于纠正像片的各种偏差并与地面坐标相连系。

摄影测量测图所需的控制点称为像片控制点，简称像控点。像控点是摄影测量内业加密和测图的基础，其点位的选择、坐标的测定精度直接影响到内业成图的数学精度。在野外，依据已知的大地点、水准点，借助外业仪器实地测定像片控制点的物方坐标，并且在像片上正确标示出像控点位置的工作称为像片的野外控制测量，或称为像片联测。

野外像片控制测量的工作过程包括：

（1）拟订平面控制测量和高程控制测量的技术计划。在已有的地形图上依据现有的大地点拟定像控点的施测方法，绘制控制扩展计划图。

（2）实地踏勘选定像片控制点。

（3）像控点的刺点与整饰，制作像控片。

（4）像控点的观测和计算。

（5）像片联测成果的整理。

5.2.1 像片控制点的布设

根据地形条件、摄影资料及内业成图处理方法不同，像控点的布设方案也不同。

1. 像片控制点布设的一般原则

（1）像控点在像片上的目标影像应清晰，易于判读。像控点可在摄影前布设地面标志，以提高刺点精度，增强外业控制点的可靠性；若不布设地面标志，则像控点必须选择像片上的明显目标点，以便于正确地相互转刺和立体观察辨认点位。

（2）像控点一般按航线全区统一布点，可不受图幅单位的限制。

（3）相邻像对和相邻航线间的像控点应尽量公用，布设在同一位置的平面点和高程点，应尽量联测成平高点。当航线间像片排列交错而不能公用时，必须分别布点。

（4）位于自由图边或非连续作业的待测图边的像控点，一律布设在图廓线外，确保成图满幅。

2. 像控点的位置要求

像控点在像片和航线上的位置，除各种布点方案的特殊要求外，应满足下列基本要求：

（1）像控点一般应布设在航向三度重叠和旁向两度重叠中线附近，困难时可布设在航向重叠范围内。在像片上应布设在标准点位上，即通过像主点垂直于方位线的直线附近。

（2）像控点距像片边缘的距离不得小于 1 cm，因为边缘部分影像质量较差，且像点受畸变和大气折光差等因素引起的位移较大；同时，倾斜误差和投影误差也使边缘部分影像变形大，增加了判读和刺点的困难。

（3）点位与像片上压平线和各类标志（如气泡、框标、片号等）的距离不得小于 1 mm，以利于明确辨认。

（4）旁向重叠小于 15%或由于其他原因，控制点在相邻两航线上不能公用而必须分别布设时，两控制点之间裂开的垂直距离不得大于像片上 2 cm。

上述各要求，如图 5.1 所示。

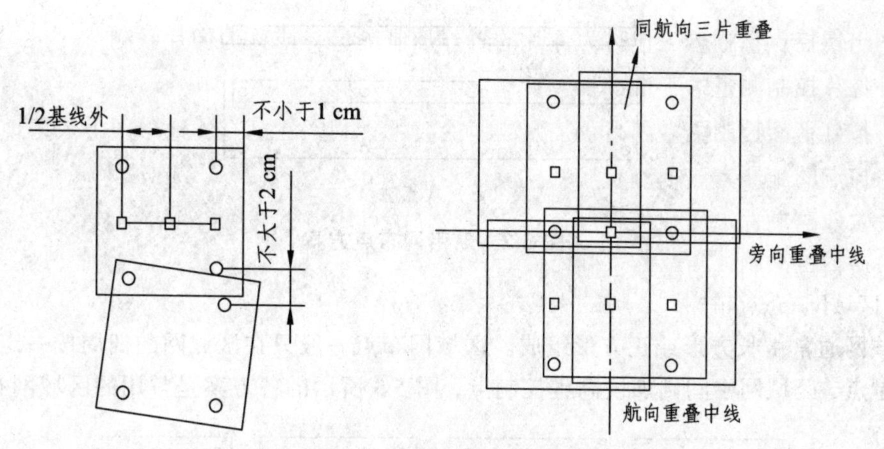

图 5.1　像控点的位置要求

3. 像控点的布点方案

（1）全野外布点。

摄影测量内业测图中所需的像片控制点的物方坐标全部由外业测定，这种布点方案称为全野外布点。

全野外布点精度高，但外业控制测量的工作量较大，使用范围受限制，常用于特殊要求及特殊地形，如测图精度要求很高、地面测量条件良好、小面积测图时使用。

（2）稀疏布点。

为了减少外业工作量，一般在外业只布设测定少量控制点，再以此为依据，进行空中三角测量平差计算，解求摄影测量内业测图所需的像片控制点（也称为加密点）的物方坐标，这样的布点方案称为稀疏布点。其主要布点方案如下：

① 航线网布点。

按航线网布设野外控制点的前提是应该满足航带网的绝对定向及航带网非线性变形改正的要求。具体布点方案如下：

六点法：布点时按航线分段，每段航带网的首末两端和中间各布设一对平面高程控制点，共 6 个平高点，如图 5.2（a）所示，航线首末端上、下两控制点应布设在通过像主点且垂直于方位线的直线上，上下对应点应布设在同一立体像对内。此时需采用二次多项式对航线网进行非线性改正。该布点方案是标准布点形式，是实际应用中优先并普遍采用的方法。

五点法：对航带网的长度不够最大允许长度的 3/4，而又超过最大允许长度 1/2 的短航带网，可按五点法布设，即在航带网中央的像主点上方或下方只布设一个平高点，如图 5.2（b）所示。

八点法：在每段航线内，均匀布设 8 个平高控制点，如图 5.2（c）所示，此时需采用三次多项式对航线网进行非线性改正。

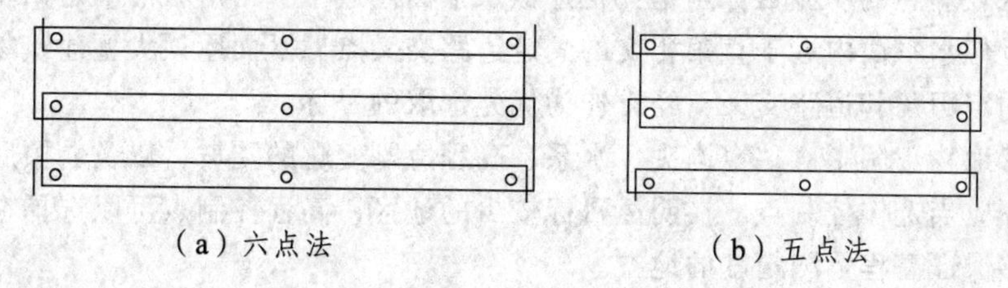
（a）六点法　　（b）五点法

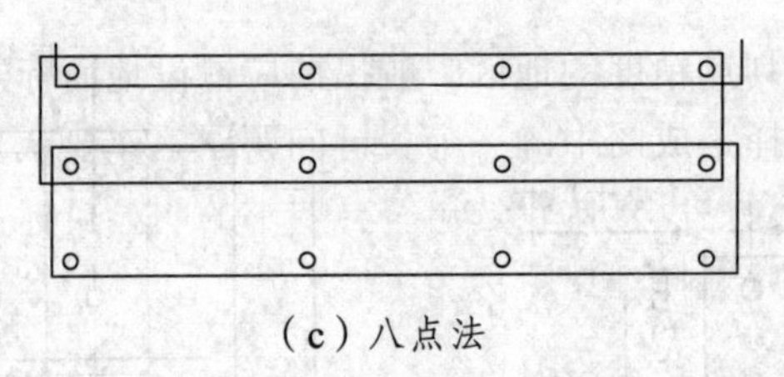

（c）八点法

图 5.2　航带网布点方案

② 区域网布点。

区域网通常由长方形或正方形组成。区域网布点一般只在区域网的四周按一定跨度布设平高控制点，区域网中间则加设高程控制点，图 5.3 所示的各方案是常用的区域网布点方案。

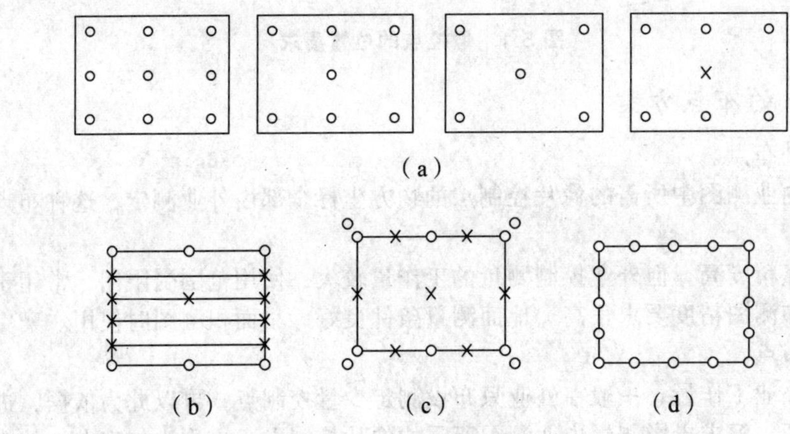

图 5.3　区域网布点方案（○—平高控制点，×—高程控制点）

区域网布点时，像控点在像片上和航线上的具体点位要求，应与航线网布点要求相同。

5.2.2　像控点的选刺与整饰

像控点是摄影测量控制加密和测图的基础，野外像控点目标选择的好坏和指示点位的准确程度，直接影响测图的精度。所以，野外控制测量工作需要重视像控点的选择，并保证指示点位的准确；同时，还要加强检查工作，以确保后续作业正确无误。

1. 像控点的目标选择

像控点要求选择在明显目标点上，即野外实地位置和航摄像片上影像位置都可以明确辨认的点。

一般地区较理想的明显目标点是：在近似水平面内近于直角形状的固定田角、场地角、草地角，在近似水平面内近于直角相交的固定道路交叉点、平面屋顶大型建筑物的墙角等。其中特别是固定田角和道路交叉，经常作为优先选取的目标。

对于弧形地物、阴影、狭窄沟头、水系、高程急剧变化的陡坡，以及航摄后有可能变迁的地物，均不应当选作控制点。在明显目标较少的地区，高程控制点可以选择在平山顶、鞍部或其他能够保证高程量测精度的地方。

在目标难以保证室内判点精度的地区，航摄前应铺设地面标志。

野外控制点的目标选择是成图中的一个关键问题，工作要认真仔细，要反复查看地面目标和对照像片目标影像，经过反复比较选出符合要求的明显目标；当像控点的最佳位置和理想目标不能兼顾时，通常以选择理想目标为主。

2. 像控点的刺点

在选定像控点后，要在航摄像片上准确地标示出其像控点的具体位置，目前仍采用在像片上刺点的方法。

像片刺点精度是保证摄影测量加密等数学精度的最重要的环节，特别是在大比例尺摄影测量的情况下，像片比例尺小于成图比例尺较多时，更为重要。随着区域网平差的应用，野外像控点的数量将会大大减少，相应地，对外业控制点的精度要求则越来越高；同时，这项工作缺乏严格的检核条件，往往在加密计算时才能发现刺点的正确与否。因此，这项工作必须做到判准、刺准。在实地多找旁证，将像片影像与实际地物形状仔细对照辨认，证实无误后方可进行刺点。

刺点目标在像片上的影像轮廓必须清晰，几何形状必须规整，单靠目视观察很难达到精度要求，平地需用放大镜，山地需用立体镜对像片进行实地辨认和刺孔。严禁远距离估计刺点、回忆刺点以及回驻地后再画略图等。

刺点常用的方法是用刺点针在像片控制点的影像点位上刺一个小孔，小孔中心表示像控点在像片的精确位置。像控点在像片上的刺孔不得超过 0.1mm，并且要刺穿透亮，不允许有双孔出现。

对于每个像控点，一般只需在一张像片上刺孔，所以，应在相邻两航线的所有相邻像片中，选出像控点附近影像最清晰的一张像片进行刺点。

刺点工作由一人在现场完成后，必须再由另一人到现场检查，刺点者和检查者均需签名负责，并标注日期。

3. 像控点的整饰

像控点的选刺工作完成后，需对像控点进行编号，同时对该像片进行整饰，并加以说明。这样带有正确野外控制测量信息的像片称为像控片，是外业工作提交给内业的必须成果资料之一。

（1）控制点的编号。

野外控制点连同测定这些点所做的过渡控制点，均要进行统一编号。编号原则如下：

编号最好在航线内按从左到右、航线间按从上到下的顺序顺次进行编号，这样便于在工作中查找点位。同一测区内的像控点不得重号，以免发生混淆。

（2）像控片的整饰和注记。

在像控片的正面，三角点、埋石点、平高点或平面点，以边长或直径为 7mm 的红色三角形、正方形或圆形进行整饰；水准点或高程点的刺点片以直径为 7mm 的绿色或蓝色圆形进行整饰，水准点在圆内加绘不相交的斜十字线。点名、点号及高程用红色分式注记，分子为点名或点号，分母为高程。平面点因无高程，可在分母处加一横线。如图 5.4 所示。

在像控片的反面，用铅笔在刺孔处以相应的符号标出点位，注上点名或点号，在现场详细绘制局部放大的点位略图，简要说明刺点位置和比高、刺点者、检查者或对刺者、签名和刺点日期。文字说明应简练、确切，点位图、说明、刺孔三者应一致。像控片仅整饰刺点片，反面不需注出刺点的高程，但必须对所有刺点注上刺点说明，如图 5.5 所示。图 5.6 为局部放大的点位略图。

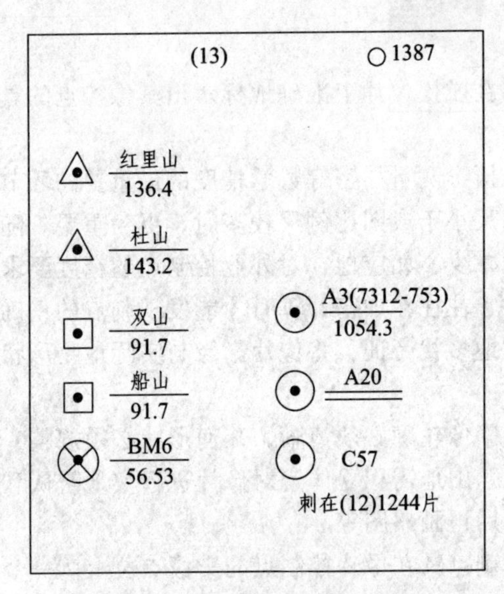

图 5.4　像控片正面整饰示例

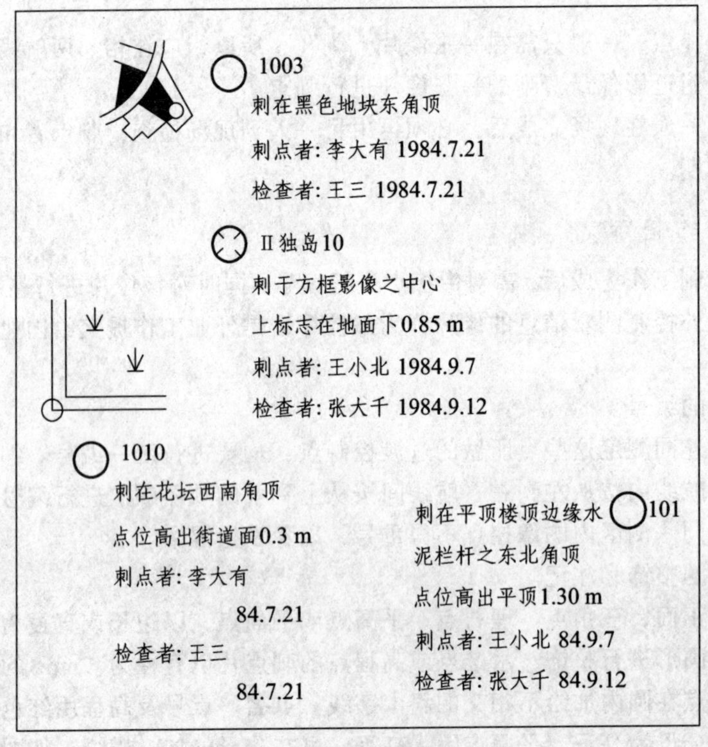

图 5.5　像控片背面整饰示例

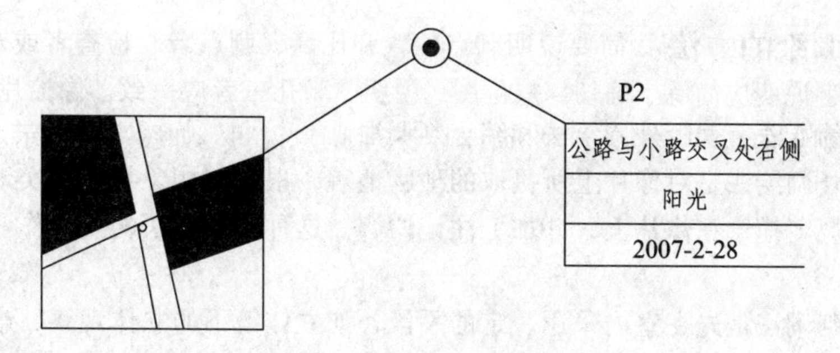

图 5.6　局部放大的点位略图

5.2.3　像控点联测

像控点联测就是用野外控制测量方法，测定像控点所对应的地面点的物方坐标。

像控点平面坐标的测定，可以选择全站仪，用边角定点交会或导线测量方法；高程坐标的测定，可以根据地形条件，采用几何水准测高或三角高程测量方法，也可以采用 GPS 方法。

GPS 方法以其独特的优势广泛应用于像控点联测中。与常规方法相比，GPS 像片联测法具有以下优势：

（1）GPS 像片联测法不受地形条件的限制，不要求点间通视。

（2）GPS 像片联测法可跨等级布设。对于大比例尺成图而言，常规方法的作业程序是：进行基础等级控制测量、像片刺点、确定联测方案、像控点联测、加密计算、制作 DEM 等，作业工序环环相扣，不可颠倒。当利用 GPS 像片联测法时，可直接用测区内或测区外的国家等级控制点作为起算点，布设像控级 GPS 网，测得像控点坐标，即可进行加密计算、成图等，可将基础等级控制安排在作业过程中任何时间进行，作业工序较为灵活，并且对国家控制点距测区较远或不需要基础等级控制的测区来说，将节约大量的人力、物力和财力。

（3）GPS 像片联测法的精度良好。常规方法联测像控点的精度受基础等级控制点的精度、作业员的素质、地形、气象等因素的影响，且精度各点情形各异，GPS 作业过程自动化，少有人为因素的影响，量测成果可靠，精度高。

（4）GPS 像片联测法可不区分平高点和高程点，同时获得像控点的平面坐标和高程坐标。

5.3　像片调绘

像片调绘是根据地物在像片上的构像规律，在室内或野外对像片进行判读调查，识别影像的实质内容，并将影像显示的信息按照用图的需要经综合取舍后，用图式规定的符号在像片上表示出来，制作能够表示测区地面地理要素的调绘片。

调绘片是摄影测量内业测制地形图、建立地物与地貌、标定注记内容的依据和来源。调绘内容的准确性、影像信息综合取舍的恰当程度，将直接影响到图上地形要素的表示精度和正确性。

5.3.1 像片调绘的方法

像片调绘的方法有全野外调绘法和综合判调法。

（1）全野外调绘法是对像片上所摄取的地物地貌，根据其构象特征经实地对照判读，按地形图图式的规定描绘在像片上，并加上注记内容。这种调绘方法的主要作业均在野外实地进行。

（2）综合判调法是先在室内采用一定的手段，如立体镜下的立体观察、影像识别等，判绘影像显示的地理要素，然后将室内判绘有疑问的或者无法判绘的内容，再到实地检查和补调。综合判读法是室内判绘和野外补调相结合的调绘方法。

近年来，随着数字摄影测量设备的广泛应用，利用数字摄影测量成果正射影像图可视化的优点，常常对大比例尺正射影像图套合、叠加数字线画图后，再进行调绘。这样做，不但可以检查内业线画图的精度，还可以在图面上直观地发现差、错、漏的地方，有重点、有选择地进行补调和修错，使得航测法成图只需要内业立体测图，再经外业定性修测、检测就能完成影像数字化测图，缩短成图周期，极大地提高工作效率。

5.3.2 像片调绘的原则

准确性：位置准确、轮廓准确、性质准确、等级准确、方向准确、名称准确、新增地物补测准确；作业中判读准确、调查准确、量测准确；描绘准确。

完整性：测区资料要完整；地形图内容要完整，不应有遗漏。

统一性：采用图式版本要统一；全测区统一符号的表示要统一；说明注记要统一；还要注意调绘片和控制点布点相一致。

合理性：综合取舍的尺度与成图比例尺相适应；各种地物关系处理恰当，主次分明，取舍得当。

清晰性：图面整饰清晰，符号避让正确，字迹清晰，注记指向明确。

5.3.3 调绘的要求

具体地形图上需要表示的地物地貌的类别、性质以及在像片上的位置，均需要通过调绘进行确定；采用现行国家标准的图式符号和文字注记表示调绘内容；凡测图范围内未能准确清楚反映的地物，或航摄后新增加的地物，应在调绘片上圈出范围，并注明“新增”，以安排补测；合理选择调绘路线，节省时间，不漏调。

用于调绘的像片应该选择影像清晰，反差适中且像片比例尺大于成图比例尺的像片。

调绘用的像片通常采用隔号像片，调绘范围应根据测图范围来确定。作业时除线性地物外，一般按像片顺序逐片调绘完成。

各张像片划分的调绘范围要保证测区调绘面积不出现漏洞和重叠。划分调绘面积的界线应选在航向重叠和旁向重叠中线附近，偏离像片边缘 1cm 以上，界线应尽量避免分割居民地和重要地物，界线统一规定右、下边界为直线，左、上边界为曲线。调绘片的整饰如图 5.7 所示。

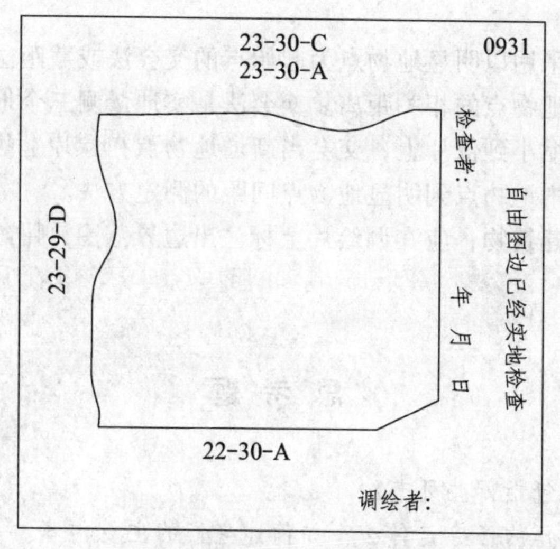

图 5.7 调绘片整饰示例

5.3.4 调绘的内容

居民地：房屋的外部轮廓，建筑结构、性质和楼层，居民地名称。对在建或已拆的房屋，应按其基础用虚线汇出轮廓，注明“建”或“拆”。

管线：管道、电力线、通信线的位置和走向应准确表示。

道路：铁路、公路（路面的铺设材料，宽度），城市、林区、居民地的道路；渡口；路上的桥、隧、涵洞建筑物。

河流、湖泊、水库、池塘、沟渠的水涯线。

农田、植被等各种地类界，行政区域分界线。

密林、灌木丛区的沟底、交叉口、山凹、鞍部、地形变化处的树高。

方位物：地面上易识别且能准确判定方向和位置的地物，如烟囱、塔、独立树、水井、纪念碑。

将调绘结果按标准图式要求清绘在航片上。新建地物以红色线条标示，已有地物以黑色线条标示。在航片的背面右下角注明调绘者调绘日期、使用航片的编号。

调绘片将作为外业成果提交给内业。所以，像片调绘应判读准确，描绘清晰正确，综合取舍合理恰当，图式符号运用正确，各种注记准确无误。

5.3.5 新增地物的补测

像片调绘除了应将像片影像显示的信息准确判读描绘出来外，对于影像没有显示，或者影像不够清晰而测图又需要表示的地物地貌要素，还需要按其形状位置补绘在调绘片上。这些要补绘的地物可能是摄影到调绘期间地面出现的新增地物，或者是由于比例尺过小而无法直接判读的较小地物，或者是被云影、阴影所遮盖而未成像的地物等。

将像片没有的或者成像不清晰的地物按像片比例尺缩小描绘在调绘片相应位置的工作称为新增地物的补测。

新增地物的补测可采用以明显地物点为起始点的交会法或截距法，应在调绘像片上明显标明补调的地物与明显地物点的相关距离。交会法是实地量测三个地物点到新增地物点的距离，并将量测值按比例缩小到像片上，交会出新增地物点在像片上的准确位置。截距法是沿线状地物在实地量测新增地物点到明显地物点间距的测定方法。

对于航摄后拆除的建筑物，应在调绘片上标注出边界范围，用红色的“×”划去，范围较大时应加以说明。

思考题

1. 摄影测量的过程包括哪些环节？
2. 摄影测量外业工作的任务是什么？并简述它们的主要内容。
3. 像控点布设的一般原则是什么？其在像片上的分布位置有何要求？
4. 区域网平差加密时有哪些布点方案？
5. 什么是像片调绘？像片调绘需要注意哪些问题？

第 6 章　数字摄影测量

6.1　数字影像

6.1.1　影像的灰度

设投影在透明像片（正片或负片）上的光通量为 F_0，而透过透明像片后的光通量为 F，则 F 与 F_0 之比称为透过率 T，F_0 与 F 之比称为不透过率 O：

$$T=\frac{F}{F_0},\ O=\frac{F_0}{F} \tag{6-1-1}$$

可见，像点越黑，则透过的光通量越小，不透过率越大。因此，透过率和不透过率都可以说明影像黑白的程度。由于人眼对光敏感程度的感觉是按对数关系变化的，为了适应人眼的视觉，在分析影像的性能时，常常用不透过率的对数值表示其黑白程度：

$$D=\lg O=\lg\frac{1}{T} \tag{6-1-2}$$

称 D 为影像的灰度。

影像的灰度又称为光学密度。透明像片上影像的灰度值，反映了它的透明程度，即透光的能力。当光线全部透过时，透过率 $T=1$，影像的灰度 $D=0$；当光通量仅透过 1%时，不透过率 $O=100$，影像的灰度 $D=2$。实际的航摄黑白底片的灰度一般在 0.3 ~ 1.8。

6.1.2　数字影像

数字影像是一个二维的灰度矩阵 $\boldsymbol{g}$：

$$\boldsymbol{g}=\begin{bmatrix} g_{0,0} & g_{0,1} & \cdots & g_{0,n-1} \\ g_{1,0} & g_{1,1} & \cdots & g_{1,n-1} \\ \vdots & & & \vdots \\ g_{m-1,0} & g_{m-1,1} & \cdots & g_{m-1,n-1} \end{bmatrix} \tag{6-1-3}$$

矩阵中的每个元素 $g_{i,j}$ 对应着光学影像或实体的一个微小区域，称为像元或像素，其数值代表的是各像素影像经采样与量化后的灰度等级，反映了像素的透光能力；矩阵的每一行对应于一个扫描行，像素的像点坐标（x，y）可由像素在矩阵中所在的行、列号 i、j 来表示：

$$\left.\begin{aligned} x &= x_0 + i\cdot\Delta x \quad (i = 0,1,\cdots,n-1) \\ y &= y_0 + j\cdot\Delta y \quad (j = 0,1,\cdots,m-1) \end{aligned}\right\} \tag{6-1-4}$$

其中，（x_0，y_0）为矩阵中第一列、第一行像素对应的像点坐标，Δx 与Δy 是影像的数字化间隔，通常取$\Delta x = \Delta y$。

式（6-1-3）的数字影像表达方式是影像的空间灰度函数 $g(i, j)$在空间域构成的矩阵阵列，这种表达方式与真实影像相似。此外，数字影像也可以通过一定的变换，用另一种方式来表达，比如：通过傅立叶变换，把影像的表达由“空间域”变换到“频率域”中。影像在空间域内表达的是像点不同位置（i，j）的灰度值，而在频率域内则表达的是在不同频率中（像片上每毫米的线对数，即周期数）的振幅谱（傅立叶谱）。

影像经变换后，矩阵中元素的数目与原始影像中的相同，但其中许多元素的数值却变为零或很小。这就意味着：通过变换，一方面数据可以被压缩，使其能更有效地存储和传递；另一方面影像分解力的分析以及许多影像处理过程，如滤波、卷积以及在有些情况下的相关运算，可以在频率域内更为有效地进行。可见，影像在频率域的表达对数字影像处理具有重要意义。

6.1.3　金字塔影像

在数字影像的处理中，为了提高可靠性和精度，减少计算量，常常将原始数字影像生成金字塔影像。

金字塔影像是对原始二维影像逐次进行低通滤波，并增大采样间隔，得到一个像元素总数逐渐变小的影像序列。也就是针对一幅数字影像，根据用户的需要，以不同的分辨率要求对影像灰度值进行综合，形成分辨率由粗到细、数据量由小到大的影像金字塔结构，如图 6.1 所示。

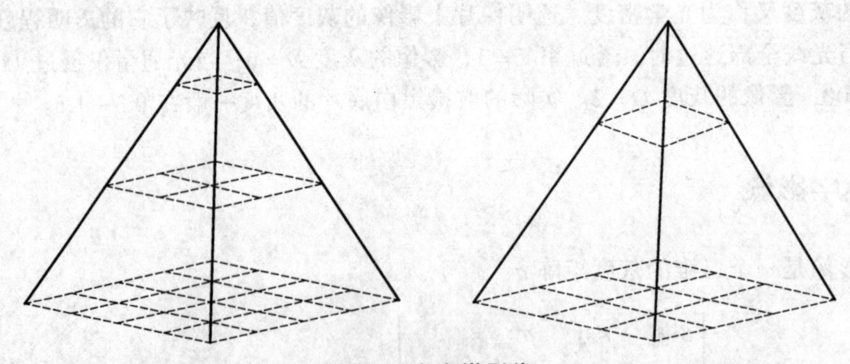

图 6.1　金字塔影像

影像金字塔结构是一种典型的分层数据结构形式，可大大方便计算和表示、主要应用于影像匹配中的影像分级、表面表达，以及不同分辨率下影像的快速浏览、处理和存储等。

金字塔影像的建立可按 $l\times l$ 像元变换成一个像元逐层形成，一般取 $l = 2$ 的较多，但取 $l = 3$ 是计算量最小的方法。将原始影像称为第 0 层，则第 1 层影像的每一像素相当于零层的 $(l\times l)^1$ 个像素，第 k 层影像的每一像素相当于零层的 $(l\times l)^k$ 个像素。

金字塔影像的层数可由以下两种方法确定：

（1）由影像匹配窗口大小确定金字塔影像层数，当影像的先验视差未知时，可建立一个较完整的金字塔，其塔尖（最上一层）的像元素个数在列方向上介于匹配窗口像素列数的 1 倍与 $l(l>1)$倍之间。若影像长为 n 个像素，匹配窗口长为 w 个像素，则金字塔影像层数 k 满足：

$$w < \mathrm{INT}(n/l^k + 0.5) < l \cdot w \tag{6-1-5}$$

当原始影像列方向较长时，则以行方向为准来确定金字塔的层数。

（2）由先验视差确定金字塔影像层数。若已知或可估计出影像的最大视差为 $P_{\max}$ 也可由人工量测一个点计算出其视差并进一步估计出最大左右视差。若在最上层影像匹配时左右搜索 S 个像素，则金字塔影像的层数 k 满足

$$\frac{P_{\max}}{l^k} = S \cdot \Delta \tag{6-1-6}$$

其中，Δ为像素大小。

金字塔影像的形成可以采用移动平均法，即：将第 $k-1$ 层的 1×1 窗口内像素的灰度平均值赋给第 k 层中对应位置的像素。这是一种比较简单的低通滤波方法。还可采用较复杂的理想的低通滤波方法，如高斯滤波等。

6.2 数字影像的采样与量化

数字影像可以直接从空间飞行器中的影像数字化传感器（如数码航摄仪）产生，也可以利用影像数字化器（如航片扫描仪）对摄取的光学像片通过影像数字化过程获得。

影像数字化包括采样与量化两个过程。

6.2.1 数字影像的采样

传统的光学影像（或被摄物）对应的灰度函数是一个连续函数。在经数字化得到数字影像时，是不可能对实际存在的每一个点都获得其灰度值的，只能将实际的连续灰度函数离散化，对相隔一定间隔的“点”采集其灰度值。

这种对实际连续函数模型离散化的量测过程称为采样。被量测的点称为样点，样点之间的距离即采样间隔。

在对影像或被摄物数字化时，这些被量测的“点”也不可能是几何上的一个点，它们对应着一个微小的区域，常常取矩形或正方形，构成一个像素。矩形（或正方形）的长与宽称为像素的大小（或尺寸），它等于采样间隔。因此，当采样间隔确定以后，像素的大小也就确定了。影像采样通常是等间隔进行的。

采样过程会给影像的灰度带来误差。例如：受采样间隔的限制，相邻两个点的影像可能被丢失，使影像的细部受到损失。若要减少损失，只有减小采样间隔；但是采样间隔越小，则数字影像的数据量就越大，这又增加了运算的工作量和提高了对设备的要求。所以，确定

一个合适的采样间隔是很重要的。

理论上，采样间隔通常由采样定理确定。下面就一维的情况说明著名的 Shannon 采样定理的原理。

假设有图 6.2（a）所示的代表影像灰度变化的函数 g(x)从 $-\infty$ 延伸到 $+\infty$ 。g(x)的傅立叶变换为

$$G(f)=\int_{-\infty}^{+\infty} g(x)\mathrm{e}^{-j2\pi fx}\mathrm{d}x \tag{6-2-1}$$

假设当频率 f 值超出区间 $[-f_1,f_1]$ 之外时等于零。$g(x)$经傅立叶变换后的结果如图 6.2（b）所示，称这种函数为有限带宽函数。

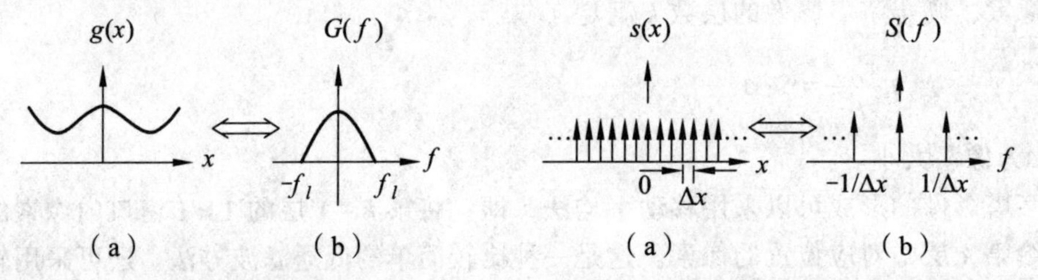

图 6.2 影像灰度及其傅立叶变换　　图 6.3 采样函数及其傅立叶变换

为了得到 g(x)的采样，我们选择图 6.3（a）所示的采样函数：

$$s(x)=\sum_{-\infty}^{+\infty}\delta(x-k\Delta x)=\mathrm{comb}_{\Delta x}(x) \tag{6-2-2}$$

$s(x)$由间隔为 Δx 的脉冲串组成。

在空间域中，采样函数 $s(x)$与原函数 $g(x)$相乘得到采样后的函数，如图 6.4（a）所示：

$$s(x)g(x)=g(x)\sum_{-\infty}^{+\infty}\delta(x-k\Delta x)=\sum_{-\infty}^{+\infty}g(k\Delta x)\delta(x-k\Delta x) \tag{6-2-3}$$

而采样函数 $s(x)$的傅立叶变换是由间隔为 $\Delta f=1/\Delta x$ 脉冲串组成的函数：

$$S(f)=\Delta f\sum_{-\infty}^{+\infty}\delta(f-k\Delta f)=\Delta f\cdot\mathrm{comb}_{\Delta f}(f) \tag{6-2-4}$$

如图 6.3（b）所示，$S(f)$即在 $\pm 1/\Delta x$， $\pm 2/\Delta x$， $\pm 3/\Delta x$，…处有值。

同样，在频率域中，原函数和采样函数分别经傅立叶变换，并进行卷积运算 $G(f)*S(f)$ 得到采样后的函数，如图 6.4（b）所示。$G(f)*S(f)$成为在 $\pm 1/\Delta x$， $\pm 2/\Delta x$，…处的影像谱形的复制品。

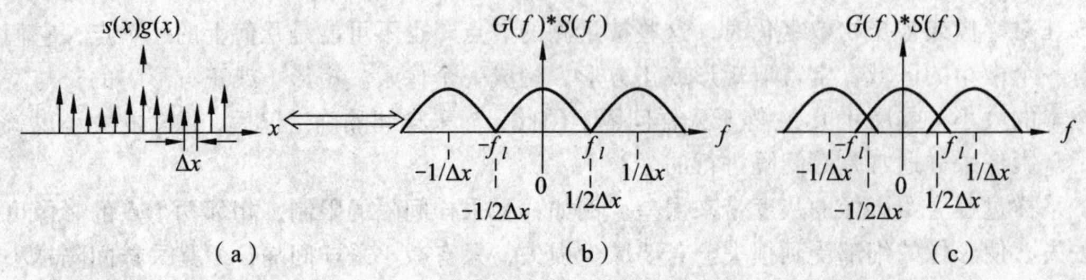

图 6.4 采样后的灰度与其傅立叶变换

如果$\frac{1}{2\Delta x}$小于频率限值 f_l，如图 6.4（c）所示，则输出的周期谱形将产生重叠，使信号变形，通常称为混淆现象，为了避免这个问题，选取采样间隔Δx时应满足：

$$\frac{1}{2\Delta x} \geqslant f_l$$

或

$$\Delta x \leqslant \frac{1}{2f_l} \tag{6-2-5}$$

这就是 Shannon 采样定理。即：当采样间隔能使函数 $g(x)$中存在的最高频率中每周期取有两个样本时，则根据采样数据可以完全恢复原函数 $g(x)$。此时称 f_l 为截止频率或 Nyquist 频率。

上述 Shannon 采样间隔乃是理论上能够完全恢复原函数的最大间隔。实际上由于原来的影像中有“噪声”以及采样光点不可能是一个理想的光点，还会产生混淆和其他的复杂现象。因此实际应用时，采样前应滤掉“噪声”部分，并且采样间隔最好是使在原函数 $g(x)$中存在的最高频率每周期至少取有 3 个样本。

6.2.2 数字影像的量化

经采样过程得到的每个采样点的灰度值不是整数，这对于计算很不方便 。所以，还需将各采样点的灰度值整数化，这个过程称为影像灰度的量化。其实现的方法是：将影像上可能出现的最大灰度变化范围进行等分。等分的数目称为灰度等级。然后将每个点的灰度值在其相应的灰度等级内取整，取整的原则是四舍五入。由于数字计算机中数字均用二进制表示，因此，灰度等级一般都取为 2^m（m 为正整数）。当 $m=1$ 时，灰度只有黑白两级；当 $m=8$ 时，则得到 256 个灰度等级，其级数是介于 0 与 255 之间的一个整数，0 为黑，255 为白，每个像元的灰度值占 8bit，即一个字节。

量化过程会给影像的灰度带来四舍五入的凑整误差，其最大误差为 ± 0.5 个灰度级单位。例如：一幅影像的最小灰度值为 0，最大灰度值为 3，则最大灰度范围为 0 ~ 3，将 0 ~ 3 划分为 64 级，最大量化误差为

$$0.5 \times \frac{3}{64} = 0.02$$

由此可以看出，量化误差与灰度等级有关，灰度等级越大，量化误差越小，相应地，数据量也就越大。

6.2.3 数字影像的重采样

当欲知不位于矩阵采样点上的原始函数 $g(x, y)$的灰度数值时，需要通过灰度内插，获得不在采样点上的影像灰度，此过程称为灰度重采样。每当对数字影像进行几何处理时总会产

生这一问题，其典型的例子如影像旋转、核线排列与数字纠正等。在数字影像处理的摄影测量应用中常常会遇到一种或多种这样的几何变换，因此重采样技术对摄影测量学是很重要的。

根据 Shannon 采样理论可知，当采样间隔Δx等于或小于$\dfrac{1}{2f_l}$，而影像中大于f_l的频谱成分为零时，原始影像$g(x)$可以由下式计算恢复：

$$g(x)=\sum_{k=-\infty}^{+\infty} g(k\Delta x)\cdot\delta(x-k\Delta x)*\frac{\sin 2\pi f_l x}{2\pi f_l x}=\sum_{k=-\infty}^{+\infty} g(k\Delta x)\frac{\sin 2\pi f_l (x-k\Delta x)}{2\pi f_l (x-k\Delta x)} \tag{6-2-6}$$

上式可以理解为采样后的灰度函数与 sin*c* 函数的卷积，取用了 sin*c* 函数作为卷积核。但是这种运算比较复杂，实际应用时可选择一些简单的函数代替 sinc 函数。以下介绍三种常用的重采样方法：

1. 双线性插值法

双线性插值法的卷积核选择的是一个三角形函数，表达式为

$$W(x)=1-(x), 0\leqslant |x|\leqslant 1 \tag{6-2-7}$$

可以证明，利用式（6-2-7）作卷积核对任一点 P 进行灰度重采样，与式（6-2-6）中的 sin*c* 函数有一定的近似性。

如图 6.5 所示，选择距离待定点 P 最近的 4 个已知原始采样点参加计算。图中右侧表示式（6-2-7）的卷积核图形在沿 x 方向进行重采样时应放的位置。在任一方向作重采样计算时，应使卷积核的零点与 P 点对齐，以读取其各原始像元素处的相应数值。

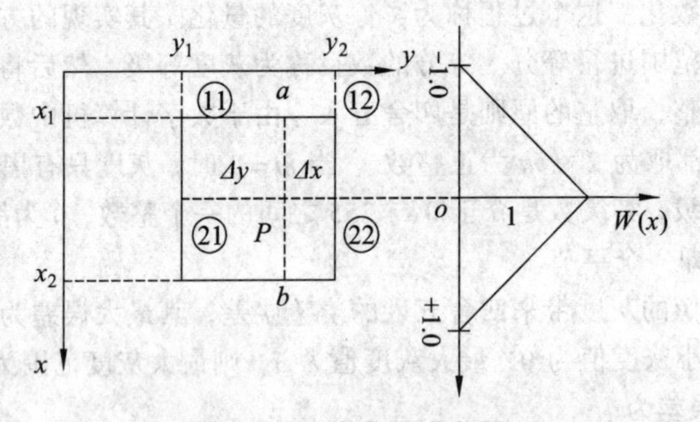

图 6.5　一次多项式卷积

首先根据 4 个原始像素与点 P 的距离，计算它们的灰度对确定点 P 灰度所作贡献的“权”值，构成一个 2×2 维卷积核 $\boldsymbol{W}$，也称为权矩阵：

$$\boldsymbol{W}=\begin{bmatrix} W_{11} & W_{12} \\ W_{21} & W_{22} \end{bmatrix} \tag{6-2-8}$$

其中，

$$W_{11}=W(x_1)W(y_1)\text{；}\quad W_{12}=W(x_1)W(y_2)$$

$$W_{21}=W(x_2)W(y_1)\text{；}\quad W_{22}=W(x_2)W(y_2)$$

$$W(x_1)=1-\Delta x\text{；}\ W(x_2)=\Delta x\text{；}\ W(y_1)=1-\Delta y\text{；}\ W(y_2)=\Delta y$$

$$\left.\begin{array}{l}\Delta x=x-\mathrm{INT}(x)\\ \Delta y=y-\mathrm{INT}(y)\end{array}\right.\text{，INT 表示取整}$$

然后，根据 4 个原始像素的灰度值，构成 2×2 维的点阵 $\boldsymbol{I}$：

$$\boldsymbol{I}=\begin{bmatrix} I_{11} & I_{12} \\ I_{21} & I_{22} \end{bmatrix} \tag{6-2-9}$$

把式（6-2-9）的 $\boldsymbol{I}$ 阵与（6-2-8）式的 $\boldsymbol{W}$ 阵作哈达玛（Hadamarard）积运算，可得出一个新的矩阵，把这些新的矩阵元素相累加，即可得到重采样点 P 的灰度值 $I(P)$为

$$I(P)=\sum_{i=1}^{2}\sum_{j=1}^{2}I(i,j)*W(i,j) \tag{6-2-10}$$

上式可展开为

$$\begin{aligned} I(P)&=W_{11}I_{11}+W_{12}I_{12}+W_{21}I_{21}+W_{22}I_{22}\\ &=(1-\Delta x)(1-\Delta y)I_{11}+(1-\Delta x)\Delta yI_{12}+\Delta x(1-\Delta y)I_{21}+\Delta x\Delta yI_{22} \end{aligned} \tag{6-2-11}$$

2. 双三次卷积法

卷积核选择三次样条函数：

$$\left.\begin{array}{ll} W_1(x)=1-2x^2+|x|^3, & 0\leqslant|x|\leqslant 1\\ W_2(x)=4-8|x|+5x^2-|x|^3, & 1\leqslant|x|\leqslant 2\\ W_3(x)=0, & 2\leqslant|x| \end{array}\right\} \tag{6-2-12}$$

式（6-2-12）由 Rifman 提出，并认为更接近于式（6-2-6）中的 sin$c$ 函数。

利用式（6-2-12）作卷积核对任一点进行重采样时，需要该点四周 16 个已知原始采样点参加计算，如图 6.6 所示。图中右侧表示式（6-2-12）的卷积核图形在沿 x 方向进行重采样时所应放的位置。

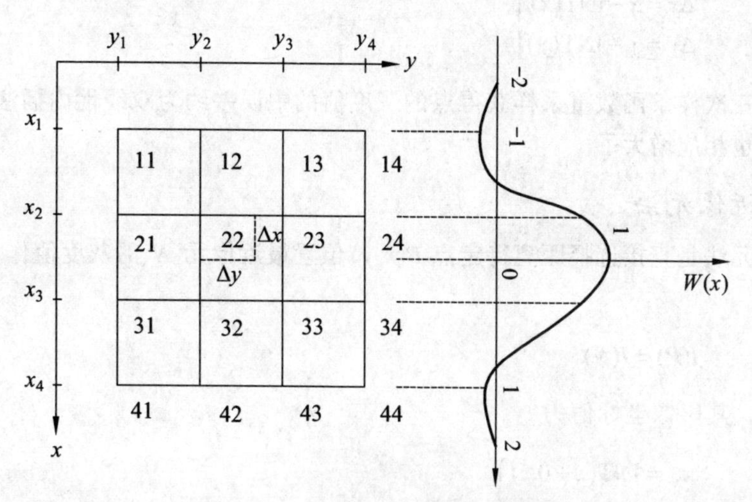

图 6.6　双三次卷积

双三次卷积法计算重采样点 P 的灰度值 $I(P)$的公式为

$$I(P)=\sum_{i=1}^{4}\sum_{j=1}^{4}I(i,j)*W(i,j) \tag{6-2-13}$$

$$\boldsymbol{I}=\begin{bmatrix} I_{11} & I_{12} & I_{13} & I_{14} \\ I_{21} & I_{22} & I_{23} & I_{24} \\ I_{31} & I_{32} & I_{33} & I_{34} \\ I_{41} & I_{42} & I_{43} & I_{44} \end{bmatrix} \qquad \boldsymbol{W}=\begin{bmatrix} W_{11} & W_{12} & W_{13} & W_{14} \\ W_{21} & W_{22} & W_{23} & W_{24} \\ W_{31} & W_{32} & W_{33} & W_{34} \\ W_{41} & W_{42} & W_{43} & W_{44} \end{bmatrix}$$

其中，

$$\begin{aligned} W_{11} &= W(x_1)W(y_1) \\ &\vdots \\ W_{44} &= W(x_4)W(y_4) \\ W_{ij} &= W(x_i)W(y_j) \end{aligned}$$

按式（6-2-13）及图 6.6 的关系有

$$x\text{ 方向：}\begin{cases} W(x_1)=W(1+\Delta x)=-\Delta x+2\Delta x^2-\Delta x^3 \\ W(x_2)=W(\Delta x)=1-2\Delta x^2+\Delta x^3 \\ W(x_3)=W(1-\Delta x)=\Delta x+\Delta x^2-\Delta x^3 \\ W(x_4)=W(2-\Delta x)=-\Delta x^2+\Delta x^3 \end{cases}$$

$$y\text{ 方向：}\begin{cases} W(y_1)=W(1+\Delta y)=-\Delta y+2\Delta y^2-\Delta y^3 \\ W(y_2)=W(\Delta y)=1-2\Delta y^2+\Delta y^3 \\ W(y_3)=W(1-\Delta y)=\Delta y+\Delta y^2-\Delta y^3 \\ W(y_4)=W(2-\Delta y)=-\Delta y^2+\Delta y^3 \end{cases}$$

$$\left.\begin{aligned} \Delta x &= x-\mathrm{INT}(x) \\ \Delta y &= y-\mathrm{INT}(y) \end{aligned}\right\}$$

利用上述三次样条函数重采样获得点的灰度值的中误差约为双线性内插法重采样的 1/3，但计算工作量也相应增大了。

3. 最邻近像元法

最邻近像元法是直接选择距离待定点 $P(x,y)$ 位置最近像元 N 的灰度值作为 P 点的灰度值，即

$$I(P)=I(N) \tag{6-2-14}$$

N 为最邻近点，其影像坐标值为

$$\left.\begin{aligned} x_N &= \mathrm{INT}(x+0.5) \\ y_N &= \mathrm{INT}(y+0.5) \end{aligned}\right\} \tag{6-2-15}$$

以上三种重采样方法以最邻近像元法最简单，它计算速度快且不破坏原始影像的灰度信息，但其几何精度较差，最大误差可达到 0.5 像元；双线性插值法和双三次卷积法的几何精度较高，但计算时间较长，特别是双三次卷积法较费时。故一般情况下多选择双线性插值法。

6.3 特征提取

特征是景物的物理与几何特性在影像中的反映。理论上：特征是影像灰度曲面的不连续点。实际的影像因点扩散作用，其特征则表现为微小领域中灰度的急剧变化或灰度分布的均匀性。特征在局部区域中有较大信息量。

在一幅影像中，我们感兴趣的目标通常表现为一定形式的点特征、线特征或面特征，如明显地物、人工标志、道路等。在数字影像中，若要自动地量测这些目标，需利用一定算法提取构成这些明显目标的影像特征，进行特征提取。

6.3.1 点特征提取

点特征主要指明显点，如角点、圆点、交叉点等。点特征提取是运用某种算法从影像中提取我们所感兴趣的，有利于某种目的的点的过程。提取点特征的算子称为兴趣算子或有利算子。在数字图像处理领域已提出了一系列算法各异且具有不同特色的兴趣算子，本节仅介绍数字摄影测量中比较常用的 Moravec 算子、Forstner 算子和 Harris 算子。

1. Moravec 算子

该算子是 Moravec 于 1977 年提出的利用灰度方差提取点特征的算子。其步骤如下：

（1）计算各像元的兴趣值 IV（Interest Value）。建立以像素（c，r）为中心的 $w\times w$ 的影像窗口，如图 6.7 所示（图中以 5×5 的窗口为例）。

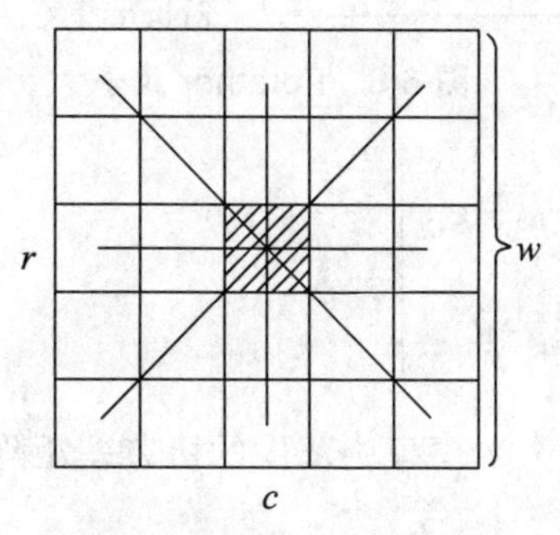

图 6.7　Moravec 算子

首先计算图中所示四个方向相邻像素灰度差的平方和：

$$\left.\begin{aligned}V_1&=\sum_{i=-k}^{k-1}(g_{c+i,r}-g_{c+i+1,r})^2\\V_2&=\sum_{i=-k}^{k-1}(g_{c+i,r+i}-g_{c+i+1,r+i+1})^2\\V_3&=\sum_{i=-k}^{k-1}(g_{c,r+i}-g_{c,r+i+1})^2\\V_4&=\sum_{i=-k}^{k-1}(g_{c+i,r-i}-g_{c+i+1,r-i-1})^2\end{aligned}\right\}\tag{6-3-1}$$

其中，$k=\text{INT}(w/2)$。取其中最小者作为该像素（c，r）的兴趣值：

$$IV_{c,r}=\min\{V_1,V_2,V_3,V_4\}\tag{6-3-2}$$

（2）给定一经验阈值 T，将兴趣值大于阈值 T 的点（即兴趣值计算窗口的中心点）作为候选点。阈值 T 的选择应以候选点中包括所需要的特征点而又不含过多的非特征点为原则。

（3）在一定大小的窗口内（可不同于兴趣值计算窗口，例如 5×5 像元、7×7 像元或 9×9 像元），选取候选点中兴趣值最大者对应的像素为特征点。

Moravec 算子是在四个主要方向上，选择具有最大-最小灰度方差的点作为特征点。

2. Förstner 算子

该算子通过计算各像素的 Robert 梯度和像素（c，r）为中心的窗口（如 5×5）的灰度协方差矩阵，在影像中寻找具有尽可能小而接近于圆的误差椭圆的点作为特征点。其步骤如下：

（1）计算图 6.8 所示各像素的 Robert 梯度：

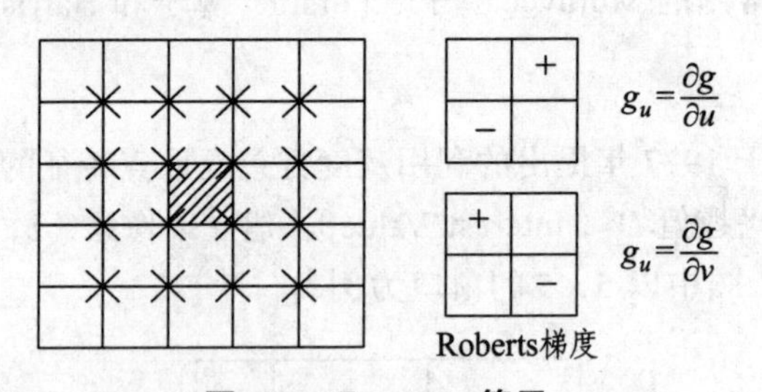

图 6.8 Forstner 算子

$$\left.\begin{aligned}g_u&=\frac{\partial g}{\partial u}=g_{i+1,j+1}-g_{i,j}\\g_v&=\frac{\partial g}{\partial v}=g_{i,j+1}-g_{i+1,j}\end{aligned}\right\}\tag{6-3-3}$$

（2）计算 $l\times l$（如 5×5 或更大）窗口中灰度的协方差矩阵：

$$\boldsymbol{Q}=\boldsymbol{N}^{-1}=\begin{bmatrix}\sum g_u^2 & \sum g_u g_v\\ \sum g_v g_u & \sum g_v^2\end{bmatrix}^{-1}\tag{6-3-4}$$

其中，

$$\sum g_u^2 = \sum_{i=c-k}^{c+k-1} \sum_{j=r-k}^{r+k-1} (g_{i+1,j+1} - g_{i,j})^2$$

$$\sum g_v^2 = \sum_{i=c-k}^{c+k-1} \sum_{j=r-k}^{r+k-1} (g_{i,j+1} - g_{i+1,j})^2$$

$$\sum g_u g_v = \sum_{i=c-k}^{c+k-1} \sum_{j=r-k}^{r+k-1} (g_{i+1,j+1} - g_{i,j})(g_{i,j+1} - g_{i+1,j})$$

（3）计算兴趣值 q 与权 w：

$$w = \frac{1}{\mathrm{tr}Q} = \frac{\mathrm{Det}N}{\mathrm{tr}N} \tag{6-3-5}$$

$$q = \frac{4\mathrm{Det}N}{(\mathrm{tr}N)^2} \tag{6-3-6}$$

其中，Det$N$ 代表矩阵 $\boldsymbol{N}$ 的行列式；tr$N$ 代表矩阵 $\boldsymbol{N}$ 的迹；w 为该像元的权。q 为像素（c，r）对应误差椭圆的圆度，也可表达为

$$q = 1 - \frac{(a^2 - b^2)^2}{(a^2 + b^2)^2} \tag{6-3-7}$$

其中，a 与 b 为椭圆的长、短半轴。如果 a、b 中任意一个为零，则 $q = 0$，表明该点可能位于边缘上；如果 $a = b$，则 $q = 1$，表明为一个圆。

（4）确定待选点。

如果兴趣值大于给定的阈值，则该像元为待选点。阈值为经验值，可参考下列值：

$$\left.\begin{aligned} &T_q = 0.5 \sim 0.75 \\ &T_w = \begin{cases} f\,\overline{w}(f = 0.5 \sim 1.5) \\ cw_c\,(c = 5) \end{cases} \end{aligned}\right\} \tag{6-3-8}$$

其中，$\overline{w}$ 为权平均值；w_c 为权的中值。

当 $q > T_q$，且 $w > T_w$ 时，该像元为待选点。

（5）选取极值点。

在一个适当窗口中，以权值 w 为依据，选择待选点中 w 最大的点为特征点。

由于 Förstner 算子较复杂，可首先用一简单的差分算子提取初选点，然后采用 Förstner 算子在 3×3 窗口计算兴趣值并选择备选点，最后提取的极值点即为特征点。

3. Harris 算子

Harris 角点提取算子是 Chris Harris 和 Mike Stephens 在 H.Moravec 算法的基础上发展出的通过自相关矩阵的角点提取算法，又称 Plessey 算法。这种算子受信号处理中自相关函数的启发，给出与自相关函数相联系的矩阵 $\boldsymbol{M}$：

$$\boldsymbol{M} = G(\overline{s}) \otimes \begin{bmatrix} g_x^2 & g_x g_y \\ g_y g_x & g_y^2 \end{bmatrix} \tag{6-3-9}$$

以及角点响应函数：

$$I = \det(M) - k\mathrm{tr}^2(M),\quad k = 0.04$$

其中，g_x 是 x 方向的梯度，g_y 是 y 方向的梯度，$G(\bar{s})$ 为高斯模板，det 是矩阵的行列式，tr 是矩阵的直迹，k 是默认常数。$\boldsymbol{M}$ 阵的特征值是自相关函数的一阶曲率，如果两个曲率值都高，那么就认为该点是角点特征。

Harris 提取算法的步骤如下：

（1）确定一个 $n \times n$ 大小的影像窗口，对窗口内的每一个像素点进行一阶差分运算，求得在 x、y 方向的梯度 g_x、g_y。

（2）对梯度值进行高斯滤波，高斯卷积模板的 σ 取 0.3 ~ 0.9。

（3）根据公式（6-3-9），计算强度值 M。

（4）根据局部极值点，在窗口内取最大值。局部极值点的数目往往很多，也可以根据特征点数提取的数目要求，对所有的极值点排序，根据要求选出兴趣值 I 最大的若干个点作为最后的结果。

上述 Moravec 算子较简单，Forstner 算子较复杂，但它能给出特征点的类型且精度也较高。Harris 算子复杂程度介于两者之间，在实际处理过程中是很受欢迎的算子之一。

6.3.2 线特征提取算子

线特征是指影像的“边缘”与“线”。“边缘”即影像中不同区域间的分界线，而“线”则是距离很近的一对边缘，其中间区域具有相同的影像特征。因此，线特征提取算子通常也称边缘检测算子。

边缘的剖面灰度曲线通常是一条刀刃曲线，如图 6.9 所示。由于噪声的影响，灰度曲线并不是平滑的。对这种边缘进行检测，通常是检测一阶导数（或一阶差分）最大或二阶导数（或二阶差分）为零的点。常用方法有差分算子、拉普拉斯算子、LOG 算子等。由于各种差分算子均对噪声较敏感（即提取的特征并非真正的特征，而是噪声），因此一般应先作低通滤波，尽量排除噪声的影响，再利用差分算子提取边缘。LOG 算子就是这种将低通滤波与边缘提取综合考虑的算子。此外，Hough 变换是提取规则曲线的一种有效方法。

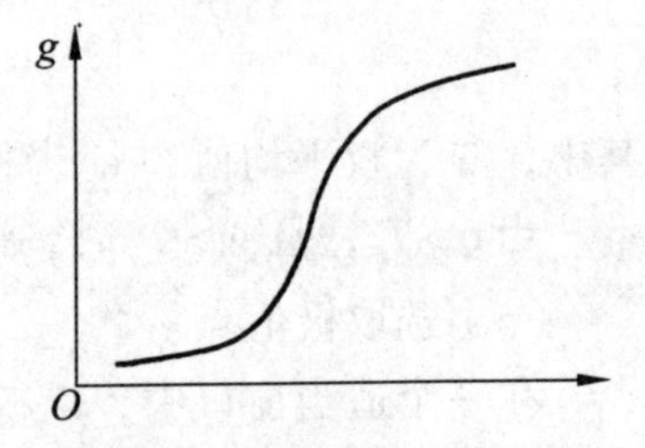

图 6.9　边缘剖面灰度曲线

1. 梯度算子

影像处理中最常用的方法就是梯度运算。对一个灰度函数 $g(x,y)$，其梯度定义为一个向量：

$$\boldsymbol{G}[g(x,y)] = \begin{bmatrix} \dfrac{\partial g}{\partial x} \\ \dfrac{\partial g}{\partial y} \end{bmatrix} \tag{6-3-10}$$

它的两个重要的特性是：①向量 $\boldsymbol{G}[g(x,y)]$ 的方向是函数 $g(x,y)$ 在 (x,y) 处最大增加率的方向；②最大增加率等于 $G[g(x,y)]$ 的模，即

$$G(x,y)=\mathrm{mag}[G]=\left[\left(\frac{\partial g}{\partial x}\right)^2+\left(\frac{\partial g}{\partial y}\right)^2\right]^{\frac{1}{2}} \tag{6-3-11}$$

对离散的数字影像，常用差分近似代替求导。所以，梯度算子可用差分算子表示为

$$G_{i,j}=\left[(g_{i,j}-g_{i+1,j})^2+(g_{i,j}-g_{i,j+1})^2\right]^{\frac{1}{2}} \tag{6-3-12}$$

为了简化运算，通常用差分绝对值之和进一步近似为

$$G_{i,j}=\left|g_{i,j}-g_{i+1,j}\right|+\left|g_{i,j}-g_{i,j+1}\right| \tag{6-3-13}$$

对于一给定的阈值 T，当 $G_{ij}>T$ 时，则认为像素（i，j）是边缘上的点。

2. Roberts 梯度算子

Roberts 梯度定义为

$$\boldsymbol{G}[g(x,y)]=\begin{bmatrix}\dfrac{\partial g}{\partial u}\\ \dfrac{\partial g}{\partial v}\end{bmatrix}=\begin{bmatrix}g_u\\ g_v\end{bmatrix} \tag{6-3-14}$$

其中，$g_u=\dfrac{\partial g}{\partial u}$ 是 g 的 $\dfrac{\pi}{4}$ 方向导数；$g_u=\dfrac{\partial g}{\partial v}$ 是 g 的 $\dfrac{3\pi}{4}$ 方向导数。容易证明，其模 $G_r(x,y)$ 为

$$G_r(x,y)=(g_u^2+g_v^2)^{\frac{1}{2}} \tag{6-3-15}$$

与前面式（6-3-11）定义的梯度的模完全相等。

用差分近似表示导数，则实际计算公式为

$$G_{i,j}=\left[(g_{i,j}-g_{i+1,j})^2+(g_{i,j}-g_{i,j+1})^2\right]^{\frac{1}{2}} \tag{6-3-16}$$

或

$$G_{i,j}=\left|g_{i,j}-g_{i+1,j}\right|+\left|g_{i,j}-g_{i,j+1}\right| \tag{6-3-17}$$

对于给定的阈值 T，当 $G_{ij}>T$ 时，则认为像素（i，j）是边缘上的点。

如果仅对某一方向的边缘感兴趣，可利用图 6.10 所示的方向差分算子与影像进行卷积运算，再利用门限检测提取边缘点。

北　　　　　　东北　　　　　　东　　　　　　东南

$$\begin{bmatrix}1 & 1 & 1\\ 1 & -2 & 1\\ -1 & -1 & -1\end{bmatrix}\begin{bmatrix}1 & 1 & 1\\ -1 & -2 & 1\\ -1 & -1 & 1\end{bmatrix}\begin{bmatrix}-1 & 1 & 1\\ -1 & -2 & 1\\ -1 & 1 & 1\end{bmatrix}\begin{bmatrix}-1 & -1 & 1\\ -1 & -2 & 1\\ 1 & 1 & 1\end{bmatrix}$$

南　　　　　　西南　　　　　　西　　　　　　西北

$$\begin{bmatrix}-1 & -1 & -1\\ 1 & -2 & 1\\ 1 & 1 & 1\end{bmatrix}\begin{bmatrix}1 & -1 & -1\\ 1 & -2 & -1\\ 1 & 1 & 1\end{bmatrix}\begin{bmatrix}1 & 1 & -1\\ 1 & -2 & -1\\ 1 & 1 & -1\end{bmatrix}\begin{bmatrix}1 & 1 & 1\\ 1 & -2 & -1\\ 1 & -1 & -1\end{bmatrix}$$

图 6.10　方向差分算子

3. 拉普拉斯算子

拉普拉斯（Laplace）算子的定义为

$$\nabla^2 g = \frac{\partial^2 g}{\partial x^2} + \frac{\partial^2 g}{\partial y^2} \tag{6-3-18}$$

若 $g(x,y)$的傅立叶变换为 $G(u,v)$，则拉普拉斯算子 $\nabla^2 g$ 的傅立叶变换为

$$-(2\pi)^2(u^2+v^2)G(u,v) \tag{6-3-19}$$

拉普拉斯算子实质上是一个高通滤波器。

对于数字影像，拉普拉斯算子定义为

$$\begin{aligned}\nabla^2 g_{ij} &= (g_{i+1,j} - g_{i,j}) - (g_{i,j} - g_{i-1,j}) + \\ &\quad (g_{i,j+1} - g_{i,j}) - (g_{i,j} - g_{i,j-1}) \\ &= g_{i+1,j} + g_{i-1,j} + g_{i,j+1} + g_{i,j-1} - 4g_{i,j}\end{aligned} \tag{6-3-20}$$

拉普拉斯算子是原始灰度函数与矩阵

$$\begin{bmatrix}0 & -1 & 0\\ -1 & 4 & -1\\ 0 & -1 & 0\end{bmatrix}$$

的卷积，该矩阵称为卷积核或掩膜。然后取其符号变化的点，即通过零的点为边缘点，也称零交叉点。

Laplace 算子是各向同性的导数算子，具有旋转不变性，即旋转后的 Laplace 算子与旋转前的 Laplace 算子相等。但是对数字图像来说，拉普拉斯算子是用差分来近似的，所以它已不能完全符合-各向同性的性质，对某些不同走向的边缘的处理效果也略有不同。

4. 高斯-拉普拉斯算子（LOG 算子）

由于各种差分算子对噪声很敏感，因而在进行差分运算前应先进行低通滤波。由于最优低通滤波器的波形近似于高斯函数曲线，因此，在提取边缘时，利用高斯函数与原始影像进行卷积运算，先进行低通滤波，然后再利用拉普拉斯算子进行高通滤波，并提取零交叉点，

这就是高斯-拉普拉斯算子，也称为 LOG 算子。

高斯函数为

$$f(x,\ y)=\exp\left(-\frac{x^2+y^2}{2\sigma^2}\right) \tag{6-3-21}$$

低通滤波结果为

$$f(x,\ y)*g(x,\ y) \tag{6-3-22}$$

再经拉普拉斯算子处理得

$$\begin{aligned}\boldsymbol{G}(x,y)&=\nabla^2[f(x,y)*g(x,y)]\\&=[\nabla^2 f(x,y)]*g(x,y)\end{aligned} \tag{6-3-23}$$

其中，

$$\nabla^2 f(x,y)=\frac{x^2+y^2-2\sigma^2}{\sigma^2}\exp\left(\frac{x^2+y^2}{2\sigma^4}\right) \tag{6-3-24}$$

所以，LOG 算子是以 $\nabla^2 f(x,y)$ 为卷积核，对原灰度函数进行卷积运算后提取的零交叉点为边缘点。

5. 特征分割法

在一维影像的情况下，可将特征定义为一个“影像段”，它由三个特征点组成：一个灰度梯度最大点 Z，两个“突出点”（梯度很小）S_1、S_2，如图 6.11 所示。利用特征提取算子，提取特征（实际上是依次提取上述的三个特征点），将一行影像分割为若干个“影像段”，每一段影像均由一个特征所组成，如图 6.12 所示。

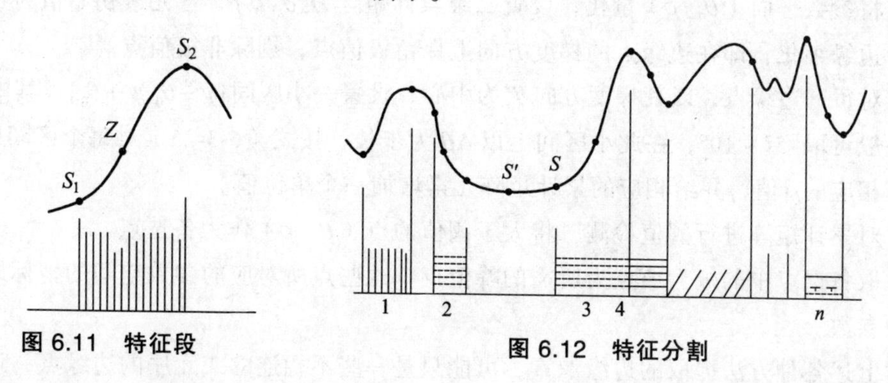

图 6.11 特征段　　图 6.12 特征分割

在提取特征时，所用算子不仅应顺次地提取出一个特征上三个特征点的像素序号(点位)，而且还应保留两个突出点 S_1、S_2 的灰度差 $\Delta g=g(S_2)-g(S_1)$。将三个特征点的像素号与 Δg 作为描述此特征的四个参数——特征参数。$\Delta g>0$ 的特征为正特征，$\Delta g<0$ 的特征为负特征。

6. Hough 变换

Hough 变换是 1962 年由 Hough 提出来的，用于检测图像中直线、圆、抛物线、椭圆等，能够用函数关系描述具有一定几何形状的曲线，在影像分析、模式识别等很多领域中得到了成功的应用。

Hough 变换的基本原理是：将影像空间中的曲线（包括直线）变换到参数空间中，通过检测参数空间中的极值点，确定出该曲线的描述参数，从而提取影像中的规则曲线。

下面以直线为例介绍 Hough 变换的思想。

直线 Hough 变换通常采用的直线模型为

$$\rho = x\cos\theta + y\sin\theta \tag{6-3-25}$$

其中，ρ是从原点到直线的垂线长度；θ是垂线与 x 轴正向的夹角，如图 6.13 所示。只要能确定参数ρ和θ，则直线特征就被提取出来了。

由于对于影像空间直线上任意一点（x，y），经 Hough 变换后，映射到参数空间（θ，ρ）是在一条正弦曲线上。而影像空间内的一条直线是由参数 (θ_0,ρ_0) 唯一确定的，因而该直线上的各点变换到参数空间的各正弦曲线必然都经过点 (θ_0,ρ_0)，在参数空间中，这个点 (θ_0,ρ_0) 的坐标就代表了影像空间这条直线的参数。这样，检测影像中直线的问题就转变为检测参数空间中的共线点的问题。由于存在噪声及特征点的位置误差，参数空间中所映射的曲线并不严格地通过一点，而是在一个小区域中出现一个峰，只要检测峰值点，就能确定直线的参数。

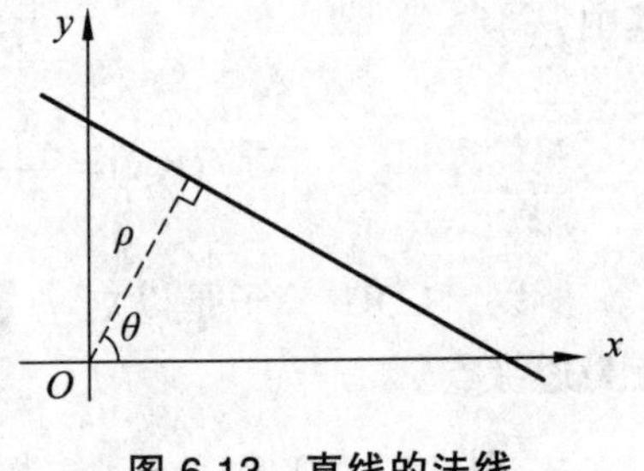

图 6.13　直线的法线

Hough 变换的具体过程如下：

（1）对影像进行预处理，提取特征并计算特征点的梯度方向 I 。

（2）将参数平面（θ，ρ）量化，设置二维累计矩阵 $\boldsymbol{H}(\theta_i,\rho_i)$，各元素初始值为零。

（3）边缘细化，即在边缘点的梯度方向上保留极值点，剔除非极值点。

（4）对每一边缘点，以其梯度方向 Ψ 为中心，设置一小区间 $[\psi-\theta_0,\psi+\theta_0]$，其中 θ_0 为经验值，一般可取 $5°\sim10°$，在此小区间上以 $\Delta\theta$ 为步长，按式（6-3-25）对每个区间中的 $\dot{\theta}$ 量化值计算相应的ρ值，并给相应的累计矩阵元素增加一个单位值。

（5）对累计矩阵进行阈值检测，将大于阈值的点（θ，ρ）作为备选点。

（6）取备选点中的极大值点为所需的峰值点，这些点所对应的参数空间的坐标即为所检测直线的参数。

经过上述各种方法提取的边缘像素，可能只是一些不相连的或无序的边缘点，还需要采用一定的方法将它们形成一个连贯的、对应于一个物体的边界或景物实体之间任何有意义的边界。这些方法包括近似位置附近搜索法、启发式图搜集法、动态规划法、松弛法与轮廓追踪法等。

6.3.3 影像分割

影像中的物体，除了在边界其灰度表现出突变外，在物体区域内部常常会表现出某种同一性，如灰度值同一、纹理同一等。根据物体区域内部的同一性，把一幅影像划分为若干子区域，使每一子区域都有一定的均匀性，则每一子区域可能对应于某一物体或物体的一部分，这就是影像分割。

1. 阈值法

该方法是使用预先选好的阈值 T，对各像素进行分类。

若要把影像分成 N 类，可设定 $N-1$ 个阈值 T_i（$i=1$，…，$N-1$）。设 G（i，j）是像素（i，j）的某种属性，如灰度或纹理度等，若 $T_k-1<G(i,j)\leqslant T_k$，则将像素标上类号 $k-1$。显然，所有相邻且具有相同标号的像素构成一个子区域。

阈值的选取通常是在直方图基础上进行，影像直方图若呈现双峰，则选择双峰间的谷点为阈值。实际应用中，由于干扰噪声的存在，以及照度不均的现象，使得影像的直方图不存在明显的峰值，整幅影像很难用一种阈值进行判定，所以对复杂的影像，不同的位置可以选取不同的阈值，以达到更好的分割效果。

2. 区域生长法

该方法通常从某一给定的像素出发，逐步增加像素数（即区域生长），对由这些像素组成的区域，根据某种均匀测度判定其均匀性。若区域是均匀的，则继续扩大区域；若增加的像素使该区域不满足均匀条件，则该像素不属于该区域。

对某一区域 R，其中像素数为 N，则该区域的灰度均值为

$$m=\frac{1}{N}\sum g(x) \tag{6-3-26}$$

则定义 R 的均匀性测度为：各像素灰度值与灰度均值的差不超过某一阈值 T，即

$$\max|g(x)-m|<T \tag{6-3-27}$$

（1）分-合算法。

分-合算法利用四叉树数据结构，首先将影像分成四个区域，对每一区域进行均匀性判定；若不满足均匀性条件，则将该区域进一步分为四个子区域，直至每一个子区域都是均匀的。然后，将相邻子区域分别合在一起进行均匀性判定，若满足均匀性条件，则合并为一个子区域；重复操作，直至不再有可合并的子区域为止。

（2）集群分类法。

在某些情况下，我们不具备任何有关模式的先验知识，既不知道它的分布，也不知道它该分成多少类，更不知道各类的参数，如均值、方差等，这时可选择集群分类法，进行影像分割。

K-Mean 算法是一种迭代算法，每迭代一次，类中心就刷新一次，经过多次迭代，使类中心趋于稳定。其具体步骤如下：

① 选择 k 个初始类中心 z_1，z_2，…，z_k。

② 使用最小距离判别法将所有像素分别分给 k 类，即：若对所有不等于 i 的 j，有

$$\left|x-z_i\right|<\left|x-z_j\right| \qquad ,i\neq j \tag{6-3-28}$$

则判 x 属于类 k_i。

③ 使用步骤②中分类结果，计算各类重心，并以此作为新的类中心。比较新旧类中心，若新旧类中心之差小于某一阈值，则认为中心稳定，分割结束；否则，返回②，重复上述过程。

6.3.4 定位算子

数字影像上明显目标主要是指地面上明显地物在影像上的反映，如道路、河流的交叉口、田角、房角、建筑物上的明显标志；或者是数字影像自身的明显标志，如影像四角上的框标、地面人工标志点等。这些明显目标可以由前述的特征提取算子提取出来。然而在数字摄影测量处理中，仅提取出这些明显目标点是不够的，还需要精确地确定其在影像上的位置，即进行精确特征定位。定位算子就是为了解决这一问题而被提出来的。具有代表性的定位算子有：Medioni-Yasumoto 定位算子、基于小面元模型的定位算子、矩不变定位算子、Wong-Trinder 圆点定位算子、Mikhail 定位算子、Forstner 定位算子、高精度角点与直线定位算子。以下仅介绍 Wong-Trinder 圆点定位算子、Forstner 定位算子和高精度角点及直线定位算子。

1. Wong-Trinder 圆点定位算子

Wong 和 Wei-Hsin 利用二值图像重心对圆点进行定位。首先利用阈值 $T=$（最小灰度值+平均灰度值）/2 将窗口中的影像二值化为 $g_{ij}(i=0,1,\cdots,n-1;\ j=0,1,\cdots,m-1)$，然后计算目标重心坐标$(x,y)$与圆度$\gamma$:

$$\left.\begin{aligned}
&x=m_{10}/m_{00}\\
&y=m_{01}/m_{00}\\
&\gamma=M_x'/M_y'\\
&M_x'=\frac{M_{20}+M_{02}}{2}+\sqrt{\left(\frac{M_{20}-M_{02}}{2}\right)^2+M_{11}^2}\\
&M_y'=\frac{M_{20}+M_{02}}{2}-\sqrt{\left(\frac{M_{20}-M_{02}}{2}\right)^2+M_{11}^2}
\end{aligned}\right\} \tag{6-3-29}$$

其中，

$$m_{pq}=\sum_{i=0}^{n-1}\sum_{j=0}^{m-1}i^p j^q g_{ij}\quad (p,\ q=0,\ 1,\ 2,\cdots)$$

$$M_{pq}=\sum_{i=0}^{n-1}\sum_{j=0}^{m-1}(i-x)^p(j-y)^q g_{ij}\quad (p,\ q=0,\ 1,\ 2,\cdots)$$

分别为 $p+q$ 阶原点矩与中心距。当γ小于阈值时，目标不是圆；当γ大于阈值时，目标

视为圆，圆心坐标为(x, y)。

后来，Trinder 发现，该算子受二值化影响，误差可达 0.5 像素，因此他利用原始灰度 W_{ij} 为权

$$\left.\begin{aligned} x &= \frac{1}{M}\sum_{i=0}^{n-1}\sum_{j=0}^{m-1} i g_{ij} W_{ij} \\ y &= \frac{1}{M}\sum_{i=0}^{n-1}\sum_{j=0}^{m-1} j g_{ij} W_{ij} \end{aligned}\right\} \tag{6-3-30}$$

其中，

$$M = \sum_{i=0}^{n-1}\sum_{j=0}^{m-1} g_{ij} W_{ij}$$

改进后的算子在理想情况下定位精度可达 0.01 像素。这种算法只能对圆点定位。

2. Forstner 定位算子

Forstner 定位算子是摄影测量界著名的角点定位算子，其特点是速度快、精度较高。对角点定位。可分为：最佳窗口选择与在最佳窗口内加权重心化两步进行。最佳窗口由 Forstner 特征提取算子确定，然后以原点到窗口内边缘直线的距离为观测值，梯度模的平方为权，在点（x，y）处可列误差方程：

$$\left.\begin{aligned} &v = x_0\cos\theta + y_0\sin\theta - (x\cos\theta + y\sin\theta) \\ &\omega(x, y) = |\nabla g|^2 = g_x^2 + g_x^2 \end{aligned}\right\} \tag{6-3-31}$$

由最小二乘法可解得角点坐标(x_0, y_0)，其结果即窗口内像元的加权重心。

该定位算子有很多优点，但定位精度仍然不理想，当窗口为 5×5 像素时，对理想条件下的角点定位精度为 0.6 像素。

3. 高精度角点与直线定位算子

（1）数学模型。

从微观上看，任何角点总是由两条直线相交而成的，通过精确地提取组成角的两条边缘直线，解算交点就可得到角点坐标。

理想的线扩散函数服从高斯分布：

$$S(x, y) = \frac{1}{\sqrt{2\pi}\sigma}\exp\left[-\frac{1}{2\sigma^2}(x\cos\theta + y\sin\theta - \rho)^2\right] \tag{6-3-32}$$

因而影像梯度可表示为

$$\nabla g(x, y) = \alpha\cdot\exp[-k(x\cos\theta + y\sin\theta - \rho)^2] \tag{6-3-33}$$

其线性化误差方程为

$$v(x,y)=c_0\mathrm{d}\alpha+c_1\mathrm{d}k+c_2\mathrm{d}\rho+c_3\mathrm{d}\theta+c_4 \tag{6-3-34}$$

其中，

$$\begin{aligned}
c_0&=\exp[-k_0(x\cos\theta_0+y\sin\theta_0-\rho_0)^2]\\
c_1&=-\alpha_0c_0(x\cos\theta_0+y\sin\theta_0-\rho_0)^2\\
c_2&=-2\alpha_0k_0c_0(x\cos\theta_0+y\sin\theta_0-\rho_0)\\
c_3&=c_2(x\sin\theta_0-y\cos\theta_0)\\
c_4&=\alpha_0\exp[-k_0(x\cos\theta_0+y\sin\theta_0-\rho_0)^2]-\nabla g(x,y)
\end{aligned}$$

式中，α_0、k_0、ρ_0与θ_0为参数的近似值。

该平差模型采用梯度的模为观测值。若使用 Roberts 梯度，则

$$\left.\begin{aligned}
&\nabla g(i,j)=\sqrt{(g_{i+1,j+1}-g_{i,j})^2+(g_{i+1,j}-g_{i,j+1})^2}\\
&\mathrm{d}\nabla g=-\cos\beta dg_{i,j}+\sin\beta\mathrm{d}g_{i+1,j}-\sin\beta\mathrm{d}g_{i,j+1}+\cos\beta\mathrm{d}g_{i+1,j+1}
\end{aligned}\right\} \tag{6-3-35}$$

其中，β为梯度角。若噪声方差为 m^2，则

$$\begin{aligned}
m^2{}_{\nabla g}&=\cos^2\beta\cdot m^2+\sin^2\beta\cdot m^2+\sin^2\beta\cdot m^2+\cos^2\beta\cdot m^2\\
&=2m^2
\end{aligned} \tag{6-3-36}$$

令单位权中误差为$m_0=\sqrt{2}m$，则观测值的权为

$$\omega(i,j)=1$$

因此，观测值为等权观测值。对误差方程式法化，迭代可精确地解求直线参数ρ、θ。

（2）具体过程。

① 确定初值。

首先利用 Hough 变换确定直线参数初值ρ_0、θ_0。由于α是梯度的最大值，因而可令：

$$\alpha_0=\max\{\nabla g(x,y)\} \tag{6-3-37}$$

由ρ_0，θ_0，α_0计算 k 的初始值：

$$k_0=-\frac{\ln\nabla g(x_0,y_0)-\ln\alpha_0}{(x_0\cos\theta_0+y_0\sin\theta_0-\rho_0)^2} \tag{6-3-38}$$

其中，(x_0,y_0)为直线附近任意一点的坐标。

② 粗差的剔除。

为了剔除观测值中的粗差，采用选权迭代法，使粗差在平差过程中自动地被逐渐剔除。权函数为

$$W_{i,j}=\begin{cases}1, & \sigma_0^2<\sigma_n^2 \text{ 或 } \sigma_0^2/v_{ij}^2>1\\ \sigma_0^2/v_{ij}^2 & \text{其他}\end{cases} \tag{6-3-39}$$

③ 窗口。

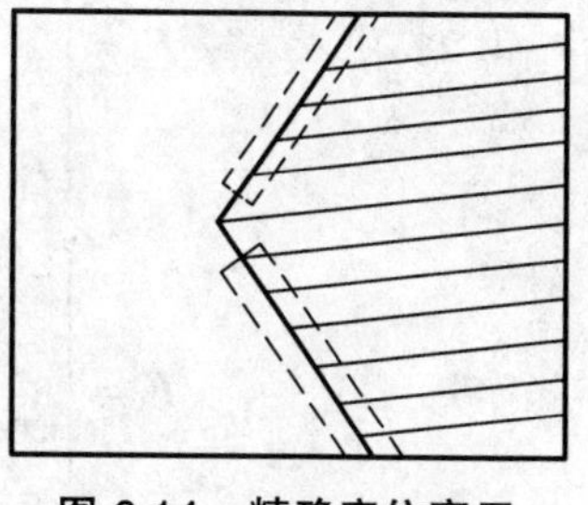
图 6.14 精确定位窗口

为了尽可能包含较多的直线信息及尽可能少非直线信息，在取得近似值后，精确定位窗口在粗定位矩形窗口中确定，并使其沿直线方向尽量长而在垂直于直线方向不要太宽，以减少不必要的信息对直线定位精度的影响。此外，角点附近的点由于两条直线的相互影响，也对定位不利，应当排除，精确定位窗口如图 6.14 所示。

④ 角点定位。

当组成角点的两条直线：

$$\left.\begin{aligned}\rho_1 = x\cos\theta_1 + y\sin\theta_1\\ \rho_2 = x\cos\theta_2 + y\sin\theta_2\end{aligned}\right\} \tag{6-3-40}$$

被确定后，它们的交点即角点 (x_c, y_c)：

$$\left.\begin{aligned}x_c = \frac{\rho_1\sin\theta_2 - \rho_2\sin\theta_1}{\sin(\theta_2 - \theta_1)}\\ y_c = \frac{\rho_2\cos\theta_1 - \rho_1\cos\theta_2}{\sin(\theta_2 - \theta_1)}\end{aligned}\right\} \tag{6-3-41}$$

⑤ 理论精度。

单位权中误差为 $\sigma_0 = \sqrt{\dfrac{\sum v^2}{n-4}}$ ，n 为观测值个数；法方程系数阵 $\boldsymbol{N}$ 的逆为协因素阵 $\boldsymbol{Q} = \boldsymbol{N}^{-1}$，则直线参数$\rho$、$\theta$的协因素阵为

$$\begin{bmatrix} q_{\rho\rho} & q_{\rho\theta} \\ q_{\theta\rho} & q_{\theta\theta} \end{bmatrix} \tag{6-3-42}$$

两直线的单位权中误差分别为 σ_{01}、σ_{02}，则两直线参数的协方差阵为

$$\boldsymbol{D} = \begin{bmatrix} {\sigma_{01}}^2 q_{\rho_1\rho_1} & {\sigma_{01}}^2 q_{\rho_1\theta_1} & 0 & 0 \\ {\sigma_{01}}^2 q_{\rho_1\theta_1} & {\sigma_{01}}^2 q_{\theta_1\theta_1} & 0 & 0 \\ 0 & 0 & {\sigma_{02}}^2 q_{\rho_2\rho_2} & {\sigma_{02}}^2 q_{\rho_2\theta_2} \\ 0 & 0 & {\sigma_{02}}^2 q_{\rho_2\theta_2} & {\sigma_{02}}^2 q_{\theta_2\theta_2} \end{bmatrix} \tag{6-3-43}$$

由式（6-3-41）可得

$$\mathrm{d}x_c = F_x^{\mathrm{T}} \cdot \mathrm{d}L\text{；}\quad \mathrm{d}y_c = F_y^{\mathrm{T}}\mathrm{d}L \tag{6-3-44}$$

其中，

$$\boldsymbol{F}_x=\begin{bmatrix}\sin\theta_2/\sin(\theta_2-\theta_1)\\-\rho_2\cos\theta_1/\sin(\theta_2-\theta_1)+x_c\cot(\theta_2-\theta_1)\\-\sin\theta_1/\sin(\theta_2-\theta_1)\\\rho_1\cos\theta_2/\sin(\theta_2-\theta_1)-x_c\cot(\theta_2-\theta_1)\end{bmatrix}\tag{6-3-45}$$

$$\boldsymbol{F}_y=\begin{bmatrix}-\cos\theta_2/\sin(\theta_2-\theta_1)\\-\rho_2\sin\theta_1/\sin(\theta_2-\theta_1)+y_c\cot(\theta_2-\theta_1)\\\cos\theta_1/\sin(\theta_2-\theta_1)\\\rho_1\sin\theta_2/\sin(\theta_2-\theta_1)-y_c\cot(\theta_2-\theta_1)\end{bmatrix}\tag{6-3-46}$$

由协方差传播律可得

$$\left.\begin{aligned}&\sigma_x^2=F_x^{\mathrm{T}}DF_x;\ \sigma_y^2=F_y^{\mathrm{T}}DF_y\\&\sigma_{xy}=F_x^{\mathrm{T}}DF_y\end{aligned}\right\}\tag{6-3-47}$$

则点位中误差σ_P为

$$\sigma_P=\sqrt{\sigma_x^2+\sigma_y^2}\tag{6-3-48}$$

同时还可以求得该点的点位误差椭圆。

通过对模拟角点影像的定位精度统计计算，该方法的理论定位精度为 0.02 像素。

6.4 核线影像

核线是摄影测量的一个基本概念。在图 6.15 中，通过摄影基线S_1S_2与任一物点A所作的平面称为通过点A的核面；通过像主点o的核面称为主核面。核面与影像面的交线称为核线。其中，l_1与l_2是通过同名像点a_1和a_2的一对同名核线。可见：重叠影像上的同名像点必然位于同名核线上。

这样，在自动搜索同名点时可沿核线搜索，将二维搜索转化为一维搜索，大大提高匹配的速度和可靠性。

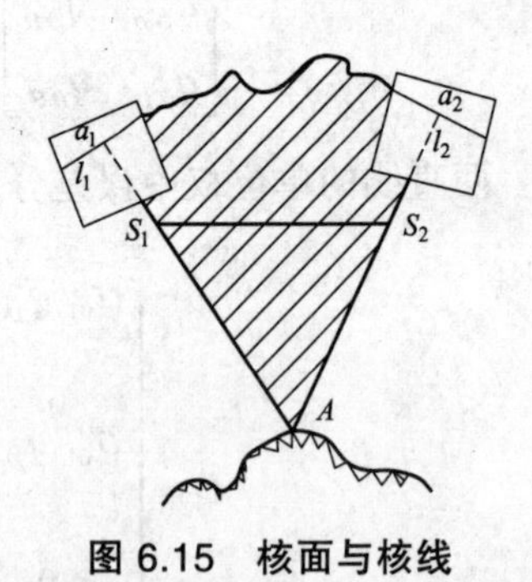

图 6.15　核面与核线

6.4.1 同名核线的确定

确定同名核线的方法很多，但基本上可以分为两类：一是基于数字影像几何纠正；二是基于共面条件。

1. 基于数字影像几何纠正的核线解析关系

在实际摄影的影像上，核线彼此互不平行，它们相交于核点。但是，将影像上的核线投影（或纠正）到“水平”影像对上时，则核线彼此互相平行。这里的“水平”是指影像平行于摄影基线的位置姿态。

如图 6.16 所示，以左影像 P 为例，P_0 为平行于摄影基线 B 的“水平”影像，l 为倾斜影像上的核线，l_0 为核线 l 在“水平”影像上的投影。设倾斜影像上的像点坐标为（x, y），“水平”影像上的像点坐标为（u, v），则

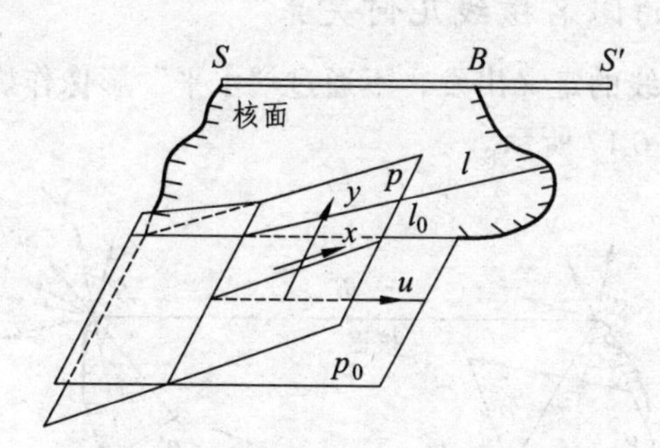

图 6.16　倾斜影像与“水平”影像

$$\left.\begin{aligned} x &= -f\cdot\frac{a_1u+b_1v-c_1f}{a_3u+b_3v-c_3f} \\ y &= -f\cdot\frac{a_2u+b_2v-c_2f}{a_3u+b_3v-c_3f} \end{aligned}\right\} \tag{6-4-1}$$

在“水平”影像上，v 等于某常数时表示某一核线。所以，将 $v=c$ 代入式（6-4-1），经整理得

$$\left.\begin{aligned} x &= \frac{d_1u+d_2}{d_3u+1} \\ y &= \frac{e_1u+e_2}{e_3u+1} \end{aligned}\right\} \tag{6-4-2}$$

当以等间隔取一系列的 u 值 $k\Delta$，$(k+1)\Delta$，$(k+2)\Delta$，…时，即可求得一系列的像点坐标 (x_0, y_0)，(x_1, y_1)，…。这些像点位于倾斜影像的同一条核线上。若将这些像点经重采样后的灰度 $g(x_0, y_0)$，$g(x_1, y_1)$，…直接赋给“水平”影像上相应的像点，即

$$g_0(k\Delta, c) = g(x_0, y_0)$$

$$g_0[(k+1)\Delta, c] = g(x_1, y_1)$$

……

就能获得“水平”影像上的核线影像。

由于在“水平”影像对上，同名核线的 v 坐标值相等，因此将同样的 $v'=c$ 代入右影像共线方程：

$$\left.\begin{aligned} x' &= -f\cdot\frac{a_1'u'+b_1'v'-c_1'f'}{a_3'u+b_3'v-c_3'f} \\ y' &= -f\cdot\frac{a_2'u+b_2'v-c_2'f}{a_3'u+b_3'v-c_3'f} \end{aligned}\right\} \tag{6-4-3}$$

即能获得右影像上的同名核线。

由以上分析可知，此方法的实质是一个数字纠正，即：将倾斜影像对上的核线投影（或纠正）到“水平”影像对上，求得“水平”影像对上的同名核线。

2. 基于共面条件的同名核线几何关系

这一方法是直接从核线的定义出发，不通过“水平”影像作媒介，直接在倾斜影像上获取同名核线，其原理如图 6.17 所示。

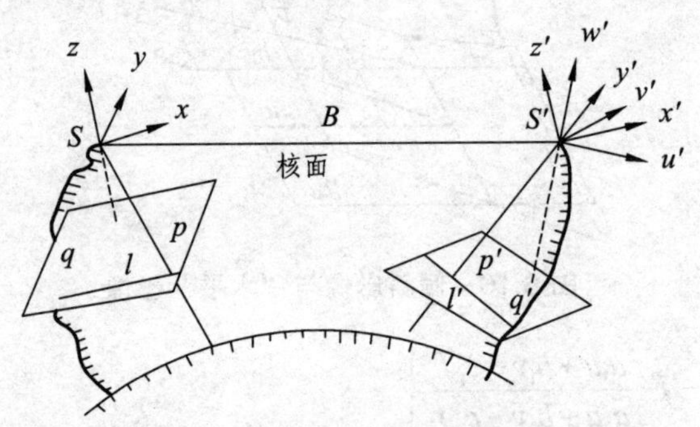

图 6.17　倾斜影像上的同名核线

核线在实际拍摄的影像上是直线。若 $p(x_p, y_p)$ 是左影像某一条核线上的一个像点，为了确定 p 点所在的核线方程，只需确定该核线上的另外一个点，如图 6.17 中的点 $q(x, y)$；同样，确定右同名核线，也只需确定右核线上的两个点，如图 6.17 中的点 p' 和点 q'。注意：这里并不要求 p 与 p' 或 q 与 q' 是同名点。

由于同一核线上的点均位于同一核面上，故左影像中，核线 pq 与摄影基线 B 满足共面条件：

$$B \cdot (Sp \times Sq) = 0 \tag{6-4-4}$$

改用坐标的形式表达为

$$\begin{vmatrix} B_x & B_y & B_z \\ x_p & y_p & z_p \\ x & y & z \end{vmatrix} = 0 \tag{6-4-5}$$

式中　B_x，B_y，B_z——摄影基线 B 在左影像像空间直角坐标系 $S\text{-}xyz$ 的三个坐标轴上的分量；

（x_p, y_p, z_p）——p 点在坐标系 $S\text{-}xyz$ 中的坐标。

（x, y, z）——q 点在坐标系 $S\text{-}xyz$ 中的坐标。$z_p = z = -f$

根据式（6-4-5）可求得左影像上通过 p 点的核线方程为

$$y = (A/B)x + (C/B)f \tag{6-4-6}$$

其中，

$$A = f \cdot B_y + y_p \cdot B_z$$
$$B = f \cdot B_x + x_p \cdot B_z$$
$$C = y_p \cdot B_x - x_p \cdot B_y$$

同理，在右影像上，$p'q'$与摄影基线 B 共在一个核面内，满足共面条件：

$$\begin{vmatrix} -u'_S & -v'_S & -w'_S \\ u'_p & v'_p & w'_p \\ u' & v' & -f \end{vmatrix} = 0 \tag{6-4-7}$$

式中　u'_S，v'_S，w'_S——摄影基线 B 在右影像像空间直角坐标系 $S'\text{-}u'v'w'$的三个坐标轴上的分量；

u'_p，v'_p，w'_p——p'点在右影像像空间直角坐标系 $S'\text{-}u'v'w'$中的坐标。

根据式（6-4-7）可得右核线的方程为

$$v' = (A'/B')u' + (C'/B')f \tag{6-4-8}$$

其中，

$$A' = v'_p w'_S - w'_p v'_S$$
$$B' = u'_p w'_S - w'_p u'_S$$
$$C' = v'_p u'_S - u'_p v'_S$$

$$[u'_P \quad v'_P \quad w'_P] = [x_P \quad y_P \quad -f]\boldsymbol{M}_{21}$$
$$[u'_S \quad v'_S \quad w'_S] = [B_X \quad B_Y \quad B_Z]\boldsymbol{M}_{21}$$

式中，$\boldsymbol{M}_{21}$是旋转矩阵，是以 S'为原点的坐标系 $S'\text{-}x'y'z'$旋转至右影像的像空间直角坐标系 $S'\text{-}u'v'w'$中的旋转矩阵，可以根据连续像对相对定向的结果获得。坐标系 $S'\text{-}x'y'z'$的三个坐标轴分别平行于坐标系 $S\text{-}xyz$ 的三个坐标轴。

根据式（6-4-6）、（6-4-8）所得的直线就是同名核线。它们也是美国陆军工程兵测绘研究所数字立体摄影测量系统的核线几何解析式。

若采用单独像对相对定向方位元素系统，也可得相类似的结果。由于在此系统中 $B_y = B_z = 0$，所以共面方程为

$$\begin{vmatrix} v_p & w_p \\ v & w \end{vmatrix} = 0 \tag{6-4-9}$$

其中，v、w 为像点的空间坐标：

$$\begin{cases} v = b_1 x + b_2 y - b_3 f \\ w = c_1 x + c_2 y - c_3 f \end{cases}$$

代入式（6-4-9）可得左影像核线方程为

$$y = (A/B)x + (C/B)f \tag{6-4-10}$$

式中，

$$A = v_p c_1 - w_p b_1$$
$$B = w_p b_2 - v_p c_2$$
$$C = w_p b_3 - v_p c_3$$

同理可得右影像上同名核线方程。

6.4.2 核线影像

由于在一般情况下数字影像的扫描行与核线并不重合，为了获取核线影像，必须对原始数字影像灰度进行重采样。按 6.4.1 所述的两种不同解析方式获取核线，相应地有两种不同的核线重采样方式。

1. 在“水平”影像上获取核线影像

如图 6.18 所示，图（a）为原始（倾斜）影像的灰度序列，图（b）为待定的平行于基线的“水平”影像。按式（6-4-2）依次将“水平”像片上的坐标 u、v 反算到原始影像上得 x、y。但是，由于所求得的像点（x，y）不一定恰好落在原始采样点上，如图 6.18（a）所示，还需要通过灰度重采样，先将原始影像上（x，y）点的灰度 $g(x, y)$内插出来，然后赋给“水平”像片上对应的像点(u, v)，即 $G(u, v) = g(x, y)$，可得核线影像。

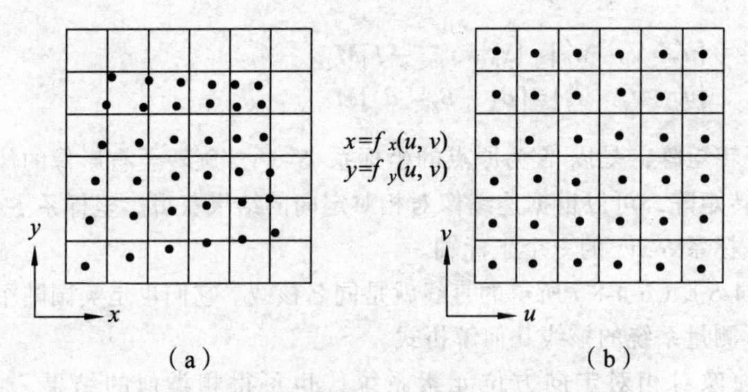

图 6.18 基于“水平”影像获取核线影像

2. 直接在倾斜影像上获取核线影像

根据核线几何关系式（6-4-6）可确定左影像中左核线的方向：

$$\tan K = \Delta y / \Delta x \tag{6-4-11}$$

其中，Δx、Δy 是左核线上任意两点分别在 x、y 方向上的坐标差。根据左核线的一个起点坐标及方向（K），即可确定左核线在左影像上的位置。

同理，根据核线几何关系式（6-4-8）可以确定右核线在右影像上的位置。

确定了核线在影像上的位置，下一步就是根据原始影像，通过灰度重采样，确定核线上每个像素的灰度，以获得核线影像。一般来说，灰度重采样可以选择线性内插法和邻近点法。

采用邻近点法，需判断核线上的像素中心落在原始影像上哪个像素中，即以此像素的灰度作为核线像素的灰度。如图 6.19 所示，由于对此核线而言 K 是常数，这说明只要从每条扫描线上取出 n 个像元素：

$$n = 1/\tan K \tag{6-4-12}$$

拼起来，沿核线进行像元素的重新排列，就能获得核线。

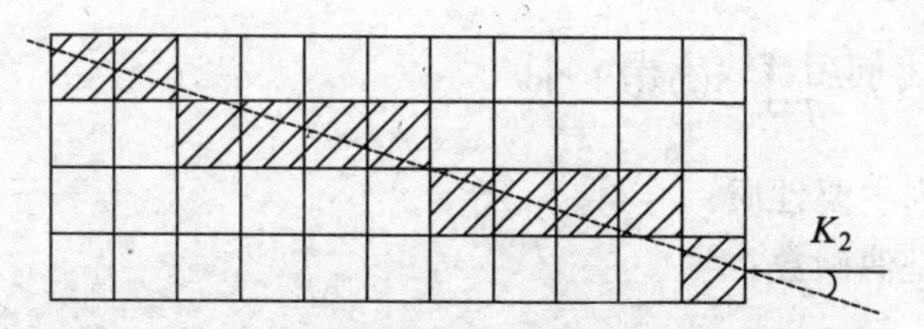

图 6.19 邻近点内插在原始影像上的排列核线

6.5 影像匹配的基本原理和方法

立体像对的量测是提取物体空间信息的基础，而立体像对量测的关键则是要确定同名像点在像片上的位置。数字摄影测量中以影像匹配代替传统的人工观测，达到同名像点自动识别和量测的目的。最初的影像匹配是利用相关技术实现的，因而有人也称影像匹配为影像相关，随后发展了多种影像匹配方法。

6.5.1 影像相关的基本原理

影像相关是利用互相关函数，评价两块影像的相似性，以确定同名点。具体地，首先取出以待定点为中心的小区域中的影像信号，然后取出其在另一影像中相应区域的影像信号，计算两者的相关函数，以相关函数最大值对应的相应区域的中心点即同名点。这就是自动化立体量测的基本原理。

1. 相关函数（最大）

两个随机信号 $x(t)$和 y(t)的互相关函数定义为

$$R_{xy}(\tau) = \int_{-\infty}^{+\infty} x(t)y(t+\tau)\mathrm{d}t \tag{6-5-1}$$

对信号能量无限的情况则取其统计平均值为

$$\bar{R}_{xy}(\tau) = \lim_{T\to\infty}\frac{1}{T}\int_0^T x(t)y(t+\tau)\mathrm{d}t \tag{6-5-2}$$

在实际应用中信号不可能是无限长的，即 T 是有限值，但 T 要适当地大，使其构成的统计方差小到可以接受。所以，互相关函数的实用估计公式为

$$\hat{R}_{xy}(\tau) = \frac{1}{T}\int_0^T x(t)y(t+\tau)\mathrm{d}t \tag{6-5-3}$$

当 $x(t) = y(t)$时，可得到自相关函数的定义与估计公式：

$$R_{xx}(\tau) = \int_{-\infty}^{+\infty} x(t)x(t+\tau)\mathrm{d}t \tag{6-5-4}$$

$$\bar{R}_{xx}(\tau) = \lim_{T\to\infty}\frac{1}{T}\int_0^T x(t)x(t+\tau)\mathrm{d}t \tag{6-5-5}$$

$$\hat{R}_{xx}(\tau)=\frac{1}{T}\int_0^T x(t)x(t+\tau)\mathrm{d}t \tag{6-5-6}$$

自相关函数有下列主要性质：

（1）自相关函数是偶函数：

$$R(\tau)=R(-\tau) \tag{6-5-7}$$

（2）自相关函数在 $\tau=0$ 处取得最大值，即

$$R(0)\geqslant R(\tau) \tag{6-5-8}$$

这个性质极为重要，它是相关技术确定同名像点的依据。

2. 影像相关的方式

由于原始像片中的灰度信息可以转换为电子、光学或数字等不同形式的信号，因而构成了电子相关、光学相关或数字相关等不同的相关方式。

（1）电子相关。

电子相关就是采用电子线路构成的相关器来实现影像相关的功能。其中常用的一种极性相关器（或称为二进制相关器），其基本原理是：将两个灰度信号经放大和限幅削波，得到两个二进制视频信号，如图 6.20 所示，这种信号只包括高电平和低电平两种；然后再将它们加到乘法器的输入端，获得两个信号相乘的结果 $A\cdot B$。这种乘法器的规则为：当 A、B 信号的极性相同时，则输出为+1；当 A、B 信号的极性相反时，则输出为 -1。并将两个信号相乘的结果 $A\cdot B$ 通过积分器求得相关函数 $\frac{1}{T}\int A\cdot B\mathrm{d}t$，其结果是个直流分量。当输出结果为+时，则两个信号相关；反之，当输出结果为-时，则两个信号不相关。电子相关最大的优点是实时响应。

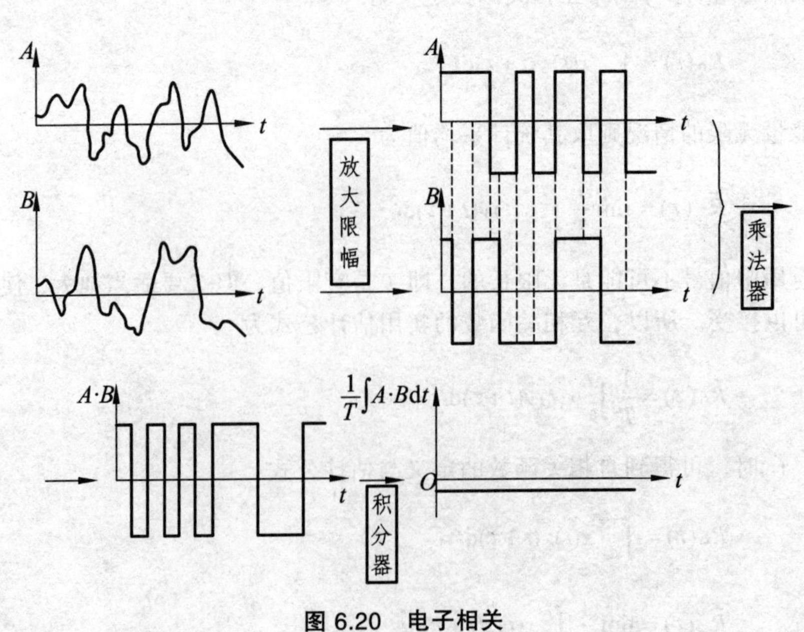

图 6.20　电子相关

（2）光学相关。

光学相关是光学信息处理的一部分，它的理论基础是光的干涉和衍射以及由此而导出的一个透镜的傅立叶变换特性。如图 6.21 所示，将一张透明正片 $g(x, y)$，其透过率为 $T(x, y)$，放在透镜的物方焦平面上，并用激光器的平行光照射，从光学上可以证明：在透镜的像方焦平面的光振幅分布 $G(u, v)$是 $g(x, y)$的傅立叶变换，即

$$G(u,v)=\int_{-\infty}^{+\infty}\int_{-\infty}^{+\infty}g(x,y)\exp[-j\frac{2\pi}{\lambda f}(xu+yv)]\mathrm{d}x\mathrm{d}y \tag{6-5-9}$$

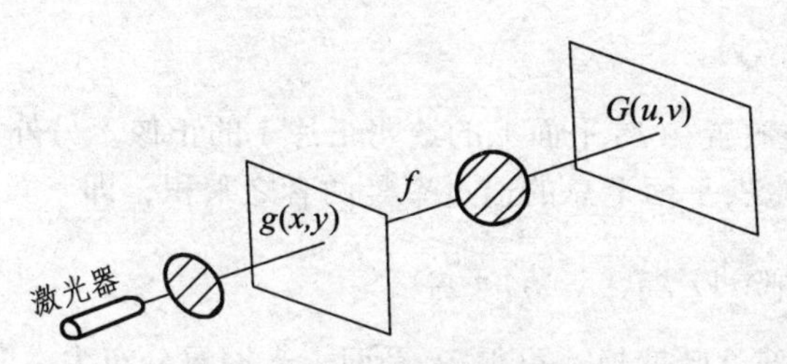

图 6.21　光学傅立叶变换

此公式是一个二维傅立叶变换表达式。其中，u、v 是空间频率，λ 是激光的波长，f 是透镜的焦距。

利用透镜的这种傅立叶变换的特性，可以构成“相干光学处理系统”或“相干光学计算机”。

图 6.22 是一种相干光学处理系统。这种光学相关系统由三个傅立叶透镜 l_1、l_2、l_3 及激光源与光电倍增管等器件组成。

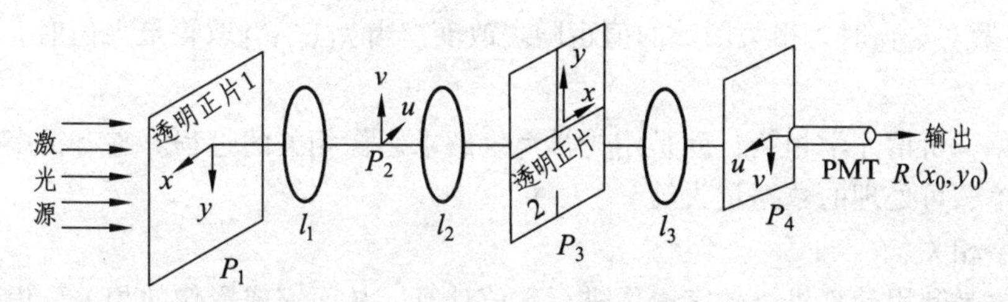

图 6.22　光学相关

在 l_1 物方焦平面 P_1 上放置透明正片 1，放置时将平面坐标系绕主光轴旋转 180°，在激光源的照明下，在 P_1 平面上的透过率为

$$P_1:g_1(-x,-y)$$

通过透镜 l_1 的傅立叶变换，在 P_2 平面上光振幅分布为

$$\int_{-\infty}^{+\infty}\int_{-\infty}^{+\infty}g_1(-x,-y)\exp[-j\frac{2\pi}{\lambda f}(xu+yv)]\mathrm{d}x\mathrm{d}y \tag{6-5-10}$$

$$=\int_{-\infty}^{+\infty}\int_{-\infty}^{+\infty}g_1(-x,-y)\exp\left\{-j\frac{2\pi}{\lambda f}[(-x)(-u)+(-y)(-v)]\right\}\mathrm{d}x\mathrm{d}y$$

$$=G_1(-u,-v)$$

在 P_2 平面中心有一个直流挡块，即在 $u=0$，$v=0$ 处的光强被挡住不能通过，其目的是滤去直流分量（相当于去掉灰度平均值）。然后滤去直流分量的 $G_1(-u,-v)$，经过 l_2 再次作傅立叶变换：

$$\begin{aligned}&\int_{-\infty}^{+\infty}\int_{-\infty}^{+\infty} G_1(-u,-v)\exp\left[-j\frac{2\pi}{\lambda f}(xu+yv)\right]\mathrm{d}u\mathrm{d}v \\ &=\int_{-\infty}^{+\infty}\int_{-\infty}^{+\infty} G_1(-u,-v)\exp\left\{+j\frac{2\pi}{\lambda f}[x(-u)+y(-v)]\right\}\mathrm{d}u\mathrm{d}v \\ &=g_1(x,y)\end{aligned} \tag{6-5-11}$$

在 P_3 平面上获得被放置在 P_1 平面上的透明正片 1 的正像。另外，在 P_3 平面正置透明正片 2，并移位 x_0、y_0，则 P_3 平面上总的透过率是两者之乘积，即

$$P_3: g_1(x,y)\cdot g_2(x+x_0,y+y_0)$$

它通过透镜 l_3 再次实现傅立叶变换，可得 P_4 平面上光振幅分布为

$$\int_{-\infty}^{+\infty}\int_{-\infty}^{+\infty} g_1(x,y)g_2(x+x_0,y+y_0)\exp\left[-j\frac{2\pi}{\lambda f}(xu+yv)\right]\mathrm{d}x\mathrm{d}y$$

则在 P_4 平面中心（即 $u=0, v=0$）处获可得两个影像的相关函数：

$$R(x_0,y_0)=\int_{-\infty}^{+\infty}\int_{-\infty}^{+\infty} g_1(x,y)g_2(x+x_0,y+y_0)\mathrm{d}x\mathrm{d}y \tag{6-5-12}$$

P_4 平面中心用一个光电倍增管 PMT 接收信号 R（x，y），并放大输出。当移动透明正片 2，改变位移量 x_0、y_0 时，相关函数的值也随之改变。当 $R(x_0,y_0)$ 取得最大值时，即认为同名点获得匹配。

由此可见，所谓光学相关，就是用光学系统解求影像相关的过程。它有很多优点，如装置的结构简单、可处理的数据量大等。

（3）数字相关。

数字相关是利用计算机对数字影像进行数值计算，从而完成影像的相关，识别两幅或多幅影像上的同名像点。一般情况下，在影像上搜索同名点是一个二维搜索即二维相关的过程。1972 年 Masry、Helava 和 Chapelle 等学者引入了核线相关原理，当影像的方位元素已知时，可以利用同名核线，将二维相关化为一维相关，从而极大提高相关的运算速度，使数字相关技术在数字摄影测量中的应用得到了迅速发展。

① 二维相关。

二维相关时，先在左影像上确定一个待定点（目标点）。以此待定点为中心，选取 $m\times n$（可取 $m=n$）个像素的灰度阵列作为目标区或目标窗口。为了在右影像上搜索同名点，必须估计出该同名点在右影像上可能存在的范围，建立一个 $k\times 1$（$k>m$，$1>n$）个像素的灰度阵列作为搜索区，相关的过程就是依次在搜索区中取出 $m\times n$ 个像素的灰度阵列作为搜索窗口，计算其与目标窗口的相似性测度。以相关系数为例：

$$\rho_{ij}\left(i=i_0-\frac{l}{2}+\frac{n}{2},\ \ldots,\ i_0+\frac{l}{2}-\frac{n}{2};\ j=j_0-\frac{k}{2}+\frac{m}{2},\ \ldots,\ j_0+\frac{k}{2}-\frac{m}{2}\right)$$

式中，(i_0, j_0) 为搜索中心像素，如图 6.23 所示。当 ρ 取得最大值时，该搜索窗口的中心像素被认为是同名点，即当

$$\rho_{c,r} = \max\left\{\rho_{ij} \left| \begin{aligned} i &= i_0 - \frac{l}{2} + \frac{n}{2}, \dots, i_0 + \frac{l}{2} - \frac{n}{2} \\ j &= j_0 - \frac{k}{2} + \frac{m}{2}, \dots, j_0 + \frac{k}{2} - \frac{m}{2} \end{aligned} \right. \right\} \tag{6-5-13}$$

时，（c，r）为目标点的同名点。

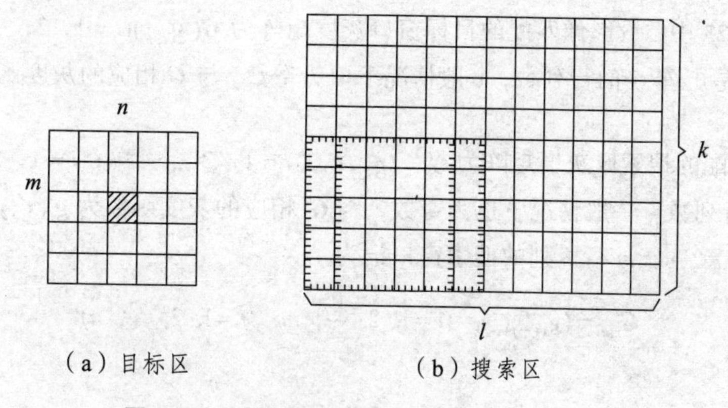

图 6.23　二维相关目标区与搜索区

② 一维相关。

一维相关也称核线相关。在确定或已知影像的方位元素时，可以通过 6.4 节的方法建立核线影像。由于同名像点必然位于同名核线上，所以此时的同名点搜索只需在核线一个方向上进行，即只进行一维核线影像相关。

理论上，目标区与搜索区均可以是一维窗口。但是，为了保证相关结果的可靠性，提高精度，应选用较多的像素参加计算，因此一维相关目标区的选取一般与二维相关时相同，即取一个以待定点为中心的 $m \times n$ 个像素的灰度阵列作为目标区，如图 6.24 所示，此时搜索区为 $m \times l(l > n)$个像素的灰度阵列。搜索工作只在核线一个方向进行，计算目标窗口和搜索窗口灰度的相似性测度，当

$$\rho_c = \max\left\{\rho_i \left| i = i_0 - \frac{l}{2} + \frac{n}{2},\ \dots,\ i_0 + \frac{l}{2} - \frac{n}{2} \right. \right\} \tag{6-5-14}$$

时，（c，j_0）为同名点，（i_0，j_0）为搜索区中心。

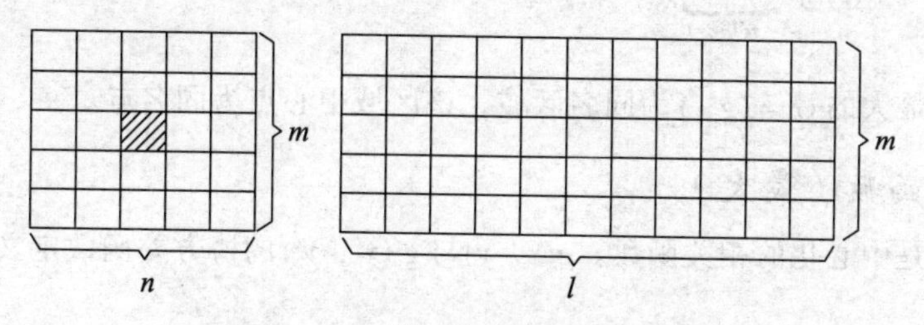

图 6.24　一维相关目标区与搜索区

6.5.2 影像匹配的五种基本匹配测度

如何寻找和确定同名点是影像匹配的目的，而同名点的确定是以相似性匹配测度为基础的。因此，如何定义匹配测度，成为影像匹配首要任务。前面介绍的相关函数和相关系数都可作为相似性匹配测度，当然也可以不选择相关函数，或基于不同的理论不同的思想，定义各种不同的匹配测度，从而形成各种不同的影像匹配方法以及相应的实现算法。

下面介绍影像匹配中常用的五种相似性匹配测度。

在图 6.23 中，设影像匹配的目标窗口灰度矩阵为 $\boldsymbol{G}(g_{i,j})(i=1, 2, \cdots, m; j=1, 2, \cdots, n)$, m 与 n 是矩阵 $\boldsymbol{G}$ 的行列数，一般情况下取为奇数，与 $\boldsymbol{G}$ 相应的灰度函数为 $g(x,y)$, $(x,y)\in$ 目标区 D。

影像匹配的搜索区灰度矩阵为 $\boldsymbol{G}'=(g'_{i,j})$，($i=1, 2, \cdots, k$; $j=1, 2, \ldots, l$), k 与 l 是矩阵 $\boldsymbol{G}'$ 的行列数，一般情况下也为奇数，与 $\boldsymbol{G}'$ 相应的灰度函数为 $g'(x',y')$, $(x',y')\in D'$。

G' 中任意一个 m 行 n 列的搜索窗口记为

$$\boldsymbol{G}'_{r,c}=(g'_{i+r,j+c}), \quad (i=1, 2, \cdots, m; \quad j=1, 2, \cdots, n)$$

其中，

$$r=\mathrm{INT}\left(\frac{m}{2}\right)+1,\cdots,k-\mathrm{INT}\left(\frac{m}{2}\right)$$
$$c=\mathrm{INT}\left(\frac{n}{2}\right)+1,\cdots,l-\mathrm{INT}\left(\frac{n}{2}\right)$$

则常用的影像相似性评判测度如下：

1. 相关函数（最大）

$g(x,y)$ 与 $g'(x',y')$ 的相关函数定义为

$$R(p,q)=\iint_{(x,y)\in D} g(x,y)g'(x+p,y+q)\mathrm{d}x\mathrm{d}y \tag{6-5-15}$$

其离散化的估计公式为

$$R(c,r)=\sum_{i=1}^{m}\sum_{j=1}^{n} g_{i,j}\cdot g'_{i+r,j+c} \tag{6-5-16}$$

选择相关函数值最大的 $G'=(g'_{i,j})$ 为同名区域，该区域中心点为同名点。

2. 协方差函数（最大）

协方差函数是中心化的相关函数。$g(x, y)$与 $g'(x', y')$ 的协方差函数定义为

$$\left.\begin{aligned}&C(p,q)=\iint_{(x,y)\in D}\{g(x,y)-E[g(x,y)]\}\{g'(x+p,y+q)-E[g'(x+p,y+q)]\}\mathrm{d}x\mathrm{d}y\\&\text{其中，}\ E[g(x.y)]=\frac{1}{|D|}\iint_{(x,y)\in D}g(x,y)\mathrm{d}x\mathrm{d}y\\&E[g'(x+p,y+q)]=\frac{1}{|D|}\iint_{(x,y)\in D}g'(x+p,y+q)]\mathrm{d}x\mathrm{d}y\end{aligned}\right\}\qquad(6\text{-}5\text{-}17)$$

$|D|$为 D 的面积。

协方差函数的离散化实用估计公式为

$$\left.\begin{aligned}&C(c,r)=\sum_{i=1}^{m}\sum_{j=1}^{n}(g_{i,j}-\overline{g})\cdot(g'_{i+r,j+c}-\overline{g}')\\&\overline{g}'=\frac{1}{m\cdot n}\sum_{i=1}^{m}\sum_{j=1}^{n}g'_{i+r,j+c}\text{；}\ \overline{g}=\frac{1}{m\cdot n}\sum_{i=1}^{m}\sum_{j=1}^{n}g_{i,j}\end{aligned}\right\}\qquad(6\text{-}5\text{-}18)$$

当两幅影像的灰度强度平均相差一个常量时，应用协方差测度可不受影响。选择协方差函数值最大的 $G'=(g'_{i,j})$ 为同名区域，该区域中心点为同名点。

3. 相关系数（最大）

相关系数是标准化的协方差函数，协方差函数除以两信号的方差即得相关系数。$g(x，y)$ 与 $g'(x',y')$ 的相关系数定义为

$$\rho(p,q)=\frac{C(p,q)}{\sqrt{C_{gg}(p,q)C_{g'g'}(p,q)}}\qquad(6\text{-}5\text{-}19)$$

其中，

$$C_{gg}(p,q)=\iint_{(x,y)\in D}\{g(x,y)-E[g(x,y)]\}^2\,\mathrm{d}x\mathrm{d}y$$

$$C_{g'g'}(p,q)=\iint_{(x,y)\in D}\{g'(x+p,y+q)-E[g'(x+p,y+q)]\}^2\,\mathrm{d}x\mathrm{d}y$$

其离散化的估计公式为

$$\left.\begin{aligned}&\rho(c,r)=\frac{\sum_{i=1}^{m}\sum_{j=1}^{n}(g_{i,j}-\overline{g})\cdot(g'_{i+r,j+c}-\overline{g}'_{r,c})}{\sqrt{\sum_{i=1}^{m}\sum_{j=1}^{n}(g_{i,j}-\overline{g})^2\cdot\sum_{i=1}^{m}\sum_{j=1}^{n}(g'_{i+r,j+c}-\overline{g}'_{r,c})^2}}\\&\overline{g}'_{r,c}=\frac{1}{m\cdot n}\sum_{i=1}^{m}\sum_{j=1}^{n}g'_{i+r,j+c}\text{；}\ \overline{g}=\frac{1}{m\cdot n}\sum_{i=1}^{m}\sum_{j=1}^{n}g_{i,j}\end{aligned}\right\}\qquad(6\text{-}5\text{-}20)$$

考虑到计算工作量，相关系数的实用公式为

$$\rho(c,r)=\frac{\sum_{i=1}^{m}\sum_{j=1}^{n}(g_{i,j}\cdot g'_{i+r,j+c})-\frac{1}{m\cdot n}\left(\sum_{i=1}^{m}\sum_{j=1}^{n}g_{i,j}\right)\left(\sum_{i=1}^{m}\sum_{j=1}^{n}g'_{i+r,j+c}\right)}{\sqrt{\left[\sum_{i=1}^{m}\sum_{j=1}^{n}g_{i,j}^{2}-\frac{1}{m\cdot n}\left(\sum_{i=1}^{m}\sum_{j=1}^{n}g_{i,j}\right)^{2}\right]\left[\sum_{i=1}^{m}\sum_{j=1}^{n}g'^{2}_{i+r,j+c}-\frac{1}{m\cdot n}\left(\sum_{i=1}^{m}\sum_{j=1}^{n}g'_{i+r,j+c}\right)^{2}\right]}} \qquad (6\text{-}5\text{-}21)$$

相关系数的取值范围满足：

$$|\rho|\leqslant 1$$

相关系数是灰度线性变换的不变量，即灰度矢量经线性变换后相关系数是不变的，可避免灰度之间的线性畸变对匹配结果的影响。选择相关系数值最大的 $G'=(g'_{i,j})$ 为同名区域，该区域中心点为同名点。

4. 差平方和（最小）

$g(x,\ y)$与 $g'(x',y')$ 的差平方和为

$$S^{2}(p,q)=\iint\limits_{(x,y)\in D}[g(x,y)-g'(x+p,y+q)]^{2}\,\mathrm{d}x\mathrm{d}y \qquad (6\text{-}5\text{-}22)$$

其离散灰度数据的计算公式为

$$S^{2}(c,r)=\sum_{i=1}^{m}\sum_{j=1}^{n}(g_{i,j}-g'_{i+r,j+c})^{2} \qquad (6\text{-}5\text{-}23)$$

选择差平方和最小的 $G'=(g'_{i,j})$ 为同名区域，该区域中心点为同名点。

5. 差绝对值和（最小）

$g(x,\ y)$与 $g'(x',y')$ 的差绝对值和为

$$S(p,\ q)=\iint\limits_{(x,y)\in D}|g(x,\ y)-g'(x+p,\ y+q)|\,\mathrm{d}x\mathrm{d}y \qquad (6\text{-}5\text{-}24)$$

其离散灰度数据的计算公式为

$$S(c,r)=\sum_{i=1}^{m}\sum_{j=1}^{n}|g_{i,\ j}-g'_{i+r,\ j+c}| \qquad (6\text{-}5\text{-}25)$$

选择差绝对值和最小的 $G'=(g'_{i,j})$ 为同名区域，该区域中心点为同名点。

6.5.3 影像相关的谱分析

基于相关函数完成影像的相似性评判，前提是影像的相关函数需已知。由于影像的灰度不是一个简单的函数，因此对一个大面积的影像不可能用任何一种解析函数描述其灰度曲面，对它的相关函数也就很难估计。维纳（Wiener）与辛钦（Khintchine）的研究结果为我们提供了一种估计相关函数的方法，即：从影像的功率谱估计可以很容易地得到其相关函数的估计。

因此在影像功率谱及函数估计的基础上，可分析相关过程的各种问题及可能采取的策略，对数字相关系统的设计具有十分重要的指导意义。

1. 维纳-辛钦定理

两个随机信号 $x(t)$和 $y(t)$的傅立叶变换为 $X(f)$与 $Y(f)$，则 $x(t)$的自功率谱为

$$S_x(f) = \left|X(f)^2\right| \tag{6-5-26}$$

$x(t)$与 $y(t)$的互功率谱为

$$S_{xy}(f) = X^*(f)Y(f) \tag{6-5-27}$$

其中，$X^*(f)$为 $X(f)$的复共轭，$|\ |$表示模。

维纳-辛钦定理：随机信号的相关函数与其功率谱是一对傅立叶变换对，即相关函数的傅立叶变换即功率谱，而功率谱的逆傅立叶变换即相关函数：

$$R_{xy}(\tau) \Leftrightarrow S_{xy}(f) \tag{6-5-28}$$

由维纳-辛钦定理，我们可以先对影像的功率谱进行估计，经逆傅立叶变换就可以得到影像的相关函数的估计。

2. 影像功率谱的估计

对一些有代表性的影像进行功率谱估计，可获得如图 6.25 用虚线所示的曲线。大量的实验表明，航空影像功率谱近似呈指数曲线状。对影像功率谱进行估计，其结果不仅可以进一步用于相关函数的估计，还可以对信号的截止频率进行估计以确定采样间隔。

影像功率谱的估计步骤如下：

（1）读取影像灰度 g，采用一定的截断窗口（如最小能量矩窗或其他有较小旁瓣的截断窗口）进行处理，以减小估计的偏移。

（2）用快速傅立叶变换（Fast Fourier Transform—FFT）计算信号的傅立叶变换 $G(f)$。

（3）计算功率谱估计值：

$$S(f) = \left|G(f)\right|^2 \tag{6-5-29}$$

（4）为了减小估计的方差，进行估计值的平滑（可用简单的移动平移法）。

（5）用最小二乘拟合法计算指数曲线参数，得到功率谱估计函数：

$$\hat{S}(f) = be^{-a|f|} \quad (a > 0) \tag{6-5-30}$$

其中，a、b 为所估计的参数。

标准化功率谱估计为

$$\hat{S}(f) = \mathrm{e}^{-a|f|} \quad (a > 0) \tag{6-5-31}$$

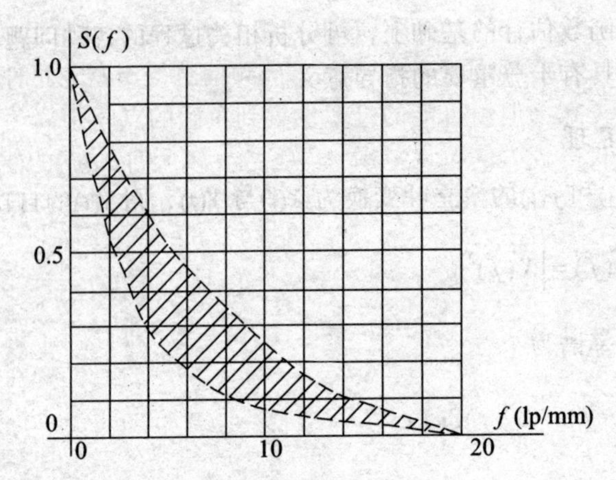

图 6.25　影像功率谱估计

3. 相关函数的估计

由维纳-辛钦定理及式（6-5-31）可得影像的相关函数估计：

$$
\begin{aligned}
R(\tau) &= \int_{-\infty}^{+\infty} \mathrm{e}^{-a|f|}\mathrm{e}^{j2\pi f\tau}\mathrm{d}f \\
&= \int_{-\infty}^{0} \mathrm{e}^{af+j2\pi f\tau}\mathrm{d}f + \int_{0}^{+\infty} \mathrm{e}^{-(af-j2\pi f\tau)}\mathrm{d}f \\
&= \int_{0}^{\infty} \mathrm{e}^{-(af+j2\pi f\tau)}\mathrm{d}f + \int_{0}^{\infty} \mathrm{e}^{-(af-j2\pi f\tau)}\mathrm{d}f \\
&= \frac{1}{a+j2\pi\tau} + \frac{1}{a-j2\pi\tau} \\
&= \frac{2a}{a^2+4\pi\tau^2}
\end{aligned}
\tag{6-5-32}
$$

使 $R(0)=1$，可得

$$
R(\tau) = \frac{1}{1+4\pi^2\left(\dfrac{\tau}{a}\right)^2} \tag{6-5-33}
$$

当 $a=0.2$ 时，其曲线如图 6.26 所示。

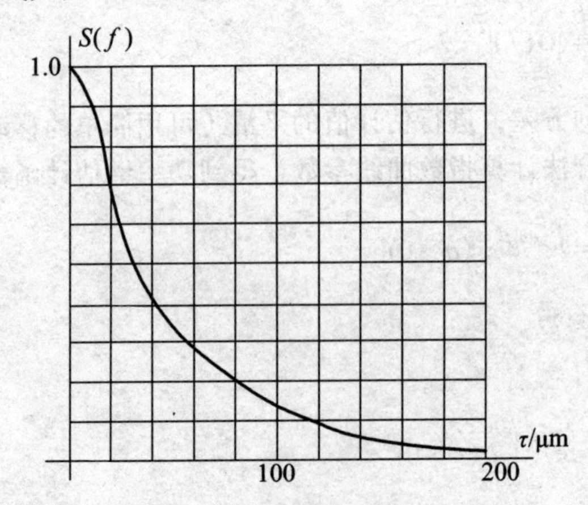

图 6.26　相关函数估计

由式（6-5-31）与式（6-5-33）可以看出：相关函数与灰度信号的频谱有关。

当系数 a 较小时，$S(f)$的曲线形态较平缓，高频信息较丰富，此时相关函数 $R(\tau)$的曲线形态较陡峭，相关精度较高，但由可能的近似位置到正确的点间距离（称为拉入范围）较小。这就要通过低通滤波获得较大的拉入范围。当系数 a 较大时，$S(f)$的曲线形态较陡峭，低频信息占优势，因而相关函数 $R(\tau)$的曲线形态较平缓，相关精度较差，但拉入范围较大，相关结果出错的概率较小。

以上的讨论均基于较大的影像范围（一般含 512 个以上灰度值）内的功率谱与相关函数，其自相关函数一般只有一个极值（峰值）点，且当 $\tau=0$ 时取得最大值。但实际上，相关运算必须在相当小的范围内进行，此时其功率谱常常会在一定的频带特别强。此外，信号中可能混淆的“窄带随即噪声”也就突出了。此时的自相关函数具有多个极值点。互相关函数的情况则更为复杂，多极值的情况更多，并且有时最大值与同名点不相对应，从而使相关失败。

6.5.4 金字塔影像相关（分频道相关）

通过相关函数的谱分析可知，当信号中高频成分较少时，相关函数曲线趋平缓，相关精度较差，但相关的拉入范围较大；反之，当高频成分较多时，相关函数曲线较陡峭，相关精度较高，但相关拉入范围较小。此外，当信号中存在高频窄带随机噪声或信号中存在较强的高频信号时，相关函数出现多峰值，因此会出现错误匹配。综合考虑相关结果的可靠性与精度，应该采用从粗到精的相关策略。这个方法中需要生成金字塔影像，称为金字塔影像相关。金字塔影像结构见 6.1.3 节。

金字塔影像相关的基本思想是：先对原始信号进行低通滤波，进行粗相关，将其结果作为预测值，逐渐加入较高的频率成分，在逐渐变小的搜索区中进行相关，最后用原始信号，以得到最好的精度。也称为分频道相关法。

分频道可采用两像元平均、三像元平均、四像元平均等等分若干频道的方法。

（1）两像元平均分频道如图 6.27 所示：一频道是取样间隔为Δt 的原始灰度数据；二频道是间隔为 $2\Delta t$、灰度值为一频道中相邻两像元灰度平均值；三频道是间隔为 $4\Delta t$、灰度值为二频道中相邻两像元灰度平均值，依次类推。

（2）三像元平均分频道如图 6.28 所示：一频道是取样间隔为Δt 的原始灰度数据；二频道是间隔为 $3\Delta t$、灰度值为一频道中相邻三像元灰度平均值；三频道是间隔为 $9\Delta t$、灰度值为二频道中相邻三像元灰度平均值，依次类推。

<table>
<tr><td>1</td><td>2</td><td>3</td><td>4</td><td>5</td><td>6</td><td>7</td><td>8</td><td>9</td><td>10</td><td>11</td><td>12</td></tr>
<tr><td colspan="2">1</td><td colspan="2">2</td><td colspan="2">3</td><td colspan="2">4</td><td colspan="2">5</td><td colspan="2">6</td></tr>
<tr><td colspan="4">1</td><td colspan="4">2</td><td colspan="4">3</td></tr>
</table>

图 6.27　两像元平均分频道

<table>
<tr><td>1</td><td>2</td><td>3</td><td>4</td><td>5</td><td>6</td><td>7</td><td>8</td><td>9</td><td>10</td><td>11</td><td>12</td></tr>
<tr><td colspan="3">1</td><td colspan="3">2</td><td colspan="3">3</td><td colspan="3">4</td></tr>
<tr><td colspan="9">1</td><td colspan="3">2</td></tr>
</table>

图 6.28　三像元平均分频道

以上分频道是对一维情况的分析，实际相关是对二维影像的处理。通过每 $2\times2=4$ 个像元平均为一个像元构成第二级影像，再在第二级影像的基础上构成第三级影像，如此下去，最后构成如图 6.1 所示的金字塔影像（Pyramid）或分层结构影像，其每层的像元个数均是下一层的 1/4。对应一维情况的三像元平均分频道相关则是每 $3\times3=9$ 个像数平均构成上一层影像的一个像素，每一层影像的像素总数均是其下一层影像像素总数的 1/9。

金字塔影像的形成可以采用移动平均这种最简单的低通滤波方法，也可采用复杂的、较理想的低通滤波方法，如高斯滤波等。相关过程与前一部分所述相同，即先在最上一层影像相关，将其结果作为初值，再在下一层进行影像相关，最后在原始影像上相关，实现一个从粗到精的匹配过程。

6.5.5　基于物方的影像匹配法

以上介绍的影像匹配方法是将一张像片作为参考影像，然后在另一张影像上进行搜索，以确定同名点，之后，它还需进行空间前方交会，解算其对应物点的空间三维坐标（X，Y，Z），然后再利用这些点内插出建立数字地面模型时所需的格网点高程，这势必会影响坐标的计算精度。能否通过匹配，直接确定物体表面点的空间三维坐标呢？基于物方的影像匹配方法可以达到这个目的。

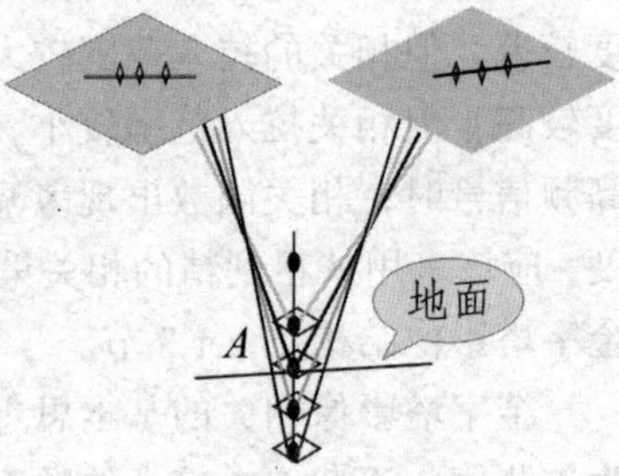

图 6.29　VLL 法

假设在物方有一条铅垂线轨迹，它在左右影像上的投影均是一直线。如图 6.29 所示。其具体步骤如下：

（1）给定地面点 A 的平面坐标（X，Y）与近似最低高程 $Z_{\min}$，高程搜索步距 ΔZ 可由所要求的高程精度确定。

（2）地面点 A 可能的高程为

$$Z_i = Z_{\min} + i\cdot\Delta Z \quad （i=0，1，2，\cdots） \tag{6-5-34}$$

根据 A 点的平面坐标（X，Y）和式（6-5-34）确定的 A 点高程 Z，由共线条件方程分别计算左右像点的坐标 (x_i',y_i') 与 (x_i'',y_i'')：

$$\left.\begin{aligned}
x_i' &= -f\frac{a_1'(X-X_S')+b_1'(Y-Y_s')+c_1'(Z-Z_s')}{a_3'(X-X_S')+b_3'(Y-Y_s')+c_3'(Z-Z_s')}\\
y_i' &= -f\frac{a_2'(X-X_S')+b_2'(Y-Y_s')+c_2'(Z-Z_s')}{a_3'(X-X_S')+b_3'(Y-Y_s')+c_3'(Z-Z_s')}\\
x_i'' &= -f\frac{a_1''(X-X_S'')+b_1''(Y-Y_s'')+c_1''(Z-Z_s'')}{a_3''(X-X_S'')+b_3''(Y-Y_s'')+c_3''(Z-Z_s'')}\\
y_i'' &= -f\frac{a_2''(X-X_S'')+b_2''(Y-Y_s'')+c_2''(Z-Z_s'')}{a_3''(X-X_S'')+b_3''(Y-Y_s'')+c_3''(Z-Z_s'')}
\end{aligned}\right\} \tag{6-5-35}$$

（3）分别以 (x_i',y_i') 与 (x_i'',y_i'') 为中心在左右影像上取影像窗口 w、w'；计算左右对应窗口 w、w' 的相似性匹配测度，如选择相关系数 ρ_i，也可以选择其他匹配测度。

（4）将 i 的值增加 1，重复（2）、（3）两步，得到 ρ_0，ρ_1，ρ_2，...，ρ_n，取其中的最大值 ρ_k：

$$\rho_k = \max\{\rho_0, \rho_1, \rho_2, \ldots, \rho_n\} \tag{6-5-36}$$

其对应高程为 $Z_k = Z_{\min} + k \cdot \Delta Z$，则认为地面点 A 的高程为 $Z = Z_k$；A 点的物方坐标为（X，Y，Z）。

还可以利用 ρ_k 及其相邻的几个相关系数拟合一条抛物线，以其极值对应的高程作为 A 点的高程，以进一步提高精度；或以更小的高程步距在一小范围内重复以上过程。

称上述方法为铅垂线轨迹法（Vertical Line Locus—VLL），简称 VLL 法。

6.5.6 影像匹配精度

1. 整像素相关的精度

影像相关是根据左影像上作为目标区的影像窗口与右影像上搜索区内相对应的相同大小的影像窗口相比较，求得一个相关系数。对搜索区内所有取作中心点的像素窗口依次逐个进行相同的过程，获得一系列相关系数，其中最大相关系数所在搜索区窗口的中心像素坐标，就认为是寻求的同名点。由于左右影像采样时的差别，同名像素的中心点一般并不是真正的同名点，真正的同名点可能偏离像素中心点半个像素之内，这就使得相关产生了误差，且该误差服从 $\left[-\frac{\Delta}{2}, +\frac{\Delta}{2}\right]$ 内的均匀分布（Δ 为像素大小），其相关精度为

$$\sigma_x^2 = \int_{-\frac{\Delta}{2}}^{+\frac{\Delta}{2}} x^2 \rho(x) \mathrm{d}x \tag{6-5-37}$$

因为

$$\rho(x) = \begin{cases} 1/\Delta, & |x| \leqslant \frac{\Delta}{2} \\ 0 & \end{cases} \tag{6-5-38}$$

所以

$$\begin{aligned} \sigma_x^2 &= \frac{\Delta^2}{12}, \\ \sigma_x &= 0.29\Delta \end{aligned} \tag{6-5-39}$$

即整像素匹配的理论精度为 0.29 像素，或约为 1/3 像素。所谓理论精度就是假设被匹配的两个影像窗口不存在几何变形，真正代表物理概念上的同名点。

可见，影像匹配即使在定位到整像素的情况下，其理论精度可以达到大约 0.3 像素的精度。若非如此，则说明匹配有粗差。

2. 用相关系数的抛物线拟合以提高相关精度

为了进一步发掘相关算法的潜力，把同名点求得精确一些，如图 6.30 所示，可以把 i 点

左右若干点处（如取左右各两个点，共 5 个点）所求得的 5 个相关系数值，用二次抛物曲线拟合，然后求得二次抛物曲线上峰值的位置 k 对应的坐标作为所寻求的同名点。

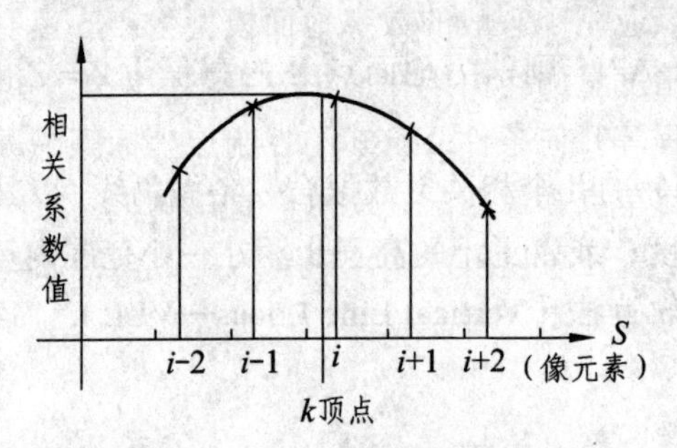

图 6.30　相关系数抛物线拟合

取用二次抛物线方程的一般形式为

$$\rho(s)=A+B\cdot S+C\cdot S^2 \tag{6-5-40}$$

式中的参数 A、B、C，需根据 5 个点的坐标和对应相关系数值，通过最小二乘平差解算求得。此时抛物线顶点 k 处的位置为

$$k=i-\frac{B}{2C} \tag{6-5-41}$$

当取 i 点相邻像元共 3 个相关系数进行抛物线拟合时，可得方程组：

$$\left.\begin{aligned}\rho_{i-1}&=A-B+C\\ \rho_i&=A\\ \rho_{i+1}&=A+B+C\end{aligned}\right\} \tag{6-5-42}$$

其中，ρ_{i-1}、ρ_i、ρ_{i+1} 为相关系数。坐标系平移至 i 点，由式（6-5-42）得

$$\left.\begin{aligned}A&=\rho_i\\ B&=(\rho_{i+1}-\rho_{i-1})/2\\ C&=\rho_{i+1}-2\rho_i+\rho_{i-1}\end{aligned}\right\} \tag{6-5-43}$$

将式（6-5-43）代入式（6-5-41）得

$$k=i-\frac{\rho_{i+1}-\rho_{i-1}}{2(\rho_{i+1}-2\rho_i+\rho_{i-1})} \tag{6-5-44}$$

实验证明，当信噪比较高时，通过相关系数二次抛物线拟合可使相关精度提高一倍，达到 0.15 ~ 0.2 子像素精度。

6.6　最小二乘影像匹配

20 世纪 80 年代，德国 Ackerman 教授提出了一种新的影像匹配方法——最小二乘影像匹配（Least Squares Image Matching—LSM）算法。由于该方法充分利用了影像窗口内的信息，

并顾及影像的几何变形和辐射变形，通过平差计算，使影像匹配可以达到 1/10 像素甚至 1/100 像素的高精度。为此，最小二乘影像匹配被称为“高精度影像匹配”。

最小二乘影像匹配可以应用于一般的数字地面模型生产、正射影像图制作、空三加密，还可以应用于工业上的高精度量测。由于在最小二乘影像匹配中可以非常灵活地引入各种已知参数和条件（如共线方程等几何条件、已知的控制点坐标等）进行整体平差，所以，最小二乘影像匹配不仅可以进行单点影像匹配，还可以直接解求其空间坐标；可以同时解求待定点的坐标与影像的方位元素；还可以解决多点影像匹配或多片影像匹配。此外，在最小二乘影像匹配系统中，可以很方便地引入粗差检测，以提高影像匹配的可靠性；也可用于解决影像遮蔽问题。

正是由于最小二乘影像匹配方法具有灵活、可靠和高精度的特点，因此，受到了广泛的重视，得到了快速发展。

6.6.1 最小二乘影像匹配原理

理论上，同名点影像的理论灰度值应该是相等的

$$\hat{g}_1(x,y)=\hat{g}_2(x,y) \tag{6-6-1}$$

实际上，受各种系统变形和随机噪声的影响，根据（6-6-1）式有

$$\begin{aligned}\hat{g}_1(x,y)&=g_1(x,y)+\varDelta_1+n_1\\&=g_2(x,y)+\varDelta_2+n_2=\hat{g}_2(x,y)\end{aligned} \tag{6-6-2}$$

其中，g_1、g_2 的随机噪声分别为 n_1、n_2，其系统误差对应为 $\varDelta_1$、$\varDelta_2$。

所以，影像上采集的同名点的灰度值并不相等，$g_1(x,y)\neq g_2(x,y)$，它们之间存在灰度差：

$$v=-(n_1-n_2)=\varDelta_1-\varDelta_2+g_1(x,y)-g_2(x,y) \tag{6-6-3}$$

在评判影像相似性匹配测度中，有一种测度是：灰度差的平方和最小。若将灰度差记为 v，则该测度的数学表达为 $\sum vv=\min$，它与最小二乘原理的表达是一致的。而式（6-6-3）即为按 $\sum vv=\min$ 原则进行影像匹配的数学模型。

影响影像灰度的系统变形有两大类：一类是辐射畸变；另一类是几何畸变。由此产生了影像灰度分布之间的差异。

产生辐射畸变的主要因素有：照明及被摄物体辐射面的方向不同、大气与摄影机物镜所产生的衰减、摄影处理条件的差异以及影像数字化过程所产生的误差等。

产生几何畸变的主要因素有：摄影机方位不同，所产生的像片的透视畸变、影像的各种畸变以及由于地形坡度所产生的影像畸变等，竖直航空摄影的情况下，地形高差则是几何畸变的主要因素。因此，陡峭山区的影像匹配要比平坦地区影像匹配困难。

在影像匹配中引入这些变形参数，同时按最小二乘原则解求这些参数，就构成了最小二乘影像匹配的基本思想。

下面首先讨论单考虑辐射畸变和单考虑几何畸变时的最小二乘匹配。由于匹配的窗口较

小，所以只讨论线性变形时的匹配。

1. 仅考虑辐射线性畸变的最小二乘影像匹配

现假设灰度分布 g_2 相对于另一个灰度分布 g_1 只存在着线性辐射畸变，则

$$g_1 + n_1 = g_2 + h_0 + h_1 g_2 + n_2 \tag{6-6-4}$$

其中，h_0、h_1 为线性辐射畸变的参数；n_1、n_2 分别为 g_1、g_2 中存在的随机噪声。

按（6-6-4）式可得误差方程：

$$v = n_1 - n_2 = h_0 + h_1 g_2 - (g_1 - g_2) \tag{6-6-5}$$

按 $\sum vv = \min$ 的原理，可得法方程：

$$\left.\begin{aligned} &nh_0 + (\sum g_2)h_1 = \sum g_1 - \sum g_2 \\ &(\sum g_2)h_0 + (\sum g_2^2)h_1 = \sum g_1 g_2 - \sum g_2^2 \end{aligned}\right\} \tag{6-6-6}$$

进而可得辐射畸变参数的解：

$$\left.\begin{aligned} &h_1 = \frac{\sum g_1 \sum g_2 - n\sum g_2 g_1}{(\sum g_2)^2 - n\sum g_2^2} - 1 \\ &h_0 = \frac{1}{n}\left[\sum g_1 - \sum g_2 - (\sum g_2)h_1\right] \end{aligned}\right\} \tag{6-6-7}$$

若对 g_1、g_2 作中心化处理，则

$$\left.\begin{aligned} &\sum g_1 = 0;\ \sum g_2 = 0 \\ &h_1 = \frac{\sum g_2 g_1}{\sum g_2^2} - 1 \\ &h_0 = 0 \end{aligned}\right\} \tag{6-6-8}$$

基于式（6-6-8），考虑式（6-6-6），在消除了两个灰度分布的系统辐射畸变后的残余灰度差的平方和为

$$\begin{aligned} \sum vv &= \sum\left(g_2 \cdot \frac{\sum g_2 g_1}{\sum g_2^2} - g_1\right)^2 \\ &= \left(\frac{\sum g_2 g_1}{\sum g_2^2}\right)^2 \sum g_2^2 - 2\frac{\sum g_2 g_1}{\sum g_2^2}\sum g_2 g_1 + \sum g_1^2 \end{aligned} \tag{6-6-9}$$

$$\sum vv = \sum g_1^2 - \frac{\left(\sum g_2 g_1\right)^2}{g_2^2} \tag{6-6-10}$$

由于影像的相关系数为

$$\rho^2 = \frac{\left(\sum g_2 g_1\right)^2}{\sum g_1^2 \sum g_2^2} \tag{6-6-11}$$

所以相关系数与$\sum vv$的关系为

$$\sum vv = \sum g_1^2 (1-\rho^2)$$

或

$$\frac{\sum vv}{\sum g_1^2} = 1-\rho^2 \tag{6-6-12}$$

其中，$\sum vv$是噪声的功率；$\sum g_1^2$ 为信号的功率。可令它们之比的倒数为信噪比 SNR，即

$$(SNR)^2 = \frac{\sum g_1^2}{\sum vv} \tag{6-6-13}$$

由此可得相关系数与信噪比之间的关系为

$$\rho = \sqrt{1-\frac{1}{(SNR)^2}} \tag{6-6-14}$$

或

$$(SNR)^2 = 1/(1-\rho^2) \tag{6-6-15}$$

这是相关系数的另一种表达形式。可见：以“相关系数最大”作为影像匹配搜索同名点的准则，其实质是搜索“信噪比”为最大的灰度序列。

2. 仅考虑几何线性畸变的最小二乘影像匹配

假设两个一维灰度函数 $g_1(x)$、$g_2(x)$，除随机噪声外，$g_2(x)$相对于 $g_1(x)$只存在线性几何变形——移位量 Δx，即

$$g_1(x) + n_1(x) = g_2(x+\Delta x) + n_2(x+\Delta x) \tag{6-6-16}$$

整理得误差方程：

$$v(x) = g_2(x+\Delta x) - g_1(x) = n_1(x) - n_2(x+\Delta x) \tag{6-6-17}$$

为了解求相对移位量 Δx，需对上式进行线性化：

$$v(x) = g_2'(x)\cdot \Delta x - [g_1(x) - g_2(x)] \tag{6-6-18}$$

对于离散的数字影像而言，灰度函数的导数 $g_2'(x)$ 可由差分代替：

$$\dot{g}_2(x) = \frac{g_2(x+\Delta) - g_2(x-\Delta)}{2\Delta} \tag{6-6-19}$$

其中，Δ为采样间隔。因此误差方程式可写为

$$v = \dot{g}_2 \cdot \Delta x - \Delta g \tag{6-6-20}$$

按最小二乘法原理，可解得影像的相对位移量为

$$\Delta x = \sum \dot{g}_2 \cdot \Delta g / \sum \dot{g}_2{}^2 \tag{6-6-21}$$

由于最小二乘影像匹配是非线性系统，因此必须进行迭代。迭代过程收敛的速度取决于初值。为此，采用最小二乘影像匹配，必须已知初匹配的结果。

6.6.2 单点最小二乘影像匹配

两个二维影像之间的几何变形，不仅仅存在着相对移位还存在着图形变形。

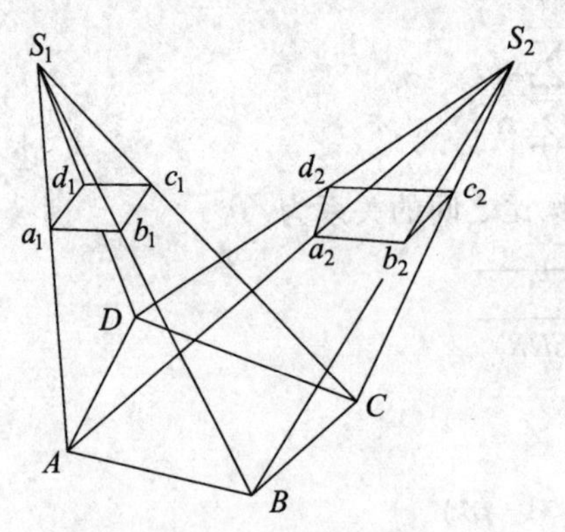

图 6.31 几何变形

如图 6.31 所示，左方影像是矩形影像窗口，受影像几何变形的影响，右方影像上相应的影像窗口变形为任意四边形。可见，只有充分考虑影像的几何变形和辐射变形，才能获得最佳的影像匹配。不过，由于影像匹配窗口尺寸均很小，所以它们之间的几何变形和辐射变形只考虑线性变形，从而选择一次函数近似表达。

线性几何畸变的模型为

$$\left.\begin{aligned} x_2 &= a_0 + a_1 x + a_2 y \\ y_2 &= b_0 + b_1 x + b_2 y \end{aligned}\right\} \tag{6-6-22}$$

线性辐射畸变的模型为

$$g_1(x,\ y) + n_1 = h_0 + h_1 g_2(x_2,\ y_2) + g_2(x_2,\ y_2) + n_2 \tag{6-6-23}$$

则单点最小二乘影像匹配的数学模型为

$$g_1(x, y) + n_1 = h_0 + h_1 g_2(a_0 + a_1 x + a_2 y, b_0 + b_1 x + b_2 y) + g_2(x_2, y_2) + n_2 \tag{6-6-24}$$

经线性化后，可得最小二乘影像匹配的误差方程式为

$$v = c_1 \mathrm{d}h_0 + c_2 \mathrm{d}h_1 + c_3 \mathrm{d}a_0 + c_4 \mathrm{d}a_1 + c_5 \mathrm{d}a_2 + c_6 \mathrm{d}b_0 + c_7 \mathrm{d}b_1 + c_8 \mathrm{d}b_2 - \Delta g \tag{6-6-25}$$

式中，未知数 $\mathrm{d}h_0$，$\mathrm{d}h_1$，$\mathrm{d}a_0$，…，$\mathrm{d}b_2$ 是待定参数的改正数值，它们的初始值分别为

$$h_0 = 0;\ h_1 = 1;\ a_0 = 0;\ a_1 = 1;\ a_2 = 0;\ b_0 = 0;\ b_1 = 0;\ b_2 = 1$$

常数项 Δg 是相应像素的灰度差，$\Delta g = g_1 - g_2$。误差方程式的系数为

$$\left.\begin{aligned}
&c_1 = 1\\
&c_2 = g_2\\
&c_3 = \frac{\partial g_2}{\partial x_2}\cdot\frac{\partial x_2}{\partial a_0} = (\dot{g}_2)_x = \dot{g}_x\\
&c_4 = \frac{\partial g_2}{\partial x_2}\cdot\frac{\partial x_2}{\partial a_1} = x\dot{g}_x\\
&c_5 = \frac{\partial g_2}{\partial x_2}\cdot\frac{\partial x_2}{\partial a_2} = y\dot{g}_x\\
&c_6 = \frac{\partial g_2}{\partial y_2}\cdot\frac{\partial y_2}{\partial b_0} = \dot{g}_y\\
&c_7 = \frac{\partial g_2}{\partial y_2}\cdot\frac{\partial y_2}{\partial b_1} = x\dot{g}_y\\
&c_8 = \frac{\partial g_2}{\partial y_2}\cdot\frac{\partial y_2}{\partial b_2} = y\dot{g}_y
\end{aligned}\right\} \tag{6-6-26}$$

由于在数字影像匹配中，灰度均是按规则格网排列的离散阵列，且采样间隔为常数 $\varDelta$，因而可被视为单位长度，故式（6-6-26）中的偏导数均用差分代替：

$$\left.\begin{aligned}
\dot{g}_y = \dot{g}_J(I,J) = \frac{1}{2}[g_2(I,J+1) - g_2(I,J-1)]\\
\dot{g}_x = \dot{g}_I(I,J) = \frac{1}{2}[g_2(I+1,J) - g_2(I-1,J)]
\end{aligned}\right\} \tag{6-6-27}$$

在目标区内，按式（6-6-25）逐个像元建立误差方程式，以矩阵形式表达为

$$V = CX - L \tag{6-6-28}$$

其中，$X = [\mathrm{d}h_0,\ \mathrm{d}h_1,\ \mathrm{d}a_0,\ \mathrm{d}a_1,\ \mathrm{d}a_2,\ \mathrm{d}b_0,\ \mathrm{d}b_1,\ \mathrm{d}b_2]^{\mathrm{T}}$。在建立误差方程式时，可采用以目标区中心为坐标原点的局部坐标系。根据误差方程式（6-6-28）可建立法方程式：

$$(C^{\mathrm{T}}C)X = (C^{\mathrm{T}}L) \tag{6-6-29}$$

进而求得系统变形参数的改正数：

$$X = (C^{\mathrm{T}}C)^{-1}(C^{\mathrm{T}}L) \tag{6-6-30}$$

将变形参数的改正数 X 加上对应的初始值，即可求得变形参数的正确值。其中，法方程式的系数阵 $\boldsymbol{C}^{\mathrm{T}}\boldsymbol{C}$ 为

$$
\begin{bmatrix}
n & \sum g & \sum \dot{g}_x & \sum x\dot{g}_x & \sum y\dot{g}_x & \sum \dot{g}_y & \sum x\dot{g}_y & \sum y\dot{g}_y \\
\sum g & \sum g^2 & \sum g\dot{g}_x & \sum gx\dot{g}_x & \sum gy\dot{g}_x & \sum g\dot{g}_y & \sum gx\dot{g}_y & \sum gy\dot{g}_y \\
\sum \dot{g}_x & \sum g\dot{g}_x & \sum \dot{g}_x{}^2 & \sum x\dot{g}_x{}^2 & \sum y\dot{g}_x{}^2 & \sum \dot{g}_x\dot{g}_y & \sum x\dot{g}_x\dot{g}_y & \sum y\dot{g}_x\dot{g}_y \\
\sum x\dot{g}_x & \sum gx\dot{g}_x & \sum x\dot{g}_x{}^2 & \sum x^2\dot{g}_x{}^2 & \sum xy\dot{g}_x{}^2 & \sum x\dot{g}_x\dot{g}_y & \sum x^2\dot{g}_x\dot{g}_y & \sum xy\dot{g}_x\dot{g}_y \\
\sum y\dot{g}_x & \sum gy\dot{g}_y & \sum y\dot{g}_x{}^2 & \sum xy\dot{g}_x{}^2 & \sum y^2\dot{g}_x{}^2 & \sum y\dot{g}_x\dot{g}_y & \sum xy\dot{g}_x\dot{g}_y & \sum y^2\dot{g}_x\dot{g}_y \\
\sum \dot{g}_y & \sum g\dot{g}_y & \sum \dot{g}_x\dot{g}_y & \sum xg_x\dot{g}_y & \sum y\dot{g}_x\dot{g}_y & \sum \dot{g}_y{}^2 & \sum x\dot{g}_y{}^2 & \sum y\dot{g}_y{}^2 \\
\sum x\dot{g}_y & \sum gx\dot{g}_y & \sum x\dot{g}_x\dot{g}_y & \sum x^2\dot{g}_x\dot{g}_y & \sum xy\dot{g}_x\dot{g}_y & \sum x\dot{g}_y{}^2 & \sum x^2\dot{g}_y{}^2 & \sum xy\dot{g}_y{}^2 \\
\sum y\dot{g}_y & \sum gy\dot{g}_y & \sum y\dot{g}_x\dot{g}_y & \sum xy\dot{g}_x\dot{g}_y & \sum y^2\dot{g}_x\dot{g}_y & \sum y\dot{g}_y{}^2 & \sum xy\dot{g}_y{}^2 & \sum y^2\dot{g}_y{}^2
\end{bmatrix}
$$

根据间接平差原理，最小二乘匹配的理论精度为

$$D_x = \sigma_0{}^2 (C^{\mathrm{T}} C)^{-1} \tag{6-6-31}$$

单点最小二乘影像匹配的具体步骤如下：

（1）几何变形改正。根据几何变形改正参数 a_0、a_1、a_2、b_0、b_1、b_2 将左方影像窗口的影像坐标变换至右方影像坐标：

$$\left.\begin{aligned} x_2 &= a_0 + a_1 x + a_2 y \\ y_2 &= b_0 + b_1 x + b_2 y \end{aligned}\right\} \tag{6-6-32}$$

（2）重采样。根据式（6-6-32）换算得到的坐标（x_2，y_2）一般不可能是右方影像阵列中的整数行列号，因此需通过重采样获得（x_2，y_2）对应点的灰度 $g_2(x_2，y_2)$。重采样可采用双线性内插法。

（3）辐射畸变改正。对（2）中重采样的结果作辐射改正：$h_0 + h_1 g_2(x_2, y_2)$。

（4）计算左方影像窗口灰度阵列与经过几何、辐射改正后的右方影像窗口的灰度阵列之间的相关系数 ρ，判断是否需要继续迭代。一般来说，若相关系数小于前一次迭代后所求得的相关系数，则可认为迭代结束。或者，根据几何变形参数（特别是位移改正值 $\mathrm{d}a_0, \mathrm{d}b_0$）是否小于某个预定的阈值，判断迭代是否结束。

（5）采用最小二乘平差法，根据式（6-6-28）和式（6-6-29）解求变形参数的改正数值 $X = [\mathrm{d}h_0，\mathrm{d}h_1，\mathrm{d}a_0，\mathrm{d}a_1，\mathrm{d}a_2，\mathrm{d}b_0，\mathrm{d}b_1，\mathrm{d}b_2]^{\mathrm{T}}$。

（6）计算变形参数。由于变形参数的改正数值是根据经过几何改正、辐射改正后的右方影像灰度阵列求得的，因此，变形参数应按下列算法求得。设 h_0^{i-1}，h_1^{i-1}；a_0^{i-1}，$a_1^{i-1}, \ldots$是前一次迭代变形参数，而 $\mathrm{d}h_0^i，\mathrm{d}h_1^i，\mathrm{d}a_0^i \ldots$是本次迭代所求得的改正值，则几何改正参数 a_0^i，a_1^i，…；b_0^i，…为

$$\left.\begin{aligned}
a_0^i &= a_0^{i-1} + \mathrm{d}a_0^i + a_0^{i-1}\mathrm{d}a_1^i + b_0^{i-1}\mathrm{d}a_2^i \\
a_1^i &= a_1^{i-1} + a_1^{i-1}\mathrm{d}a_1^i + b_1^{i-1}\mathrm{d}a_2^i \\
a_2^i &= a_2^{i-1} + a_2^{i-1}\mathrm{d}a_1^i + b_2^{i-1}\mathrm{d}a_2^i \\
b_0^i &= b_0^{i-1} + \mathrm{d}b_0^i + a_0^{i-1}\mathrm{d}b_1^i + b_0^{i-1}\mathrm{d}b_2^i \\
b_1^i &= b_1^{i-1} + a_1^{i-1}\mathrm{d}b_1^i + b_1^{i-1}\mathrm{d}b_2^i \\
b_2^i &= b_2^{i-1} + a_2^{i-1}\mathrm{d}b_1^i + b_2^{i-1}\mathrm{d}b_2^i
\end{aligned}\right\} \tag{6-6-33}$$

辐射畸变改正参数为

$$\left.\begin{aligned}h_0^i &= h_0^{i-1} + \mathrm{d}h_0^i + h_0^{i-1}\mathrm{d}h_1^i \\ h_1^i &= h_1^{i-1} + h_1^{i-1}\mathrm{d}h_1^i\end{aligned}\right\} \tag{6-6-34}$$

（7）计算最佳匹配的点位。通常以待定点建立一个目标影像窗口，窗口的中心即为目标点。但是在高精度影像相关中，必须考虑目标窗口的中心点是否为最佳匹配点。根据最小二乘匹配的理论精度式（6-6-31）可知：匹配精度取决于影像灰度的梯度 $\dot{g}_x^2$、$\dot{g}_y^2$。因此，以梯度的平方为权，在左方影像窗口内对坐标作加权平均：

$$\left.\begin{aligned}x_i &= \sum x \cdot \dot{g}_x^2 / \sum \dot{g}_x^2 \\ y_i &= \sum y \cdot \dot{g}_y^2 / \sum \dot{g}_y^2\end{aligned}\right\} \tag{6-6-35}$$

再以它作为目标点坐标，求得同名点坐标为

$$\left.\begin{aligned}x_2 &= a_0 + a_1 x + a_2 y \\ y_2 &= b_0 + b_1 x + b_2 y\end{aligned}\right\} \tag{6-6-36}$$

此外，随着以最小二乘原理为基础的高精度数字影像匹配算法的发展，为了进一步提高其可靠性与精度，摄影测量学者进而又提出了各种带制约条件的最小二乘影像匹配算法。例如，附带共线条件的最小二乘相关以及与 VLL 法结合的最小二乘影像匹配方法都得到了深入的研究。

6.6.3　最小二乘影像匹配的精度

利用常规的匹配算法，如相关系数法等，至多可获得影像匹配质量指标如：相关系数越大，则影像匹配的质量越好，但是无法获得其精度指标。利用最小二乘匹配算法，则可根据平差结果，在匹配结束后求得匹配精度指标。其中几何变形参数的位移量的精度，就是我们所关心的利用最小二乘匹配算法同时进行“立体量测”的精度。

首先，仍以最简单的一维最小二乘匹配为例。在式（6-6-20）和式（6-6-21）中：

$$\hat{\sigma}_x^2 = \sigma_0^2 / \sum \dot{g}^2 \tag{6-6-37}$$

其中，

$$\sigma_0^2 = \frac{1}{n-1}\sum v^2$$

式中，n 为目标区像素总个数。根据方差的定义，有

$$\left.\begin{aligned}\sigma_v^2 &= \frac{\sum v^2}{n-1} \approx \sigma_0^2 \\ \sigma_{\dot{g}}^2 &= \frac{\sum \dot{g}^2}{n}\end{aligned}\right\} \tag{6-6-38}$$

则根据式（6-6-37）和式（6-6-38）有

$$\hat{\sigma}_x^2 = \frac{1}{n} \cdot \frac{\sigma_v^2}{\sigma_{\dot{g}}^2} \tag{6-6-39}$$

若定义信噪比为

$$SNR = \frac{\sigma_g}{\sigma_v} \tag{6-6-40}$$

代入式（6-6-39），得单点最小二乘影像匹配的方差为

$$\hat{\sigma}_x^2 = \frac{1}{n \cdot SNR^2} \cdot \frac{\sigma_g^2}{\sigma_{\dot{g}}^2} \tag{6-6-41}$$

根据相关系数与信噪比的关系式（6-6-15），式（6-6-41）还可以表示为

$$\hat{\sigma}_x^2 = \frac{(1-\rho^2)}{n} \cdot \frac{\sigma_g^2}{\sigma_{\dot{g}}^2} \tag{6-6-42}$$

由此可以得到一些很重要的结论：影像匹配的精度与相关系数有关，相关系数越大则匹配精度越高。换言之，影像匹配的精度与影像窗口的“信噪比”有关，信噪比越大，则匹配的精度越高。根据式（6-6-42）可知，影像匹配的精度与影像的纹理结构也有关，即与（$\sigma_g/\sigma_{\dot{g}}$）有关。特别是当$\sigma_{\dot{g}}$越大时，则影像匹配精度越高。$\sigma_{\dot{g}}=0$时，表示目标窗口内的灰度没有变化（如湖水表面、雪地等的影像）时，则无法进行影像匹配。同时，它也说明了“特征提取”的重要性以及“基于特征匹配”的优点。

6.7 特征匹配

前面所述的影像匹配算法，均是在以待定点为中心的窗口（或称区域）内，以影像的灰度分布为影像匹配的基础，故它们被称为灰度匹配，也称区域匹配。

若待匹配的点位于低反差区内，该窗口内信息贫乏，信噪比很小，则灰度匹配的成功率不高。而在很多应用场合，影像匹配不一定用于地形测绘目的，也不一定要生成密集的 DEM 网格点，只需要配准某些“感兴趣”的点、线或面。例如：在机器人视觉中，有时候影像匹配的目的只是为了确定机器人所处的空间方位；在大比例尺城市航空摄影测量中，被处理的对象主要是人工建筑物，而非地形，这时由于影像的不连续、阴影与被遮蔽等原因，基于灰度匹配的算法难以适应。将这类主要用于特征点、线或面配准的影像匹配算法称为特征匹配。

多数基于特征的匹配方法常使用金字塔影像结构，将上一层影像的特征匹配结果传到下一层作为初始值，并考虑对粗差的剔除或改正。最后以特征匹配结果为控制，对其他点进行匹配或内插。由于基于特征的匹配是以整像素精度定位，因而对需要高精度的情况，将其结果作为近似值，再利用最小二乘影像匹配进行精确匹配，以取得子像素级的精度。

根据所选取的特征，基于特征的匹配可以分为点、线、面的特征匹配。一般来说，特征

匹配可分为三步：

（1）特征提取。

（2）利用一组参数对特征作描述。

（3）利用参数进行特征匹配。

6.7.1 基于特征点影像匹配的策略

1. 特征提取

采用一定的特征提取算法对左影像进行点特征提取。

可以根据各特征点的兴趣值先将特征点分成几个等级，匹配时可按等级依次进行处理。特征点的分布可有两种方式：

（1）随机分布。在整幅影像中按一定比例选取特征点，按顺序进行特征提取，但需控制特征点的密度，并将极值点周围的其他点去掉。这种方法选取的点集中在信息丰富的区域，而在信息贫乏区则没有点或点很少。

（2）均匀分布。将影像划分成规则矩形格网，每一格网内提取一个（或若干个）特征点。这种方法选取的点均匀地分布在影像各处，但若在每一格网中按兴趣值最大的原则提取特征点，则当一个格网完全落在信息贫乏区内时，所提取的并不是真正的特征；若将阀值条件也用于特征提取，则这样的格网中也将没有特征点。

2. 特征点的匹配

（1）二维匹配与一维匹配。

当影像方位参数未知时，必须进行二维的影像匹配。此时匹配的主要目的是利用明显点对，解求影像的方位参数，以建立立体模型，进一步形成核线影像，以便进行一维匹配。

二维匹配的搜索范围在最上一层影像中由先验视差确定，在其后各层，只需要在小范围内搜索。当影像方位参数已知时，可直接进行带核线约束条件的一维匹配，但在上、下方向可各搜索一个像素。也可以沿核线重采样形成核线影像，进行一维影像匹配。但当影像方位参数不精确或采用近似核线的概念时，也有必要在上、下方向各搜索 1 ~ 2 个像素。

（2）匹配的备选点可采用如下方法进行选择：

① 对右影像进行相应的点特征提取，挑选预测区内的特征点作为可能的匹配点。

② 右影像不进行点特征提取，将预测区内的每一点都作为可能的匹配点。

③ 右影像不进行点特征提取，但也不将所有的点作为可能的匹配点，而用“爬山法”搜索，动态地确定各备选点。爬山法主要用于二维匹配。对一维匹配，仅用于在搜索区边沿取得匹配测度最大的情况。

（3）特征点提取与匹配的顺序可选择如下方法：

① 深度优先。对最上一层左影像每提取到一个特征点，即对其进行匹配。然后将匹配结果化算到下一层影像进行匹配，直至原始影像，并以该匹配好的点对为中心，将其邻域的点进行匹配。再上升到第一层，在该层已匹配的点的邻域选择另一点，进行匹配，将结果化算到原始影像。重复前一点的过程，直至第一层最先匹配的点的邻域中的点处理完，再回溯到

第二层，如此继续进行。这种处理顺序类似于人工智能中的深度优先搜索法，其搜索顺序如图 6.32 所示。

② 广度优先。这是一种按层处理的方法，即首先对最上一层影像进行特征提取与匹配，将全部点处理完后，将结果化算到下一层，并加密，继续进行匹配。重复以上过程，直至原始影像。这种处理顺序类似于人工智能中的广度优先搜索法。

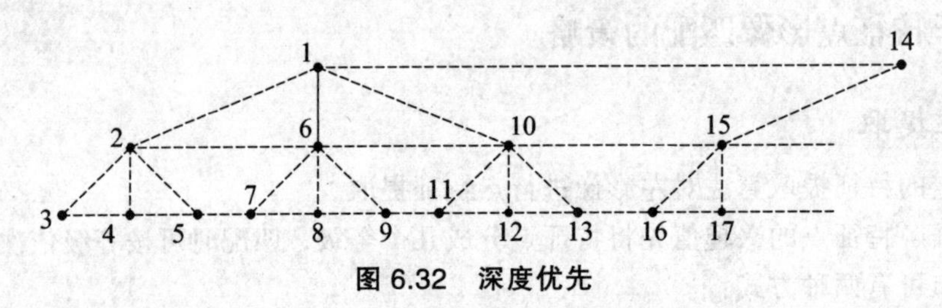

图 6.32 深度优先

（4）匹配的准则。

除了运用一定的相似性匹配测度（如相关系数最大）外，一般还要考虑特征的方向或周围已匹配点的结果，如将前一条核线已匹配的点沿边缘线传递到当前核线上同一边缘线上的点。由于特征点的信噪比应该较大，因此其相关系数也应较大，就可设一较大的阈值，当相关系数高于阈值时，才认为其是匹配点，否则需利用其他条件作进一步判别。经验表明，特征的相关系数一般都能达到 0.9 以上。

（5）粗差的剔除。

可在一个小范围内利用倾斜平面或二次曲面为模型进行视差（或右片对应点位）拟合，将视差大于某一阈值的点作为粗差剔除。平面或曲面的拟合可用常规最小二乘法，还可用最大似然估计法求解参数。在用最大似然估计时，视差的分布可假设服从一种长尾分布，其合理的假设可能是粗差模型：

$$P = \alpha N + (1-\alpha)H \tag{6-7-1}$$

即正态分布 N 和一种非常宽的均匀分布的混合，其较简单的近似为拉普拉斯分布：

$$p(x) = c \cdot \exp(-|x|) \tag{6-7-2}$$

或柯西分布：

$$p(x) = c/(1+x^2) \tag{6-7-3}$$

当所有错误的匹配点作为粗差被剔除后，即得到与目标模型一致的匹配点对。

6.7.2 跨接法影像匹配

上面介绍的基于特征的影像匹配虽然首先选择其周围信息最大的点进行匹配，但对于影像的几何变形却无能为力。当影像存在几何变形时，左右影像的相似性必然受到影响，从而增大判别错误的概率，影响匹配的成功率。

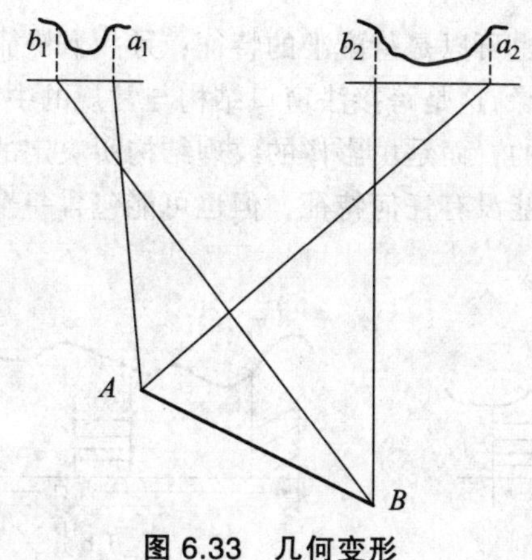

图 6.33　几何变形

处理影像几何变形的影响有以下方式：

（1）先不顾及几何变形作粗匹配，然后利用粗匹配结果做几何改正，再作精匹配。这就是很多系统采用的由粗到细的迭代过程。这种方法很大程度上取决于粗匹配的正确性。

（2）将影像匹配与几何改正均作为参数同时解算的最小二乘影像匹配。由于观测值方程的非线性，它是一个迭代过程，参数需要较好的近似值，否则结果可能不收敛。

（3）先做几何改正，然后再做影像匹配的跨接法影像匹配。

跨接法影像匹配是张祖勋教授于 1988 年提出的一种特征匹配算法。它以两个特征所连接的影像段作为匹配单元（匹配窗口），改变了传统特征匹配算法面向单个特征的匹配思想。如图 6.33 所示，b_1a_1 为待匹配的影像段，而 b_2a_2 是可能被匹配的影像段。假定 b_2a_2 是 b_1a_1 的相应影像段，则跨接法影像匹配是首先对搜索影像段 b_2a_2 进行重采样，消除相对于待匹配影像段 b_1a_1 的相对几何变形，然后用相关系数评定其灰度分布的相似性。因此跨接法影像匹配的本质是先改正影像的几何变形，再进行影像相似性匹配，从而克服影像几何畸变对影像匹配的影响。

跨接法影像匹配的基本步骤如下：

（1）在左右影像上分别进行特征提取。

（2）在左右影像上分别构成跨接法影像窗口，包括：待匹配影像段—目标窗口和搜索影像段—相应的搜索窗口。

（3）进行跨接法影像匹配：对搜索影像段，相对于待匹配影像段作重采样，消除相对几何变形，然后计算相关系数，判断相似性程度。

跨接法影像匹配的具体步骤如下：

（1）按 6.3.2 节的特征分割法提取特征。该方法提取的每个特征都是包含一条刀刃曲线的影像段。

（2）构建跨接法匹配窗口。前述的影像匹配算法多数将目标点（待匹配点）置于匹配窗口的中心，这种窗口结构称为中心法窗口结构，它的最大缺点是无法在影像相关之前考虑影像的几何变形。在最小二乘影像匹配算法中，即使能提供点位初值，其他变形初值也难以预测，因此在几何变形很大时，最小二乘算法就难以收敛。

跨接法窗口结构，是将两个特征连接起来构成窗口，如图 6.34（a）所示。其中一个特征

F_b可以是已经配准的特征，也可以是待配准的特征；另一个特征 F_e是待定特征。因此，待匹配的特征始终位于窗口的边缘，这是跨接法窗口结构与常规的中心点法窗口结构的根本区别。同时，其窗口大小不是固定的，而是由影像的纹理结构所决定的，这比中心点窗口结构更合乎逻辑。在 F_b与 F_e之间可能没有任何特征，但也可能包含一个或多个未能配准的特征，如图 6.34（b）所示。

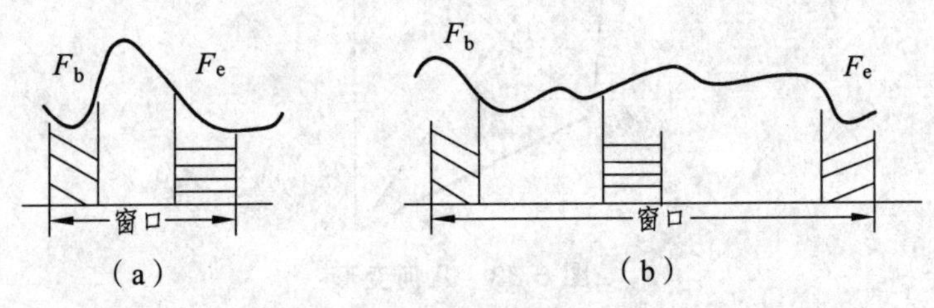

图 6.34　跨接法窗口结构

（3）跨接法影像匹配。从本质上说，影像匹配是一种评价灰度分布相似性的手段，影像的几何畸变（特别在高山地区）是影响判断灰度分布相似性的主要因素。跨接法影像匹配算法可在匹配之前预先消除几何变形的影响。过程如下：

若已有一对特征已经配准，如图 6.35 中 F_b 所示，则目标区的另一边缘由待匹配特征构成。其匹配过程如下：

① 设在左方影像上，F_b与 F_e分别是已配准与待配准的特征，它们构成目标窗口。

② 在右方影像上，F_b是已配准的特征，在搜索范围内，可以在右方影像上选定若干个特征，如图 6.35 中的 1、2、3 作为 F_e的备选特征。

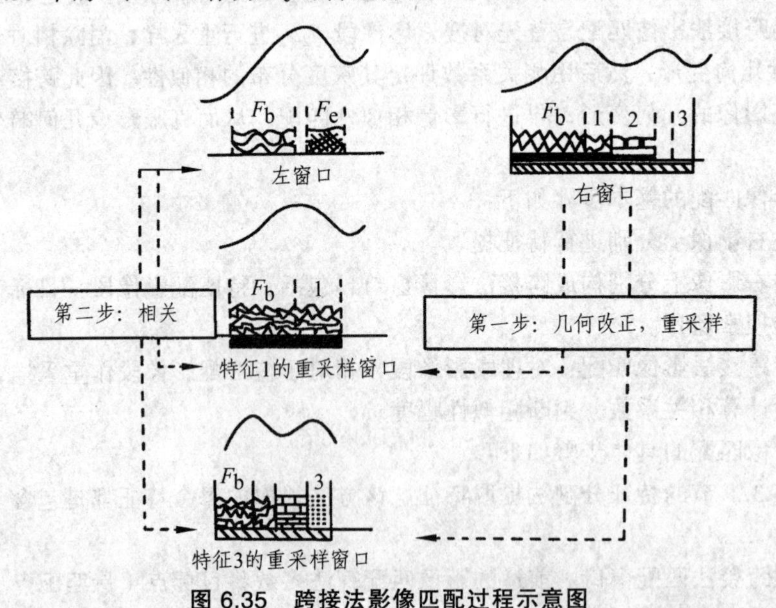

图 6.35　跨接法影像匹配过程示意图

③ 比较待匹配特征 F_e与备选特征 1、2、3 之间的特征参数，选取相似的特征（如 1、3）作为下一步的备选特征。

④ 在右方影像上，以 F_b为窗口的一个端点特征，而以被选定的备选特征 1、3 为窗口的

另一端的特征，构成不同的匹配窗口。

⑤ 对匹配窗口进行重采样，使窗口的长度始终等于左方影像的目标窗口长度，以消除几何畸变对匹配的影响。

在二维影像窗口的情况下，每条核线上的影像段的长度分别与目标区内相应影像段的长度相等。值得注意的是，相对几何变形改正并不要求重采样后的搜索窗口的形状与目标窗口的形状完全相同。

⑥ 计算目标窗口与重采样的匹配窗口的相关系数，按最大相关系数的准则确定 F_e 的同名特征。由于在计算相关系数之前，预先改正了几何变形（重采样），从而大大地提高了相关的可靠性。

上述算法的最大特点是可以预先消除影像变形对影像匹配的影响。但这种算法存在着一个严重缺点，即影像匹配结果的正确性完全取决于"已配准的点"是否正确。这种采用逐个特征进行传递的方式进行匹配是十分危险的，特别是对于地形复杂地区的影像，其匹配的可靠性无法保证。

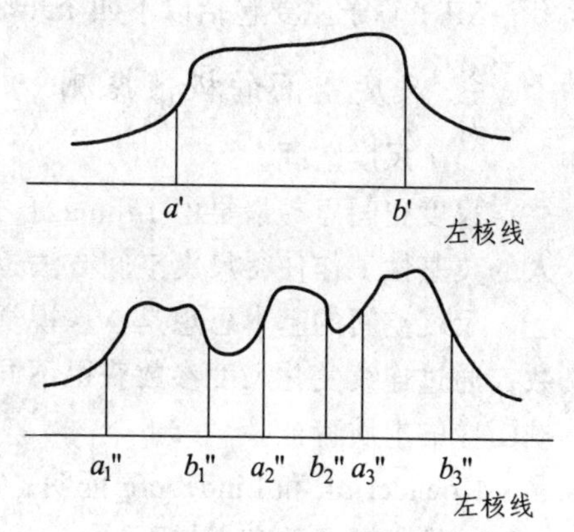

图 6.36　跨接法影像匹配

同时，上述跨度法的算法是面向目标特征本身，即影像匹配的结果是共轭特征。为了克服上述错误匹配被传递的弱点，必须将面向特征本身的算法扩充为面向特征为界限的影像段的算法，即影像匹配的结果是共轭影像段，而共轭特征则被隐含于其中。按此算法，它并不假定已存在配准的特征，在图 6.36 中，是将目标窗口 $[a',b']$ 整个视为待配准的"影像段"，则根据影像特征的相似性或搜索范围等几个限制，可在右核线上建立一些备选的搜索窗口：

$$\left[a_i'',b_j''\right],\ (i=1,2,\ldots,n_i;\ j=1,2,\ldots,n_j\text{且}n_j>n_i)$$

式中，n_i、n_j 分别表示像素序号。

采用以下算法确定共轭影像段：

$$\max\left\{C([a',\ b'],\ [R[a_i'',\ b_j'']])\right\},\ (i=1,\ 2,\ \ldots,\ n_i;\ j=1,\ 2,\ \ldots,\ n_j)$$

式中，$R[a_i'',b_j'']$ 表示对相应的搜索窗口 $[a_i'',b_j'']$ 作重采样，并按其长度等于目标窗口 $[a',b']$；C（[ ]，[ ]）表示计算两个影像窗口的相关系数。

6.7.3　SIFT 算子

SIFT 算子是计算机视觉领域非常著名的特征匹配算子。它可用于模式识别和影像匹配。SIFT 算子最早是由 D.G.Lowe 于 1999 年提出的，当时主要应用于图像识别。2004 年 D.G.Lowe 对该算子做了全面的总结，并正式提出了一种基于尺度空间的、对图像缩放、旋转甚至仿射变换保持不变性的图像局部特征描述算子——尺度不变特征变换（Scale Invariant Feature

Transform—SIFT）算子。

SIFT 算子主要有以下几个特点：

（1）SIFT 特征是图像的局部特征，其对旋转、尺度缩放、亮度变化保持不变，对视角变化、仿射变换、噪声也保持一定程度的稳定性。

（2）独特性好、信息量丰富，适用于在海量特征数据库中进行快速、准确的匹配。

（3）多量性，即使少数的几个物体也可以产生大量 SIFT 特征向量。

（4）高速性，经优化的 SIFT 匹配算法甚至可以达到实时的要求。

（5）可扩展性，可以很方便地与其他形式的特征向量进行联合。

SIFT 算子主要包括以下四个步骤：

1. 尺度空间的极值探测

（1）尺度空间。

尺度空间思想最早由 Lijima 于 1962 年提出。20 世纪 80 年代，Witkin 和 Koenderink 等人的奠基性工作使得尺度空间方法逐渐得到关注和发展。

尺度空间的基本思想是：在视觉信息（图像信息）处理模型中引入一个被视为尺度的参数，通过连续变化尺度参数获得不同尺度下的视觉处理信息，然后综合这些信息以深入地挖掘图像的本质特征。

Koenderink 和 Lindeberg 证明，高斯卷积核是实现尺度变换的唯一的线性核。

二维高斯函数定义如下：

$$G(x,y,\sigma)=\frac{1}{2\pi\sigma^2}\mathrm{e}^{-(x^2+y^2)/2\sigma^2} \tag{6-7-4}$$

式中，σ 为高斯正态分布的方差。

一幅二维图像，在不同尺度下的尺度空间表示可由图像与高斯核卷积得到：

$$L(x,y,\sigma)=G(x,y,\sigma)*I(x,y) \tag{6-7-5}$$

式中，$(x，y)$代表图像的像素位置；L 为图像的尺度空间；σ 为尺度空间因子，其值越小则表征图像被平滑的越少，相应的尺度也越就小。同时大尺度对应于图像的概貌特征，小尺度对应于图像的细节特征。

（2）DOG 算子。

为了有效提取稳定的关键点，Lowe 提出了利用高斯差分函数（Difference Of Gaussian—DOG）对原始影像进行卷积：

$$D(x,y,\sigma)=(G(x,y,k\sigma)-G(x,y,\sigma))*I(x,y)=L(x,y,k\sigma)-L(x,y,\sigma) \tag{6-7-6}$$

式（6-7-6）即为 DOG 算子。

有很多理由选择 DOG 算子来进行特征点提取：

① DOG 算子的计算率高，它只需利用不同的 σ 对图像进行高斯卷积生成平滑影像 L，然后将相邻的影像相减即可生成高斯差分影像 D。

② 高斯差分函数 $D(x,y,\sigma)$ 是比例尺归一化的“高斯-拉普拉斯函数”（LOG 算子——$\sigma^2\nabla^2 G$）的近似（Lindeberg T.，1994）。当 $\sigma^2\nabla^2 G$ 为最小和最大时，影像上能够产生大量、

稳定的特征点（Mikolajczyk K.，2002），并且特征点的数量和稳定性比其他的特征提取算子（如 Hessian 算子、Harris 算子）要多得多、稳定得多。

高斯差分函数与高斯-拉普拉斯函数之间的近似关系可以表示为

$$\sigma\nabla^2 G = \frac{\partial G}{\partial \sigma} \approx \frac{G(x,y,k\sigma)-G(x,y,\sigma)}{k\sigma-\sigma} \tag{6-7-7}$$

$$G(x,y,k\sigma)-G(x,y,\sigma) \approx (k-1)\sigma^2\nabla^2 G \tag{6-7-8}$$

式（6-7-8）中的系数（$k-1$）为一常数，因此不影响每个比例尺空间内的极值探测。当 $k=1$ 时，式（6-7-8）的近似误差为 0。Lowe 通过实验发现，近似误差不影响极值探测的稳定性，并且不会改变极值的位置。

（3）高斯差分尺度空间的生成。

如图 6.37 所示，假设将尺度空间分为 P 层，每层尺度空间又被分为 S 子层，基准尺度空间因子为 σ，则尺度空间的生成步骤如下：

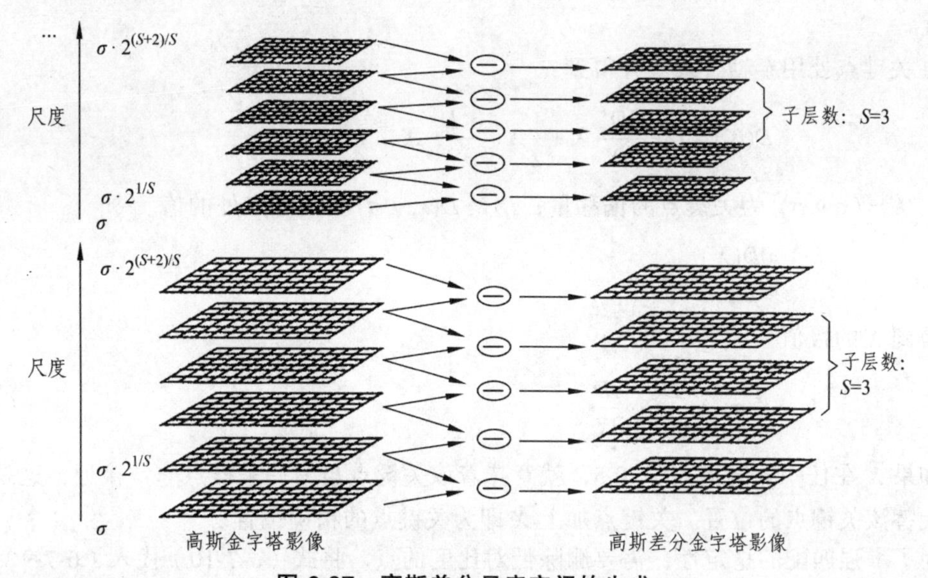

图 6.37　高斯差分尺度空间的生成

① 在第一层尺度空间中，利用 $\sigma\cdot 2^{n/S}$ 的卷积核分别对原始影像进行高斯卷积，生成高斯金字塔影像（$S+3$ 张），其中 n 为高斯金字塔影像的索引号（0，1，2…，$S+2$），S 为该层尺度空间的子层数。

② 将第一层尺度空间中的相邻高斯金字塔影像相减，生成高斯差分金字塔影像。

③ 不断地将原始影像降采样 2 倍，并重复类似①和②的步骤，生成下一层尺度空间。

④ 局部极值探测。

为了寻找高斯差分尺度空间中的极值点（最大值或最小值），在高斯差分金字塔影像中每个采样点与它所在的同一层比例尺空间的周围 8 个相邻点和相邻上、下比例尺空间中相应位置上的 9×2 个相邻点进行比较。如果该采样点的值小于或大于它的相邻点（26 个相邻点），那么该点即为一个局部极值点（关键点），图 6.38 为高斯差分尺度空间中极值探测示意图，图中 × 表示当前探测的采样点，●表示与当前探测点相邻的 26 个比较点。

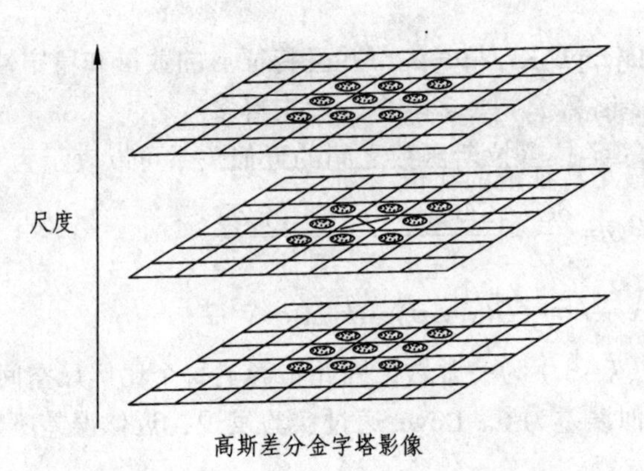

图 6.38　高斯差分尺度空间局部极值探测

2. 关键点的精确定位

关键点的精确定位是指通过拟合三维二次函数以精确确定关键点的位置（达到子像素精度）。

在关键点处用泰勒公式展开得到：

$$D(X)=D+\frac{\partial D^{\mathrm{T}}}{\partial X}X+\frac{1}{2}X^{\mathrm{T}}\frac{\partial^2 D^{\mathrm{T}}}{\partial X^2}X\text{，}(D\to D_0) \tag{6-7-9}$$

式中，$\boldsymbol{X}=(x,y,\sigma)^{\mathrm{T}}$为关键点的偏移量；$D$是$D(x,y,\sigma)$在关键点处的值。令

$$\frac{\partial D(X)}{\partial X}=0$$

可以得到X的极值：

$$\hat{X}=-\frac{\partial^2 D^{-1}}{\partial X^2}\cdot\frac{\partial D}{\partial X} \tag{6-7-10}$$

如果$\hat{X}$在任一方向上大于 0.5，就意味着该关键点与另一采样点非常接近，这是就用插值来代替该关键点的位置。关键点加上$\hat{X}$即为关键点的精确位置。

为了增强匹配的稳定性，需要删除低对比度的点。将式（6-7-10）代入（6-7-9）得

$$D(\hat{X})=D+\frac{1}{2}\frac{\partial D^{\mathrm{T}}}{\partial X}\hat{X}\text{，}(D\to D_0) \tag{6-7-11}$$

$D(\hat{X})$可以用来衡量特征点的对比度，如果$D(\hat{X})<\theta$，则$\hat{X}$为不稳定的特征点，应删除。θ经验值为 0.03。

同时，因为 DOG 算子会产生较强的边缘响应，所以应去除低对比度的边缘响应点，以增强匹配的稳定性，提高抗噪声能力。

一个定义不好的高斯差分算子的极值在横跨边缘的地方有较大的主曲率，而在垂直边缘的方向有较小的主曲率。主曲率通过一个2×2的 Hessian 矩阵$\boldsymbol{H}$求出：

$$\boldsymbol{H}=\begin{bmatrix}D_{xx} & D_{xy}\\ D_{yx} & D_{yy}\end{bmatrix} \tag{6-7-12}$$

导数D通过相邻采样点的差值计算。D的主曲率和H的特征值成正比，令α为最大特征值，β为最小特征值，则

$$\mathrm{tr}(H) = D_{xx} + D_{yy} = \alpha + \beta$$

$$\mathrm{Det}(H) = D_{xx}D_{yy} - (D_{xy})^2 = \alpha\beta$$

令γ为最大特征值与最小特征值的比值，则

$$\alpha = \gamma\beta$$

$$\frac{\mathrm{tr}(H)^2}{\mathrm{Det}(H)} = \frac{(\alpha+\beta)^2}{\alpha\beta} = \frac{(\gamma\beta+\beta)^2}{\gamma\beta^2} = \frac{(1+\gamma)^2}{\gamma}$$

$\frac{(1+\gamma)^2}{\gamma}$的值在两个特征值相等时最小，并随着$\gamma$的增大而增大，因此，为了检测主曲率是否在某阈值$\gamma$下，只需检测

$$\frac{\mathrm{tr}(H)^2}{\mathrm{Det}(H)} < \frac{(1+\gamma)^2}{\gamma} \tag{6-7-13}$$

γ的经验值为 10。

3. 确定关键点的主方向

利用关键点的局部影像特征（梯度）为每一个关键点确定主方向（梯度最大的方向）。

$$\left.\begin{aligned} m(x,y) &= \sqrt{(L(x+1,y)-L(x-1,y))^2+(L(x,y+1)-L(x,y-1))^2} \\ \theta(x,y) &= \arctan\frac{L(x+1,y)-L(x-1,y)}{L(x,y+1)-L(x,y-1)} \end{aligned}\right\} \tag{6-7-14}$$

式（6-7-14）中 $m(x,\ y)$和$\theta(x,y)$分别为高斯金字塔影像（x，y）处梯度的大小和方向，L所用的尺度为每个关键点所在的尺度。在以关键点为中心的邻域窗口内（16×16像素窗口），利用高斯函数对窗口内各像素的梯度大小进行加权（越靠近关键点的像素，其梯度方向信息贡献越大），用直方图统计窗口内的梯度方向。梯度直方图的范围是 0°～360°，其中每 10°一个柱，共 36 个柱，直方图的主峰值（最大峰值）代表了关键点邻域梯度的主方向，即关键点的主方向。

4. 关键点的描述

图 6.39 为由关键点邻域梯度信息生成的特征向量。

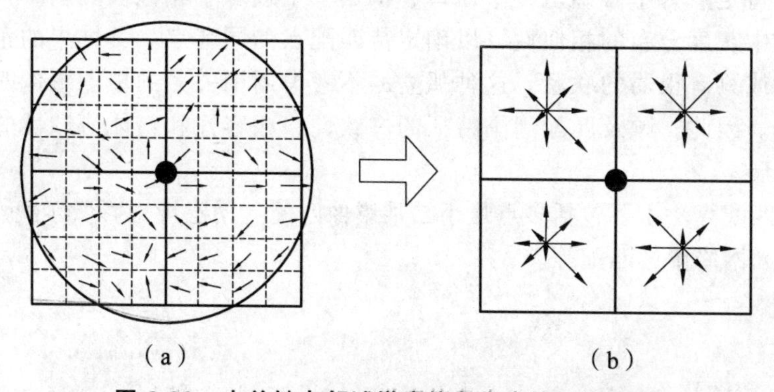

（a）　　（b）

图 6.39　由关键点邻域梯度信息生成的特征向量

首先将坐标轴旋转到关键点的主方向。只有以主方向为零点方向来描述关键点才能使其具有旋转不变性。

然后以关键点为中心取 8×8 的窗口。图 6.39（a）中的黑点为当前关键点的位置，每个小格代表关键点邻域所在尺度空间的一个像素，箭头方向代表该像素的梯度方向，箭头长度代表梯度大小，圆圈代表高斯加权的范围。分别在每 4×4 的小块上计算 8 个方向的梯度方向直方图，绘制每个梯度方向的累加值，即可形成一个种子点，如图 6.39（b）所示。图 6.39（b）中一个关键点由 2×2 共 4 个种子点组成，每个种子点有 8 个方向向量信息。这种邻域方向性信息联合的思想增强了算法抗噪声的能力，同时对于含有定位误差的特征匹配也提供了较好的容错性。

为了增强匹配的稳健性，对每个关键点可使用 4×4 共 16 个种子点来描述（Lowe，2004），这样对于每个关键点就可以产生 128 维的向量，即 SIFT 特征向量。此时的 SIFT 特征向量已经去除了尺度变化、旋转等几何变形因素的影响。继续将特征向量的长度归一化，则可以进一步去除光照变化的影响。

当两幅影像的 SIFT 特征向量生成后，采用关键点特征向量的欧式距离作为两幅影像中关键点的相似性判定度量。在左图像中取出某个关键点，并通过遍历找出其与右影像中欧式距离最近的前两个关键点。如果最近的距离与次近的距离比值少于某个阀值（经验值 0.8），则接受这一对匹配点。降低阀值，可增加匹配点的正确率，但匹配点数同时会减少。

由 SIFT 特征匹配的方法可以看出，SIFT 特征是图像的局部特征，其对旋转、尺度缩放、亮度变化均保持不变性。但是 SIFT 算子具有多量性，即使很小的影像或少数几个物体也能产生大量的特征点，如一幅纹理丰富的 150 像素×150 像素的影像就能产生 1 400 个特征点。因此 SIFT 特征匹配最终归结为在高维空间搜索最邻近点的问题。利用标准的 SIFT 算法来遍历比较每个特征点是不现实的（除非影像很小），因此，必须针对实际情况对标准的 SIFT 特征匹配方法进行优化。

上述基于特征的影像匹配考虑了目标影像窗口的信息量，遵循了先宏观后微观，先轮廓后细节，先易于辨认后较为模糊的人类视觉匹配规律，因而能够提高影像匹配的可靠性。但是，如果基于特征的影像匹配不顾及匹配结果整体的一致性，还是难以避免错误匹配的发生。无论是基于灰度的影像匹配还是大部分的基于特征的影像匹配，都是基于单点的影像匹配，即以待定点为中心确定一个窗口，根据一个或多个相似性测度，判别其与另一影像上搜索窗口中灰度分布的相似性，以确定待匹配点的同名点。其结果的正确与否与周围的点并无联系或只有很弱的联系。这种孤立的不考虑周围关系的单点影像匹配结果之间必然会出现矛盾。因此，顾及匹配周围特征的一致性、相容性和整体协调性的整体影像匹配也就得到了发展。

整体影像匹配算法主要包括多点最小二乘影像匹配、动态规划影像匹配、松弛法影像匹配、人工神经元网络影像匹配等。

思 考 题

1. 什么是数字影像？其频率域的表达有何作用？

2. 常用的影像重采样方法有哪些？试比较它们的优缺点。

3. 已知 $g_{i,j}=102, g_{i+1,j}=112, g_{i,j+1}=118, g_{i+1,j+1}=126$，$k-i=\frac{\Delta}{4}$，$l-j=\frac{\Delta}{4}$，其中 Δ 为采样间隔。用双线性插值法计算 $g_{k,l}$。

4. 试述 Moravec 算子及 Forstner 点提取特征算子的原理，绘出其程序流程图并编制相应程序实现。

5. 什么是线特征？有哪些梯度算子可用于线特征提取？

6. 绘出利用 Hough 变换提取直线的程序流程图。

7. 试述高精度直线与角点定位算子的定位过程。

8. 影像相关的目的是什么？利用相关技术进行立体像对自动量测的原理是什么？分别简述影像的电子相关、光学相关与数字相关以及它们的特点。

9. 什么是金字塔影像？基于金字塔影像进行相关有什么好处？

10. 影像匹配的匹配测度有哪些？各有何特点？

11. 绘出相关系数计算程序流程图，并编制相应子程序。

12. VLL 法影像匹配方法的优点是什么？绘出 VLL 法影像匹配程序流程图。

13. 为什么最小二乘影像匹配能够达到很高的精度？它的优缺点是什么？绘出单点最小二乘影像匹配算法的流程图。

14. 简述跨接法影像匹配的基本原理和实现过程。

15. 特征点的匹配通常采用哪些策略?试比较“深度优先”与“广度优先”影像匹配的优缺点。

16. 叙述基于 SIFT 算子的特征匹配的原理和过程。

第 7 章　摄影测量成果的数字表达

用摄影测量方法能够快速有效地获得目标物的空间信息。摄影测量中，目标物的空间信息主要以数字高程模型、数字正射影像以及它们的派生产品予以表达。

7.1　数字高程模型

7.1.1　概　念

用图解的方式将地面上的信息表示在图纸上，例如：用等高线和地貌符号以及必要的数字注记表示地形，用各种不同的符号和文字注记表示地物的位置、形状和特征，称为图解地图，即常用的地形图。图解地图的优点是比较直观，符合人们的使用习惯；缺点是不便于地图的修测、更新、存放、检索和应用于 GIS。此外，由于图解地图的负载量有限，地面上的很多信息不能直接表示在地形图上。

随着工程设计自动化的要求、建立地形数据库和地理信息系统的需要，出现了用数字形式表示地面的方式，即数字地面模型（Digital Terrain Model—DTM）。与传统的地形图相比，DTM 作为地表信息的一种数字表达有着无可比拟的优越性。首先，它可以直接输入计算机，供各种计算机辅助设计系统利用；其次，可运用多层数据结构存储丰富的信息，包括地形图无法容纳与表达的垂直分布地物的信息。此外，由于 DTM 存储的信息是数字形式的，便于修改、更新、复制和管理，也可以方便地转换成其他形式（包括传统的地形图、表格）的地表资料文件及产品。

数字地面模型 DTM 是地形表面形态等多种信息的一个数字表示。严格地说，DTM 是定义在某一区域 D 上的 n 维向量的有限序列：

$$\{V_i,\ i=1,\ 2,\ \cdots,\ n\}$$

向量 $\boldsymbol{V}_i=(V_{i1},\ V_{i2},\ \cdots,\ V_{in})$ 可以为地形分量 $(X_i,\ Y_i,\ Z_i)$ $[(X_i,\ Y_i)\in \boldsymbol{D}]$、资源分量、环境分量、土地利用、人口分布等多种信息的定量或定性描述。

DTM 中若只考虑地形分量，我们通常称其为数字高程模型（Digital Elevation Model—DEM）。数字高程模型定义为区域 $\boldsymbol{D}$ 上地形的三维向量的有限序列：

$$\{V_i=(X_i,\ Y_i,\ Z_i),\ i=1,\ 2,\ \cdots,\ m\}$$

其中，$(X_i,\ Y_i)\in \boldsymbol{D}$ 是平面坐标，Z_i 是 $(X_i,\ Y_i)$ 对应的高程。

7.1.2 数字高程模型的表达形式

数字高程模型的表达形式概括起来有三类：

1. 规则格网形式

利用一系列在 X、Y 方向上都是等间隔排列的地形点的高程 Z 表示地形，形成一个矩形规则格网 DEM。其任意一个点 P_{ij} 的平面坐标可根据该点在 DEM 中的行列号 j、i 及存放在该文件头部的基本信息推算出来。这些基本信息包括 DEM 起始点坐标（X_0，Y_0）、DEM 格网在 X 方向和 Y 方向的间隔 D_X、D_Y 以及 DEM 的行列数 N_Y、N_X。如图 7.1 所示，则任意一点 P_{ij} 在规则格网 DEM 上的平面坐标（X_i，Y_i）为

$$\left.\begin{aligned} X_i = X_0 + i \cdot D_X,\ (i = 0,\ 1,\ \cdots,\ NX-1) \\ Y_i = Y_0 + j \cdot D_Y,\ (j = 0,\ 1,\ \cdots,\ NY-1) \end{aligned}\right\} \tag{7-1-1}$$

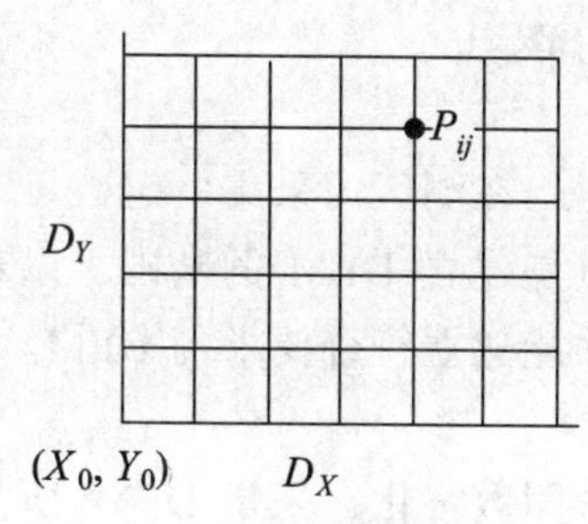

图 7.1　矩形格网 DEM

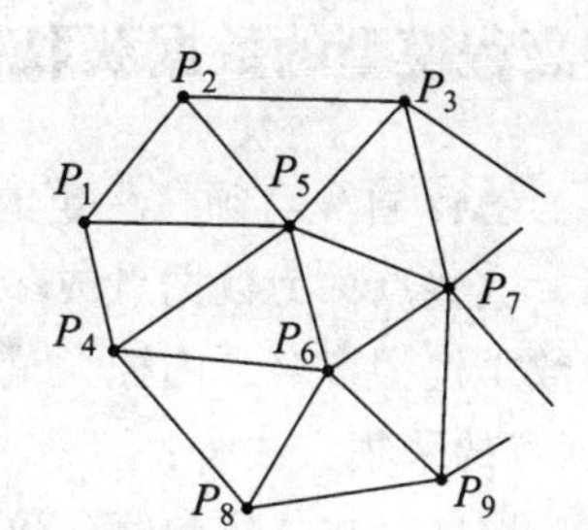

图 7.2　不规则三角网 DEM

在这种情况下，除了基本信息外，DEM 就变成一组规则存放的高程值。

规则格网 DEM 的优势明显，表现为：存储量小，可进行压缩存储，便于使用，易于管理，是目前使用最广泛的一种 DEM 的表达形式。但其缺点是，有时不能准确表达地形的结构和细部，导致基于规则格网 DEM 描绘的等高线不能准确表示地貌。为此，可采用附加地形数据特征点，如地形特征数据点、山脊山谷线、断裂线等，以便构成完整的 DEM。

2. 不规则三角网形式

将按地形特征采集的点，根据一定规则连成覆盖整个区域且又互不重叠的许多三角形，构成不规则三角网（Triangulated Irreguar Network—TIN）来表示 DEM，如图 7.2 所示。不规则三角网的 DEM 文件要求存储所有三角顶点的坐标（X，Y，Z）。

TIN 能较好地顾及地形地貌的特征点、线，真实地表示地形表面，而且表示复杂地形表面比矩形格网精确。但其缺点是数据量较大，数据结构较复杂，因而使用与管理也较复杂。

3. 混合形式

为了充分利用上述两种形式 DEM 的优点，克服它们的缺点，德国 Ebner 教授等提出了混合形式的 DEM，即：一般地区使用规则格网 DEM 数据结构，还可根据地形情况采用不同密度的格网，沿地形特征则附加不规则三角网 DEM 数据结构，如图 7.3 所示。

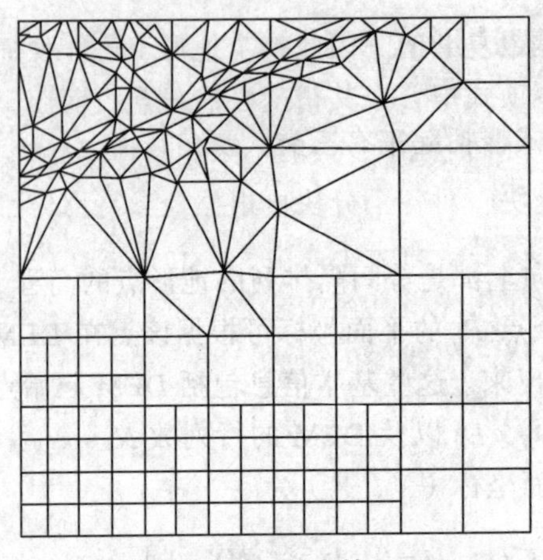

图 7.3　混合形式的 DEM

7.1.3　数字高程模型的数据获取和数据预处理

为了建立 DEM，首先必须按一定的数据采集方法，在测区内采集一定数量一定密度地面点的三维坐标，这些点称为数据点或参考点。数据点是建立 DEM 的基础，以数据点为网络框架，用某种数学模型拟合，内插大量的高程点，才能建立符合要求的 DEM。

DEM 数据点的采集方法有：

（1）现有地图数字化。用数字化仪对现有的地形图数字化，采集 DEM 所需数据点的空间坐标。目前常用的方法是使用扫描装置采集。

（2）数字摄影测量。利用航摄影像，在数字摄影测量系统上量测采集 DEM 所需数据点的空间坐标。这是目前常用的一种数据点采集方法。

（3）地面测量。利用全站仪、电子速测仪等在野外实地直接测量 DEM 所需的数据点的空间坐标。

（4）空间传感器：利用全球定位系统 GPS、雷达和激光测高仪（如 LIDAR）等进行数据点的空间坐标采集。

DEM 数据预处理是 DEM 内插前的准备工作，它是整个数据处理的一部分，一般包括：数据格式转换、坐标系统变换、数据编辑、栅格数据矢量化、数据分块。

数据预处理是 DEM 建立的一部分，有的内容也可在数据采集的时候同时进行，这就需要数据采集的软件具有更强的功能。

7.1.4　数字高程模型内插方法

DEM 内插就是根据数据点（已知点）上的高程求出其他待定点的高程，在数学上属于插值问题。由于所采集的原始数据排列一般是不规则的，为了获取规则格网的 DEM，内插是必不可少的重要过程。

任何一种内插方法都是根据原始函数的连线光滑性以及邻近数据点之间存在很大的相关性，才有可能由邻近的数据点内插出待定点的高程。对于一般的地面，能够满足连续光滑的条件，但大范围内的地形是很复杂的，因此整个地形不可能像通常的数字插值那样用一个多项式来拟合。因为用低次多项式拟合，其精度必然很差；而用高次多项式拟合，又可能产生解的不稳定性。所以，在 DEM 内插中，一般不采用整体函数内插，而是采用局部函数内插，即将整个区域划分成若干分块，对各个分块再根据地形特性使用不同的函数进行拟合，并且要考虑相连分块函数间的连续性。对于不光滑、不连续的地表，即使是在一个计算单元，也要进一步分块处理并且不能使用光滑甚至连续条件。

内插的方法很多，本节仅介绍线性内插法、双线性内插法、移动曲面拟合法、多面函数内插法、分块双三次多项式内插法。

1. 线性内插法

在待定点 P 附近选择距离最近的三个数据点，它们的高程值分别为 Z_1、Z_2、Z_3，三个点可确定一个平面：

$$Z = a_0 + a_1 X + a_2 Y \tag{7-1-2}$$

式中，参数 a_0、a_1、a_2 由三个数据点的坐标值组建的三个线性方程组求出。

当模型参数 a_0、a_1、a_2 已知后，再根据式（7-1-2），即可内插出该平面内任意待定点 P（X，Y）的高程 Z。

2. 双线性内插法

根据距离待定点 P 最邻近的四个数据点，确定一个双线性多项式：

$$Z = \sum_{j=0}^{1}\sum_{i=0}^{1} a_{ij} X^i Y^j = a_{00} + a_{10}X + a_{01}Y + a_{11}XY \tag{7-1-3}$$

利用四个数据点的坐标，求出多项式中的四个参数 a_{00}、a_{10}、a_{01}、a_{11}，再根据（7-1-3）式内插出待定点 $P(X，Y)$的高程。

3. 分块双三次多项式内插法（样条函数内插法）

分块多项式的计算方法多种多样，对每一个分块可以定义出一个不同的多项式曲面，当 n 次多项式与其相邻分块的边界上所有 $n-1$ 次的导数都连续时，则称之为样条函数。

在数据点为方格网的条件下，可取用三次曲面来描述格网内的地面高程，三次曲面方程为

$$\begin{aligned} Z &= \sum_{j=0}^{3}\sum_{i=0}^{3} a_{ij} X^i Y^j \\ &= a_{00} + a_{10}X + a_{20}X^2 + a_{30}X^3 \\ &\quad + a_{01}Y + a_{11}XY + a_{21}X^2Y + a_{31}X^3Y \\ &\quad + a_{02}Y^2 + a_{12}XY^2 + a_{22}X^2Y^2 + a_{32}X^3Y^2 \\ &\quad + a_{03}Y^3 + a_{13}XY^3 + a_{23}X^2Y^3 + a_{33}X^3Y^3 \end{aligned} \tag{7-1-4}$$

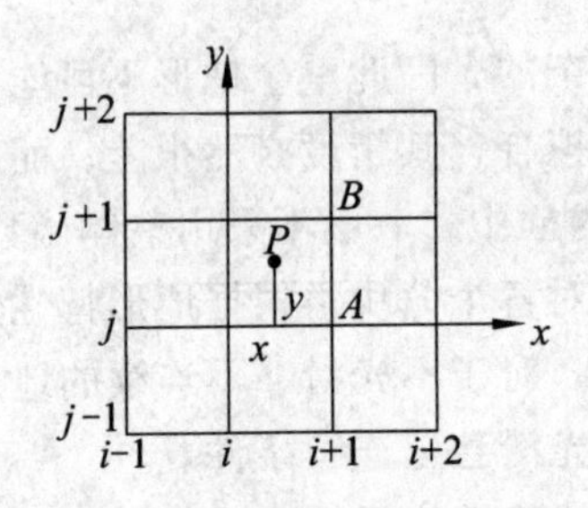

图 7.4　样条函数内插法

在图 7.4 中，为了求出式（7-1-4）中的 16 个参数，除了已知待定点四周的四个格网数据点外，还必须已知四个顶点处的一阶偏导数和二阶混合导数，其值可按下式计算[以（i，j）点为例]：

$$\left.\begin{aligned}(Z_X)_{ij}&=\frac{\partial Z_{ij}}{\partial X}=\frac{1}{2}(Z_{i+1,j}-Z_{i-1,j})\\(Z_Y)_{ij}&=\frac{\partial Z_{ij}}{\partial Y}=\frac{1}{2}(Z_{i,j+1}-Z_{i,j-1})\\(Z_{XY})_{ij}&=\frac{\partial^2 Z}{\partial X\partial Y}=\frac{1}{4}(Z_{i+1,j+1}+Z_{i-1,j-1}-Z_{i-1,j+1}-Z_{i+1,j-1})\end{aligned}\right\}\tag{7-1-5}$$

这样，由 16 个方程解 16 个未知数，可得唯一解。

三次多项式内插虽然属于局部内插，即在每个方格网内拟合一个三次曲面，由于考虑了一阶偏导数与二阶混合导数，因此它能保证相邻曲面之间的连续与光滑。

4. 移动曲面拟合内插法

移动曲面拟合内插法是一种以待定点为中心的逐点内插法，它以每一待定点为中心，定义一个局部函数去拟合周围的数据点，进而求出待定点的高程。该方法十分灵活，精度较高，计算方法简单，对计算机的内存要求不高，所以该方法常被应用于由离散数据点生成规则格网 DEM。但该方法与其他方法相比，计算速度较慢。其过程如下：

（1）对 DEM 每个格网点，从数据点中检索出对应该 DEM 格网点的几个分块格网中的数据点，并将坐标原点移至待定点 $P(X_P，Y_P)$上：

$$\left.\begin{aligned}\bar{X}_i&=X_i-X_P\\\bar{Y}_i&=Y_i-Y_P\end{aligned}\right\}\tag{7-1-6}$$

（2）为了选取邻近的数据点，以待定点 P 为圆心，以 R 为半径作圆，如图 7.5 所示。凡是落在圆内的数据点即被选用，所选择的点数根据所用的局部拟合函数来确定，在二次曲面内插时，要求选用的数据点个数 $n>6$。数据点 $P_i(X_i，Y_i)$到待定点 $P(X_P，Y_P)$的距离为 d_i：

$$\left.\begin{aligned}d_i&=\sqrt{\bar{X}_i^2+\bar{Y}_i^2}\\n&>6\end{aligned}\right\}\tag{7-1-7}$$

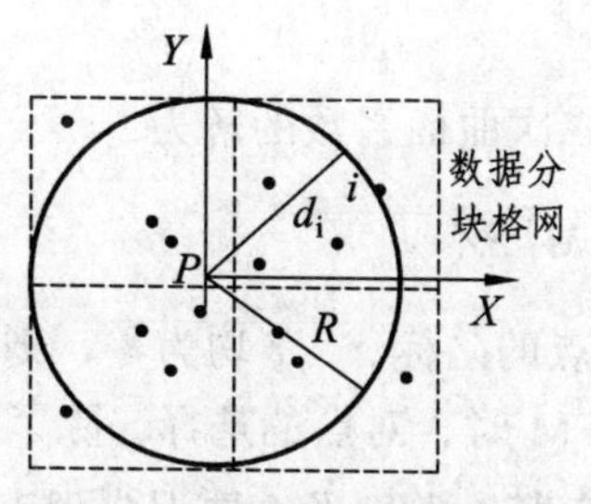

图 7.5 移动曲面拟合法

当 $d_i<R$ 时，该点 P_i 即被选用。若选择的点数不够时，则应增大 R 的数值，直至数据点的个数 n 满足要求为止。

（3）列误差方程式。若选择二次曲面作为拟合曲面：

$$Z = Ax^2 + Bxy + Cy^2 + Dx + Ey + F \tag{7-1-8}$$

则数据点 P_i 对应的误差方程式为

$$v_i = \bar{X}_i^2 A + \bar{X}_i \bar{Y}_i B + \bar{Y}_i^2 C + \bar{X}_i D + \bar{Y}_i E + F - Z_i \tag{7-1-9}$$

由 n 个数据点列出的误差方程为

$$V = MX - Z \tag{7-1-10}$$

式中，

$$X = \begin{pmatrix} A \\ B \\ C \\ \vdots \\ F \end{pmatrix};\quad Z = \begin{pmatrix} z_1 \\ z_2 \\ \vdots \\ z_n \end{pmatrix};\quad V = \begin{pmatrix} v_1 \\ v_2 \\ \vdots \\ v_n \end{pmatrix}$$

$$M = \begin{pmatrix} \bar{X}_1^2 & \bar{X}_1\bar{Y}_1 & \bar{Y}_1^2 & \bar{X}_1 & \bar{Y}_1 & 1 \\ \bar{X}_2^2 & \bar{X}_2\bar{Y}_2 & \bar{Y}_2^2 & \bar{X}_2 & \bar{Y}_2 & 1 \\ \vdots & \vdots & \vdots & \vdots & \vdots & 1 \\ \bar{X}_n^2 & \bar{X}_n\bar{Y}_n & \bar{Y}_n^2 & \bar{X}_n & \bar{Y}_n & 1 \end{pmatrix}$$

（4）计算每一个数据点的权。这里的权并不代表数据点 P_i 的观测精度，而是反映了该点与待定点相关的程度。因此，权 P_i 的确定与该数据点到待定点的距离 d_i 有关：d_i 越小，它对待定点的影响越大，则权也越大；反之，d_i 越大，则权越小。常采用的权有如下几种形式：

$$p_i = \frac{1}{d_i^2};\quad p_i = \left(\frac{R-d_i}{d_i}\right)^2;\quad p_i = \mathrm{e}^{-\frac{d_i^2}{k^2}}$$

其中，R 是选点的半径，d_i 为待定点到数据点的距离，k 是一个供选的常数。这三种权的形式都可符合上述选择权的原则，但是它们与距离的关系有所不同。具体选择何种形式定权，需要根据地形进行试验选取。

（5）根据最小二乘平差法，二次曲面系数的解为

$$X=(M^{\mathrm{T}}PM)^{-1}M^{\mathrm{T}}PZ \tag{7-1-11}$$

由于原点移至 P 点，所以 P 点的坐标 X、Y 均为零，则待定点的内插高程值：$Z_P=F$。

利用移动曲面拟合法内插 DEM 时，对点的选择，除了满足 $n>6$ 外，还应保证各个象限都有数据点；而且当地形起伏较大时，半径 R 不能取得很大。当数据点较稀疏或分布不均匀时，利用二次曲面移动拟合可能产生很大的误差，这是因为解的稳定性取决于法方程的状态，而法方程的状态与点位分布有关，此时可采用平面移动拟合或其他方法。

Hannover 大学的 TASH 程序使用的是二次曲面移动拟合内插法，而 Vienna 工业大学的 SORA 程序则采用了多个邻近点的加权平均水平面移动拟合法内插：

$$Z_P=\frac{\sum_{i=1}^{n}P_iZ_i}{\sum_{i=1}^{n}P_i} \tag{7-1-12}$$

5. 多面函数内插法

多面函数内插法（也称多面函数最小二乘推估法）是美国 Hardy 教授于 1977 年提出的。它是从几何观点出发，解决根据数据点形成一个平差的数学曲面问题。其理论根据是："任何一个圆滑的数学表面总是可以用一系列有规则的数学表面的总和，以任意的精度进行逼近。"这种方法的基本思想是：在每个数据点上建立一个曲面（通常是旋转曲面），通过将这些曲面按一定比例叠加来最佳地描述所要求的物体表面，并使叠加后的曲面严格地通过各数据点。

多面函数内插法的公式为

$$\begin{aligned}Z=f(X,\ Y)&=\sum_{j=1}^{n}a_jq(X,\ Y,\ X_j,\ Y_j)\\&=a_1q(X,\ Y,\ X_1,\ Y_1)+a_2q(X,\ Y,\ X_2,\ Y_2)+\cdots+a_nq(X,\ Y,\ X_n,\ Y_n)\end{aligned} \tag{7-1-13}$$

式中，$q(X,\ Y,\ X_j,\ Y_j)$ 称为核函数。式（7-1-13）也是一个数学表面上某点（X，Y）处高程 Z 的表达式。

核函数可以任意选取。为了方便，可以假定各核函数是对称的圆锥面，其表达式为

$$q(X,Y,X_j,Y_j)=\sqrt{(X-X_j)^2+(Y-Y_j)^2} \tag{7-1-14}$$

这是比较常用的一种。也可以再加一常数 δ 成为一个双曲面：

$$q(X,Y,X_j,Y_j)=\sqrt{(X-X_j)^2+(Y-Y_j)^2+\delta} \tag{7-1-15}$$

它在数据点处能保证坡度的连续性。

设已知高程的数据点个数为 m 个（$m\geqslant n$），任选其中 n 个数据点为核函数的中心点 P_j（X_j，Y_j）（$j=1$，2，…，n），令

$$q_{ij} = q(X_i, Y_i, X_j, Y_j)\text{，}(i=1\text{，}2\text{，}\cdots\text{，}m)$$

则各数据点应满足：

$$Z_i = \sum_{j=1}^{n} a_j q_{ij}, \ (i=1,\ 2,\ \cdots,\ m) \tag{7-1-16}$$

根据上式，可列出误 m 个误差方程：

$$\begin{pmatrix} v_1 \\ v_2 \\ \vdots \\ v_m \end{pmatrix} = \begin{pmatrix} q_{11} & q_{12} & \cdots & q_{1n} \\ q_{21} & q_{22} & \cdots & q_{2n} \\ \vdots & \vdots & \vdots & \vdots \\ q_{m1} & q_{m2} & \cdots & q_{mn} \end{pmatrix} \begin{pmatrix} a_1 \\ a_2 \\ \vdots \\ a_n \end{pmatrix} - \begin{pmatrix} z_1 \\ z_2 \\ \vdots \\ z_m \end{pmatrix} \tag{7-1-17}$$

写成矩阵形式为

$$\boldsymbol{V} = Qa - Z \tag{7-1-18}$$

法化求解得

$$a = (Q^{\mathrm{T}}Q)^{-1}Q^{\mathrm{T}}Z \tag{7-1-19}$$

则任意一点 P_k 上的高程 Z_k（$K > n$）内插值为

$$Z_k = Q_k^{\mathrm{T}} \cdot a = Q_k^{\mathrm{T}}(Q^{\mathrm{T}}Q)^{-1}Q^{\mathrm{T}}Z \tag{7-1-20}$$

其中，$Q_K^{\mathrm{T}} = [q_{k1} \quad q_{k2} \quad \cdots \quad q_{kn}]$，$q_{kj} = q(X_k,\ Y_k;\ X_j,\ Y_j)$

7.1.5 数字高程模型的数据存储与管理

经内插得到的 DEM 数据需以一定结构与格式存储起来，以利于各种应用，其方式可以是以图幅为单位的文件存储，或建立地形数据库。当 DEM 数据量较大时，必须考虑其数据的压缩存储问题。而 DEM 数据可能有各种来源，随着时间变化，局部地形必然会发生变化，因而也应考虑 DEM 的拼接、更新的管理工作。

1. 数字高程模型的数据存储

经内插得到的 DEM 数据或直接采集的格网 DEM 数据，需要以一定的结构和格式存储起来，以利于各种应用。通常以图幅为单位建立文件，其文件头（或零号记录）存放有关的基础信息，包括起点（图廓左下角点）的平面坐标、格网间隔、区域范围、图幅编号、原始资料、数据采集仪器、采集的手段与方法、采集的日期与更新的日期、精度指标以及记录格式等。

文件之后就是 DEM 数据的主体——格网点的高程。对小范围的 DEM，每一记录为一点的高程或一行的高程数据。但对于较大范围的 DEM，其数据量较大，则采取数据压缩的方法存储数据。

除了格网点高程数据外，文件还应存储该地区的地形特征线以及特征点的数据。它们可以以向量形式存储，也可以以栅格方式存储。

2. 数字高程模型的数据管理

若 DEM 以图幅为单位存储，每一存储单位可能由多个模型拼接而成，所以要建立一套管理软件，以完成 DEM 按图幅为单位的存储、接边以及更新工作。

对每一图幅可建立一个管理数据文件，记录每一 DEM 格网或小模块的数据录入状况，管理软件根据该文件以图形方式显示在计算机屏幕上，使操作人员可清楚、直观地观察到该图幅 DEM 数据录入的情况。当任何一块数据被录入时，应与已录入的数据进行接边处理，最简单的办法就是取其平均值，也可按距离进行加权平均。录入的数据在该图幅 DEM 所处的位置也要登记在管理数据文件中。

对 DEM 数据的更新应十分谨慎。对于用户，DEM 数据应只能读取，不能写入。只有 DEM 维护管理人员才有权写入。管理软件应能识别管理人员输入的密码，只有当密码正确时，才允许 DEM 数据的更新。若 DEM 数据已输入了数据库，则该数据库管理系统应当有一些有效措施来保护数据库的数据，防止数据库的数据受到干扰和破坏，保证数据的正确和有效。当某种原因使数据库受到破坏时，应当尽快把数据库恢复到原有的正确状态，并要维护数据库使其在正常运行，包括按权限进行检索、插入、删除、修改等。

7.1.6 三角网数字高程模型

对于不规则离散分布的特征点数据，可以建立各种不规则网的数字高程模型，如三角形网、四边形网、多边形网，但其中最简单和最常用的还是三角形网。不规则三角形网（Triangulated Irregular Network—TIN）数字高程模型能很好地顾及地貌特征点、线，因而近年来得到了较快的发展。如图 7.6 所示。

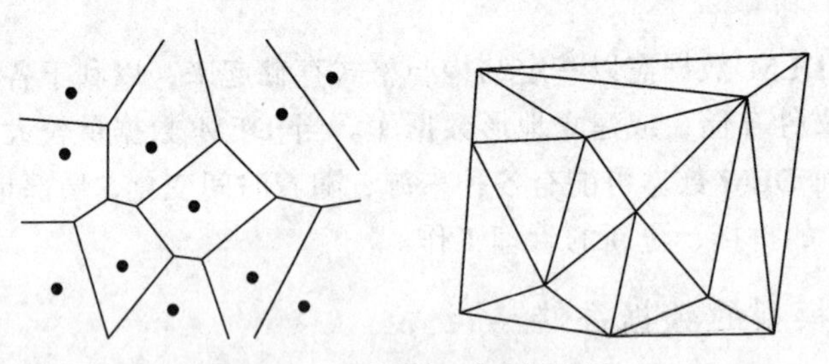

图 7.6 不规则三角网 DEM

1. 不规则三角网数字高程模型的构建

不规则三角网 DEM 的建立是基于最佳三角形的条件，即尽可能保证每个三角形是锐角三角形或三边长度近似相等，避免出现过大的钝角和过小的锐角。

下面介绍两种 TIN 的构建方法：

（1）角度判断法。

该方法是当已知三角形的两个顶点后，利用余弦定理计算备选第三顶点的三角形内角的大小，选择角度最大者对应的点为该三角形的第三顶点。其步骤如下：

① 将原始数据分块，检索所处理三角形邻近的点，而不必检索全部数据。

② 确定第一个三角形。从离散点中任取一个点 A，通常可以取数据文件中的第一个点或左下角检索格网中的第一个点。在其附近选取距离最近的一个点 B 作为三角形的第二个点。然后对附近的点 C，利用余弦定理计算其夹角 $\angle C_i$：

$$\cos\angle C_i = \frac{a_i^2 + b_i^2 - c^2}{2a_i b_i} \tag{7-1-21}$$

其中，$a_i = BC$，$b_i = AC$，$c = AB$。

若 $\angle C = \max\{\angle C_i\}$，则 C 为该三角形的第三个顶点。

③ 三角形的扩展。由第一个三角形往外扩展，将全部离散点构成三角网，并要保证三角网中没有重复和交叉的三角形。其做法是：依次对每一个已生成的三角形新增加的两边，按角度最大的原则向外进行扩展，并进行是否重复的检测。

a. 向外扩展的处理。若从顶点为 $P_1(X_1, Y_1)$、$P_2(X_2, Y_2)$、$P_3(X_3, Y_3)$三角形的 P_1P_2 边向外扩展，应取位于直线 P_1P_2 与 P_3 异侧的点。P_1P_2 直线方程为

$$F(X,Y) = (Y_2 - Y_1)(X - X_1) - (X_2 - X_1)(Y - Y_1) = 0 \tag{7-1-22}$$

若备选点 P 的坐标为（X，Y），则当

$$F(X,Y)\cdot F(X_3,Y_3) < 0$$

时，P 与 P_3 在直线 P_1P_2 的异侧，该点可作为备选扩展点。

b. 重复与交叉的检测。由于任意一边最多只能是两个三角形的公共边，因此，只需给每一边记下扩展的次数。若该边的扩展次数超过 2，则扩展无效；否则扩展有效。

（2）泰森多边形与狄洛尼三角网。

区域 D 上有 n 个离散点 P_i（X_i，Y_i）（$i = 1, 2, \cdots, n$），若将 D 用一组直线段分成 n 个互相邻接的多边形，而且满足：

① 每个多边形内含且仅含一个离散点。

② D 中任意一点 $P'(X', Y')$位于 P_i 所在的多边形内，满足：

$$\sqrt{(X' - X_i)^2 + (Y' - Y_i)^2} < \sqrt{(X' - X_j)^2 + (Y' - Y_j)^2} \quad (j \neq i)$$

③ 若 P'位于所在的两多边形的公共边上，满足：

$$\sqrt{(X' - X_i)^2 + (Y' - Y_i)^2} = \sqrt{(X' - X_j)^2 + (Y' - Y_j)^2} \quad (j \neq i)$$

则称这些多边形为泰森多边形。用直线段连接每两个相邻多边形内的离散点而生成的三角网称为狄洛尼三角网。

泰森多边形的分法是唯一的。每个泰森多边形均是凸多边形；任意两个泰森多边形不存在公共区域。狄洛尼三角网在均匀分布点的情况下，应避免产生狭长和过小锐角的三角形。利用数学形态学可建立泰森多边形和狄洛尼三角网。

2. 三角网数字高程模型点存储。

三角网数字高程模型 TIN 的数据存储方式与矩形格网 DEM 的存储方式大不相同，它不

仅要存储每个网点的高程，还要存储其平面坐标、网点连接的拓扑关系、三角形及邻接三角形等信息。常用的 TIN 存储结构有以下三种方式：

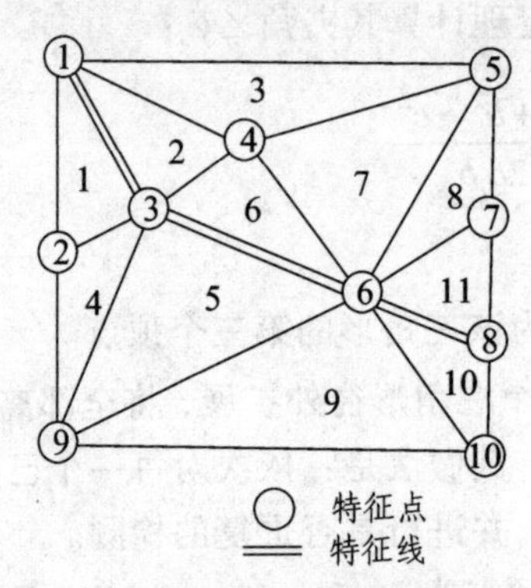

图 7.7　不规则三角图

（1）直接表示网点邻接关系的结构。

以图 7.7 所示的 TIN 为例，建立如图 7.8 所示的直接表示网点邻接关系的结构，这种数据结构由网点坐标、高程值表以及网点邻接的指针链构成。网点的指针链是用每点所有邻接点的编号按顺时针（或逆时针）方向顺序存储构成的。

这种数据结构最早由 Peucker 及 Fowler 等人提出并使用，其特点是存储量小、编辑方便。但是三角形及邻接关系都需要实时再生成，且计算量大，不便于 TIN 的快速检索与显示。

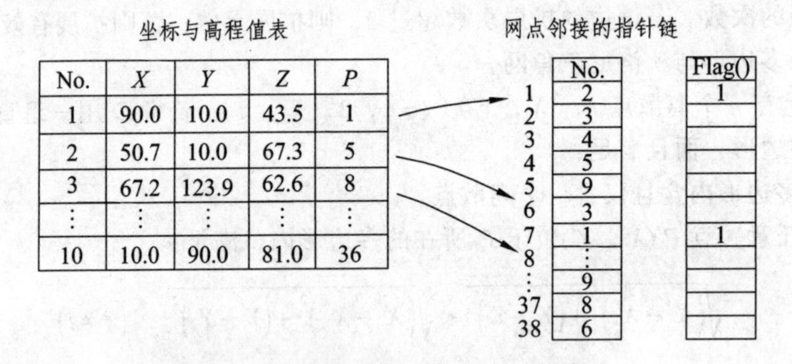

坐标与高程值表

No.	X	Y	Z	P
1	90.0	10.0	43.5	1
2	50.7	10.0	67.3	5
3	67.2	123.9	62.6	8
⋮	⋮	⋮	⋮	⋮
10	10.0	90.0	81.0	36

网点邻接的指针链

	No.	Flag()
1	2	1
2	3	
3	4	
4	5	
5	9	
6	3	
7	1	1
8	⋮	
⋮	9	
37	8	
38	6	

图 7.8　直接表示网点邻接关系的结构

（2）直接表示三角形及邻接关系的结构。

如图 7.9 所示，这种数据结构由网点坐标与高程值表、三角形表及邻接三角形表等三个数表构成，每个三角形也作为数据记录直接存储，并用指向三个网点的编号定义它。三角形中三边相邻接的三角形也作为数据记录直接存储，并用指向相应三角形的编号来表示。

这种数据结构最早由 Gold、McCullagh 及 Tarvyelas 等人提出并使用，其特点是检索网点拓扑关系效率高、便于等高线快速插绘、TIN 快速显示以及局部结构分析。其不足之处是需要的存储量较大，且编辑不方便。

坐标与高程值表

No.	X	Y	Z
1	90.0	10.0	43.5
2	50.7	10.0	67.2
3	67.2	23.9	62.6
⋮	⋮	⋮	⋮
10	10.0	90.0	81.9

三角形表

No.	P_1	P_2	P_3
1	1	2	3
2	1	3	4
3	4	5	1
⋮	⋮	⋮	⋮
11	6	7	8

邻接三角形表

No.	Δ_1	Δ_2	Δ_3
1	2	4	
2	1	3	6
3	2	7	
⋮	⋮		⋮
11	8	10	

图 7.9　直接表示三角形及邻接关系的结构

（3）混合表示网点及三角形邻接关系的结构。

根据以上两种结构的特点和不足，Mckenna 提出了一种混合直接表示网点及三角点邻接关系的结构。它是在直接表示网点邻接关系结构的基础上，再增加一个三角形的数表，其存储量与直接表示三角形及邻接关系的结构相当，但编辑和快速检索都较方便，如图 7.10 所示。

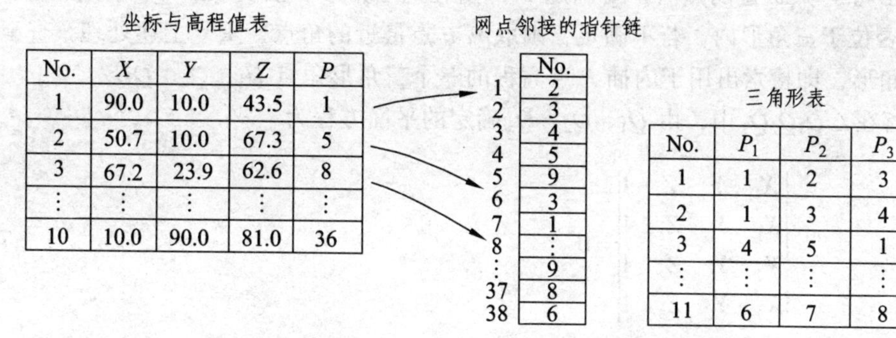
坐标与高程值表

No.	X	Y	Z	P
1	90.0	10.0	43.5	1
2	50.7	10.0	67.3	5
3	67.2	23.9	62.6	8
⋮	⋮	⋮	⋮	⋮
10	10.0	90.0	81.0	36

网点邻接的指针链

	No.
1	2
2	3
3	4
4	5
5	9
6	3
7	1
8	⋮
⋮	9
37	8
38	6

三角形表

No.	P_1	P_2	P_3
1	1	2	3
2	1	3	4
3	4	5	1
⋮	⋮	⋮	⋮
11	6	7	8

图 7.10　混合表示网点及三角形邻接关系的结构

7.1.7　数字高程模型的应用

数字高程模型的应用非常广泛：在测绘中可用于绘制等高线图、坡度图、坡向图、立体透视图，制作正射影像图、立体景观图、立体匹配片、立体地形模型及地图的修测等；在各种工程中可用于体积计算、面积计算，各种剖面图的绘制及线路的设计等；在军事上可用于导航、通信、作战任务的计划、导弹制导等；在环境与规划中可用于土地利用现状的分析、各种规划和洪水险情预报等。本节将仅介绍 DEM 在测绘中的应用。

1. 基于矩形格网的 DEM 多项式内插

DEM 最基础的应用是求 DEM 范围内任意一点 $P(X, Y)$ 的高程。由于此时已知该点所在的 DEM 格网各个角点的高程，因此可以利用这些格网点高程拟合一定的曲面，然后在曲面内计算该点的高程。所拟合的曲面一般应该满足连续甚至光滑的条件。根据 7.1.4 节所介绍的双线性多项式内插法、分块双三次多项式内插法等内插方法，就可以求出 DEM 范围内任意一点的高程。

2. 基于三角网 DEM 的内插

建立 TIN 后，可以由 TIN 解求该区域内任意一点的高程。与矩形格网 DEM 内插不同，TIN 的内插一般情况下仅用线性内插，即以三角形三个角点确定的斜平面拟合地表面，因而仅能保证地面连续而不能保证光滑。

给定一点 P 的平面坐标（X, Y），要基于 TIN 内插出该点的高程，首先要确定点 P 落在 TIN 的哪个三角形中。较好的方法是：保存 TIN 建立之前数据分块的检索文件，根据（X, Y）计算出 P 点落在哪一个数据块中，将该数据块中的点取出，逐一计算这些点与 P 点的距离的平方：

$$d_i^2 = (X - X_i)^2 + (Y - Y_i)^2 \tag{7-1-23}$$

取距离最小的点，设为 Q_1。若没有数据分块的检索手段，则依次计算与各角点的距离的平方，取其最小者。这样，工作量大，内插速度慢。

当取出与 P 点最近的点后，要确定 P 点所在的三角形。依次取出 Q_1 为顶点的三角形，判断 P 是否位于三角形内。若不满足，则取离 P 点最近的角点，重复上述处理，直至取出 P 所在的三角形，即检索出用于内插 P 点高程的三个三角形角点 Q_1、Q_2、Q_3。

P 点落在△$Q_1Q_2Q_3$ 中，由 Q_1、Q_2、Q_3 确定的平面方程为

$$\begin{vmatrix} X & Y & Z & 1 \\ X_1 & Y_1 & Z_1 & 1 \\ X_2 & Y_2 & Z_2 & 1 \\ X_3 & Y_3 & Z_3 & 1 \end{vmatrix} = 0 \tag{7-1-24}$$

则 P 点的高程为

$$Z = Z_1 - \frac{(X - X_1)(Y_{21}Z_{31} - Y_{31}Z_{21}) + (Y - Y_1)(Z_{21}X_{31} - Z_{31}X_{21})}{X_{21}X_{31} - X_{31}X_{21}} \tag{7-1-25}$$

3. 等高线的绘制

（1）基于矩形格网 DEM 自动绘制等高线。

根据矩形格网 DEM 自动绘制等高线，主要包括两个步骤：

a. 等高线跟踪。利用 DEM 的矩形格网点的高程，内插出格网边上的等高线点，并将这些等高线点按顺序排列。

b. 等高线的光滑。利用上一步骤中顺序排列的等高线点的平面坐标进行插补，进一步加密等高线点并绘制成光滑的曲线。

① 等高线跟踪。

a. 确定等高线高程。

为了在整个绘图范围中绘制出全部等高线，需要根据 DEM 中的最低点高程 $Z_{\min}$ 与最高点的高程 $Z_{\max}$，计算最低等高线高程 $z_{\min}$ 与最高等高线高程 $z_{\max}$：

$$
\left.\begin{aligned}
z_{\min} &= \mathrm{INT}\left(\frac{Z_{\min}}{\Delta Z}+1\right)\cdot \Delta Z \\
z_{\max} &= \mathrm{INT}\left(\frac{Z_{\max}}{\Delta Z}\right)\cdot \Delta Z
\end{aligned}\right\} \tag{7-1-26}
$$

其中，ΔZ 为等高距，INT 为取整运算。则各等高线的高程为

$$
z_k = z_{\min} + k\cdot\Delta Z \quad ,k=0,1,\cdots,l=(z_{\max}-z_{\min})/\Delta Z \tag{7-1-27}
$$

b. 计算状态矩阵。

为了记录等高线通过 DEM 格网的情况，可设置两个状态矩阵 $\boldsymbol{H}^{(K)}$和$\boldsymbol{V}^{(K)}$序列：

$$
\boldsymbol{H}^{(K)} = \begin{pmatrix} h_{00}^{(k)} & h_{01}^{(k)} & \cdots & h_{0n}^{(k)} \\ h_{10}^{(k)} & h_{11}^{(k)} & \cdots & h_{1n}^{(k)} \\ \vdots & \vdots & \vdots & \vdots \\ h_{m0}^{(k)} & h_{m1}^{(k)} & \cdots & h_{mn}^{(k)} \end{pmatrix}^{\mathrm{T}} \tag{7-1-28}
$$

$$
\boldsymbol{V}^{(K)} = \begin{pmatrix} v_{00}^{(k)} & v_{01}^{(k)} & \cdots & v_{0n}^{(k)} \\ v_{10}^{(k)} & v_{11}^{(k)} & \cdots & v_{1n}^{(k)} \\ \vdots & \vdots & \vdots & \vdots \\ v_{m0}^{(k)} & v_{m1}^{(k)} & \cdots & v_{mn}^{(k)} \end{pmatrix}^{\mathrm{T}} \tag{7-1-29}
$$

分别表示等高线穿过 DEM 格网水平边和竖直边的状态：

$$
h_{i,j}^{(k)} = \begin{cases} 1,(Z_{i,j}-z_k)(Z_{i+1,j}-z_k)<0 \text{ ,格网点（}i, j\text{）的水平边有高程为}z_k\text{的等高线通过} \\ 0,(Z_{i,j}-z_k)(Z_{i+1,j}-z_k)>0 \text{ ，格网点（}i, j\text{）的水平边无高程为}z_k\text{的等高线通过} \end{cases}
$$

$$
v_{i,j}^{(k)} = \begin{cases} 1,(Z_{i,j}-z_k)(Z_{i,j+1}-z_k)<0 \text{ ,格网点（}i, j\text{）的竖直边有高程为}z_k\text{的等高线通过} \\ 0,(Z_{i,j}-z_k)(Z_{i,j+1}-z_k)>0 \text{ ，格网点（}i, j\text{）的竖直边无高程为}z_k\text{的等高线通过} \end{cases}
$$

为了避免上述判别式为零的情况，可将所有等于等高线高程的格网点上的高程加（或减）上一个微小数。

c. 搜索等高线的起点。与边界相交的等高线为开曲线，与边界不相交的等高线为闭曲线。通常首先跟踪开曲线，即沿 DEM 的四边搜索。

所有：$h_{i,0}^{(k)}=1$；$h_{i,m}^{(k)}=1$；$v_{0,j}^{(k)}=1$；$v_{n,j}^{(k)}=1$　　$(i=0, 1, ..., n-1; j=0, 1, ..., m-1)$ 的元素均对应一条开曲线的一个起点（或终点）。在搜索到一个开曲线的起点后，要将其相应的状态矩阵元素置零。

处理完开曲线后，再处理闭曲线。此时可按先列（或行）后行（或列）的顺序搜索 DEM 内部格网的水平边（或竖直边），所遇到的第一个等高线通过的边即闭曲线的起点边。闭曲线的起点也是终点，所以其对应的矩阵元素仍保留原值 1，以保证能够搜索到闭曲线的终点。

d. 内插等高线点。等高线点的坐标一般采用线性内插。

格网（i，j）水平边上等高线点坐标（X_P，Y_P）为

$$X_P = X_i + \frac{z_k - Z_{i,j}}{Z_{i+1,j} - Z_{i,j}} \cdot \Delta X \qquad (7\text{-}1\text{-}30)$$
$$Y_P = Y_j$$

其中，$X_i = X_0 + i \cdot \Delta X; Y_i = Y_0 + i \cdot \Delta Y; (X_0, Y_0)$ 为 DEM 的起点坐标；Z 为格网点高程；ΔX、ΔY 为 DEM 的 X 方向和 Y 方向的格网间隔。

格网（i，j）竖直边上等高线点坐标（X_q，Y_q）为

$$\left.\begin{aligned} X_q &= X_i \\ Y_q &= Y_j + \frac{z_k - Z_{i,j}}{Z_{i,j+1} - Z_{i,j}} \cdot \Delta Y \end{aligned}\right\} \qquad (7\text{-}1\text{-}31)$$

e. 搜索下一个等高线点。在找到等高线起点后，即可顺序跟踪搜索等高线上的点。

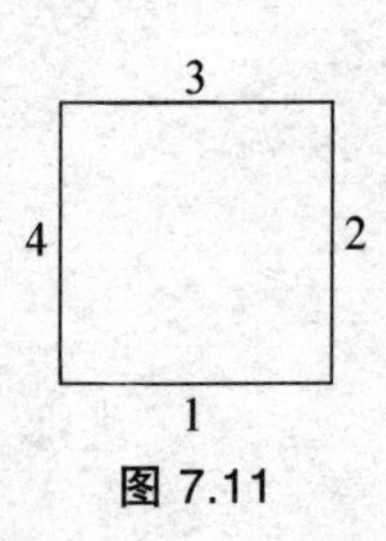

图 7.11

将每一 DEM 格网边编号为 1、2、3、4，如图 7.11 所示。则等高线的进入边的编号 *IN* 有四种可能：设进入编号为 *IN* = 1，按固定的方向（可以是顺时针，也可以是逆时针）搜索等高线穿过此格网的离去边的编号 OUT。以逆时针方向搜索为例，首先判断编号为 2 的边，其次判断 3 号边，最后是判断 4 号边，即

当 $v_{i+1,j} = 1$ 时，OUT = 2，并令 $v_{i+1,j} = 0$，下一格网为（$i+1$，j），*IN* = 4；

否则，当 $h_{i,j+1} = 1$ 时，OUT = 3，并令 $h_{i,j+1} = 0$，下一格网为（i，$j+1$），*IN* = 1；

否则，当 $v_{i,j} = 1$ 时，OUT = 4，并令 $v_{i,j} = 0$，下一格网为（$i-1$，j），*IN* = 2。

同理可分析处理进入边号 *IN* = 2，3，4 的情况。

将搜索到的每一个等高线点对应的状态矩阵元素置零是必要的，它表明该等高线点已被处理过。当状态矩阵 $\boldsymbol{H}^{(K)}$ 和 $\boldsymbol{V}^{(K)}$ 变为零矩阵时，高程为 Z_k 的等高线就全部被搜索出来了。

此外，地形特征线是表示地貌形态特征的重要结构线。若在等高线绘制过程中不考虑地形特征线，就不能正确地表示地貌形态、降低精度，就不能完整地表达山脊山谷的走向及地貌的细部。因此，必须在 DEM 数据采集、建立及应用的整个过程中考虑地形特征线的情况。

② 等高线的光滑。

由上述步骤获得的等高线与 DEM 格网边的交点是一系列离散的等高线点。若将这些离散点依次相连，只能获得一条由一系列折线组成的不光滑的等高线。为了获得一条光滑的等高线，在这些离散的等高线点之间还必须插补（加密）若干等高线点。

插补等高线点的方法很多，如张力样条函数插补法、分段三次多项式插补法等。一般来说，插补方法需满足以下要求：

a. 曲线应通过已知的等高线点（也称节点）。

b. 曲线在节点处光滑，即其一阶导数（或二阶导数）是连续的。

c. 相邻两个节点间的曲线没有多余的摆动。

d. 同一等高线自身不能相交。

经过上述的等高线跟踪和光滑处理，即可将等高线图经数控绘图仪绘出或显示在计算机屏幕上。

4. 立体透视图

从数字高程模型绘制的立体透视图，是 DEM 的一个极其重要的应用。与采用等高线表示地形形态相比，立体透视图具有自身独特的优点，它能更好地反映地形的立体形态，更接近人们的直观视觉。特别是随着计算机图形处理能力的增强以及屏幕显示系统的发展，可以根据不同的需要，对同一个地形形态进行各种不同的立体显示，如局部放大、改变 Z 的放大倍率夸大立体形态、改变观看的位置从不同角度进行观察，甚至使立体图形转动和漫游，使人们更好地研究地形的空间形态。

从一个空间三维立体的数字高程模型到一个平面的二维透视图，其本质就是一个透视变换。我们可以将“视点”看做是“摄影中心”，这样可以直接应用共线条件方程，从物点坐标（X，Y，Z）计算像点坐标（x，y）。这对于摄影测量工作者而言是十分简单的问题。

透视图中的另一个问题是“消隐”，即处理前景遮挡后景的问题。

（1）透视变换。

从三维立体数字高程模型到二维平面透视图的变换方法很多，利用摄影测量的方法是较简单的一种。具体步骤如下：

① 选择适当的参考面高程 Z_0 与高程 Z 的放大倍数 m，这对夸大地形的立体形态是十分必要的。令 $Z_{ij}=m\cdot(Z_{ij}-Z_0)$。

② 选择适当的视点位置（X_S，Y_S，Z_S），视线方向 t 及视线俯视角度 φ。如图 7.12 所示，S 为视点，SO（y_1 轴）为中心视线（相当于摄影机主光轴）。$D\text{-}XYZ$ 为 DEM 的坐标系，DEM 中一点 $P(X、Y、Z)$。为了在视点 S 与视线方向 SO 上获得透视图，先要将 $S\text{-}XYZ$ 坐标系旋转至“像点”坐标系 $S\text{-}x_1y_1z_1$：

$$\begin{bmatrix} x_1 \\ y_1 \\ z_1 \end{bmatrix}=\begin{bmatrix} 1 & 0 & 0 \\ 0 & \cos\varphi & -\sin\varphi \\ 0 & \sin\varphi & \cos\varphi \end{bmatrix}\begin{bmatrix} \cos t & \sin t & 0 \\ -\sin t & \cos t & 0 \\ 0 & 0 & 1 \end{bmatrix}\begin{bmatrix} X-X_S \\ Y-Y_S \\ Z-Z_S \end{bmatrix} \tag{7-1-32}$$

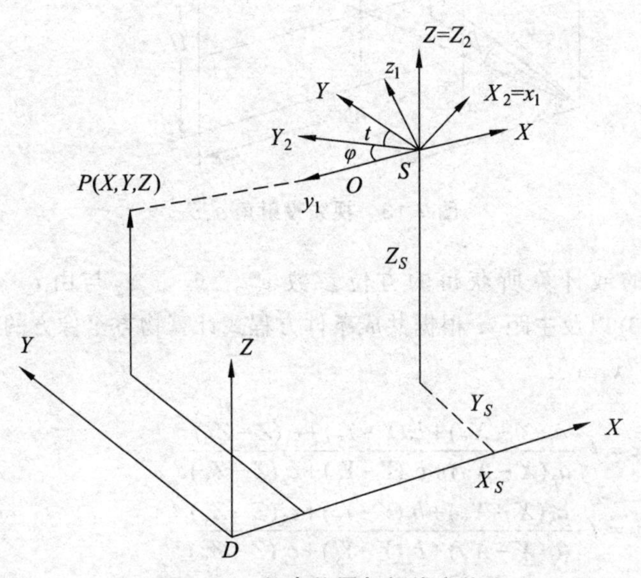

图 7.12　视点位置与视线方位

将坐标（X，Y，Z）变换至“像”坐标（x_1，y_1，z_1）后，再通过缩放投影到透视平面（相当于像面）上，此时需要设置透视平面到视点 S 的距离 f，即透视平面的主距。其计算方法如下：

先计算 DEM 四个角点的视线投射角 α、β:

$$\left.\begin{aligned}\tan\alpha_i &= \frac{x_{1i}}{y_{1i}}\\ \tan\beta_i &= \frac{z_{1i}}{y_{1i}}\end{aligned}\right\},\quad (i=1,\ 2,\ 3,\ 4) \tag{7-1-33}$$

其中，α、β 的几何意义见图 7.13；（x_{1i}，y_{1i}，z_{1i}）是由 DEM 四个角点坐标根据式（7-1-32）求得的四个角点的“像”坐标。根据式（7-1-33）可解求 α_i、β_i（$i=1$，2，3，4），从中选取 α_{max}、β_{max}、α_{min}、β_{min}，再由像面的大小求主距 f:

$$\left.\begin{aligned}f_\alpha &= W/(\tan\alpha_{\max}-\tan\alpha_{\min})\\ f_\beta &= H/(\tan\beta_{\max}-\tan\beta_{\min})\\ f &= \min\{f_\alpha, f_\beta\}\end{aligned}\right\} \tag{7-1-34}$$

式中，W 为像面宽度，H 为像面高度。

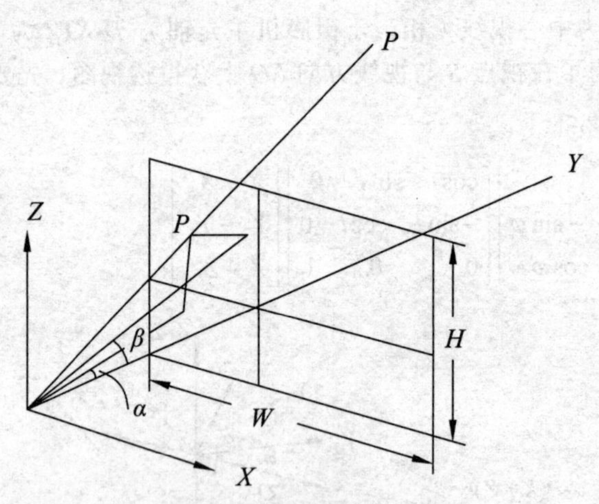

图 7.13　视线投射角 α,β

④ 根据选定的或计算所获得的方位参数 x_S、y_S、z_S 与由 t、φ 组成的方向余弦 a_i，b_i，c_i($i=1$，2，3) 以及主距 f，根据共成条件方程式计算物方至像方的透视变换，得 DEM 各节点的像点坐标（x，y）:

$$\begin{aligned}x &= f\cdot\frac{a_1(X-X_S)+b_1(Y-Y_S)+c_1(Z-Z_S)}{a_2(X-X_S)+b_2(Y-Y_S)+c_2(Z-Z_S)}\\ y &= f\cdot\frac{a_3(X-X_S)+b_3(Y-Y_S)+c_3(Z-Z_S)}{a_2(X-X_S)+b_2(Y-Y_S)+c_2(Z-Z_S)}\end{aligned} \tag{7-1-35}$$

（2）消隐。

在绘制立体图形时，如果前面的透视剖面线上各点的 Z 坐标大于（或部分大于）后面某一条透视剖面线上各点的 Z 坐标，则后面那条透视剖面线就会被隐藏（或部分被隐藏），这样的隐藏线就应在透视图上消去。这就是绘制立体透视图的消隐处理，如图 7.14 所示。

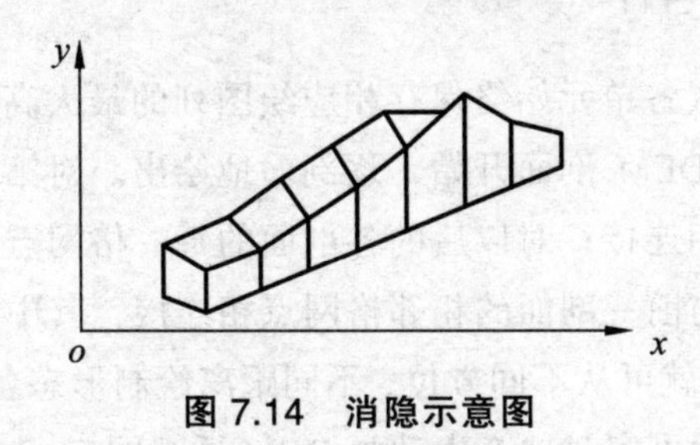

图 7.14　消隐示意图

由于计算量太大，所以常使用一些近似方法，如高度缓冲器算法。高度缓冲器算法基本思想为：

① 将像面的宽度划分成 m 个单位宽度 x_0，例如对于一个 1 024×768 像素的图形显示终端，可将整个幅面在 X 方向分成 1 024 个单位，则单位宽度为像素；又如：在图解绘图时，可令单位宽度 $x_0 = 0.1$ mm，则有

$$m = \frac{x_{\max} - x_{\min}}{x_0} \tag{7-1-36}$$

将绘图范围划分为 m 列，定义一个包含 m 个元素的缓冲区 $z_{\mathrm{buf}}[m]$，使 z_{buf} 的每一个元素对应一列。

② 在绘图开始时，将缓冲区 z_{buf} 全部赋值 $z_{\min}$（或零），即

$$z_{\mathrm{buf}}(i) = z_{\min} = f \cdot \tan\beta_{\min},\ (i = 1,\ 2,\ \cdots,\ m)$$

以后在绘制每个线段时，先计算该线段上所有“点”的像坐标。设线段的两个端点的像坐标为 p_i（x_i，y_i）与 p_{i+1}（x_{i+1}，y_{i+1}），则该线段上端点对应的绘图区列号（即缓冲区 z_{buf} 的对应单元号）为

$$\left.\begin{aligned} k_i &= \mathrm{INT}[(x_i - x_{\min})/x_0 + 0.5] \\ k_{i+1} &= \mathrm{INT}[(x_{i+1} - x_{\min})/x_0 + 0.5] \end{aligned}\right\} \tag{7-1-37}$$

它们的 z 坐标由线性内插计算为

$$z(k) = z_i + \frac{z_{i+1} - z_i}{x_{i+1} - x_i}(k - k_i),\ (k = k_i + 1, k_i + 2, \cdots, k_{i+1} - 1) \tag{7-1-38}$$

当绘每个“点”时，就将该“点”的 z 坐标 $z(k)$ 与缓冲区中的相应单元存放的 z 坐标进行比较，当

$$\mathrm{z}(k) \leqslant z_{\mathrm{buf}}(k)$$

时，该“点”被前面已经绘过的点所遮挡，是隐藏点，不予绘出；当

$$z(k) > z_{\text{buf}}(k)$$

时，该“点”是可视点，应将该点绘出，并将新的该绘图列的最大高度值赋予相应缓冲区单元：

$$z_{\text{buf}}(k) = z(k)$$

在整个绘图过程中，缓冲区各单元始终保存相应绘图列的最大高度值。

（3）从离视点最近的 DEM 剖面开始，逐剖面地绘出。对第一条剖面的每一格网点，只需与它前面的一个格网点相连接；对以后的各剖面的每一格网点，不仅要与其同一剖面的前一个格网点相连接，还应与前一剖面的相邻格网点相连接，其中被隐藏的部分不予绘出。

（4）调整各个参数值，就可从不同方位、不同距离绘制形态各不相同的透视图制作动画。当计算机速度充分高时，就可实时地产生动画 DEM 透视图。

5. 基于矩形格网 DEM 的面积、体积计算

在工程实际应用中，如何从 DEM 上自动生成断面线，自动计算工程中的填、挖方量等，是经常遇到的问题。现以矩形格网 DEM 为例，说明面积和体积的计算方法。

（1）剖面积计算。

根据工程设计的线路，可计算线路与 DEM 各格网边交点 $P_i(X_i, Y_i, Z_i)$，则线路剖面积为

$$S = \sum_{i=1}^{n-1} \frac{Z_i + Z_{i+1}}{2} \cdot D_{i,\ i+1} \tag{7-1-39}$$

式中，n 为交点数，$D_{i,\ i+1}$ 为 P_i 与 P_{i+1} 的距离：$D_{i,i+1} = \sqrt{(X_{i+1} - X_i)^2 + (Y_{i+1} - Y_i)^2}$。同理，可计算任意横断面及其面积。

（2）体积计算。

DEM 体积由四棱柱或三棱柱体积进行累加得到。四棱柱体上表面用双曲抛物面拟合，三棱柱体上表面用斜平面拟合，下表面均为水平面或参考平面。其计算公式分别为

$$\left.\begin{aligned} V_3 &= \frac{Z_1 + Z_2 + Z_3}{3} \cdot S_3 \\ V_4 &= \frac{Z_1 + Z_2 + Z_3 + Z_4}{4} \cdot S_4 \end{aligned}\right\} \tag{7-1-40}$$

式中，S_3、S_4 分别是三棱柱和四棱柱的底面积。

根据新老 DEM，可以计算工程中的填方量、挖方量即土壤流失量。

（3）表面积计算。

对于含有特征的格网，将其分解成三角形；对于无特征的格网，可用四个角点的高程取平均即中心点高程，然后将格网分成四个三角形。由每个三角形的三个顶点坐标计算出通过该三个顶点的斜三角形的面积，最后累加，就得到实地的表面积。

7.2 数字正射影像

数字正射影像图（Digital Orthophoto Map—DOM）是以摄影像片或遥感影像为基础，经扫描处理，并经逐像元辐射改正、微分纠正和镶嵌，形成以栅格数据形式存储的影像数据库。它是按地形图范围进行裁剪，将地形要素的信息以符号、线画、注记、公里格网、图廓整饰等形式进行添加表达的地图形式。

数字正射影像图具有精度高、信息丰富、直观逼真、现势性强等优点，兼具地形图的几何精度和影像特征。可作为背景控制信息，评价其他数据的精度、现势性和完整性；可从中提取自然信息和人文信息，并派生出新的信息和产品，为地形图的修测和更新提供良好的数据和更新手段。

航摄像片是地表面的中心投影。当像片水平，地表面也水平的理想状态下，中心投影的航片是地表面比例尺为 $1:m$（即 $f:H$）的简单缩小的平面图，相当于正射投影获得的正射影像图。

但实际摄影时，航片有倾斜、地形有起伏，影像信息获取过程中不可避免地存在的各种系统误差影响，导致了像片上的像点产生位移，破坏了理想状态下航摄像片与地表面间的简单相似关系；同时，不同摄站拍摄的航片因航高不同导致比例尺也不一致，所以，航摄像片不能准确表示地物地貌的形状和平面位置，不能作为地图产品来使用。

只有对原始航摄像片进行处理，消除像片倾斜引起的像点位移，限制地形起伏引起的投影差，消除或削弱系统误差的影响，归化不同摄站所摄航片的比例尺，才能生成既保持原有的丰富地形地貌信息，又具有正确平面位置的正射影像图。

7.2.1 像片纠正的概念

将近似竖直摄影的航摄像片通过投影变换，获得相当于摄影机物镜主光轴在铅垂位置时的水平像片，同时将像片改化为规定的比例尺，这一作业过程称为像片纠正。获得的水平像片称为正射影像图。

像片纠正只能消除像片倾斜引起的像点位移，不能消除地形起伏产生的投影差，理论上只有真正平坦地区的航摄像片才适合进行纠正。实际作业时，现行的测图规范规定：当图上任何像点的投影差不超过 0.4mm 时，该地区可视为平坦地区，可采用像片纠正的方法；当投影差超过 0.4mm 时，在摄影测量中是采用将航摄像片划分成若干纠正单元，保证纠正单元内的地形在图上的投影差不超过规定限值，则视此时的纠正单元对应的地区为平坦地区，可以对该纠正单元进行像片纠正。

像片纠正所采用的方法也经历了从模拟纠正到数字纠正的发展历程。下面将重点介绍数字微分纠正技术。

7.2.2 数字微分纠正

将影像划分为很多微小的区域（如一个像元大小的区域），每个微小区域对应的地区可视为平坦地区，使用数字方式对微小区域影像逐一进行纠正，这种过程称为数字微分纠正。摄影测量中，利用航摄像片的方位元素和数字高程模型，依据相应的构象方程式（或按一定的数学模型和控制点信息），可从原始倾斜摄影的数字影像中获取数字正射影像。数字微分纠正概念在数学上属于映射的范畴。

1. 基本原理与解算方法

在已知像片的内外方位元素和数字高程模型的前提下，进行数字微分纠正的基本任务是实现两个二维图像之间的几何变换，因此首先要确定原始图像与纠正后图像之间的几何关系。

设任意像元在原始图像与纠正后图像中的坐标分别为（x，y）和（X，Y），它们直接存在着映射关系，即

$$x=f_X(X, Y);\ y=f_Y(X, Y) \tag{7-2-1}$$

$$X=\varphi_x(x, y);\ Y=\varphi_y(x, y) \tag{7-2-2}$$

公式（7-2-1）是由纠正后的像点 P（X，Y）出发，根据像片的内外方位元素及 P 点的高程，反求其在原始像片上相应像点 p 的坐标（x，y），并在原始像片上内插出 p 点的灰度值，将其灰度值赋给纠正点 P 点，这种方法称为反解法（或间接法）数字微分纠正。

公式（7-2-2）则反之，是由原始影像上的像点 p 的坐标（x，y），解求其在纠正后的像片上相应纠正点 P 的坐标（X，Y），并将原始像片上的像点 p 的灰度值直接赋给纠正点 P，这种方法称为正解法（或直接法）数字微分纠正。

2. 反解法数字微分纠正

反解法数字微分纠正的原理和纠正过程如下：

（1）计算地面点坐标。

设正射影像上任意一像点（像素中心）P 的坐标为（X'，Y'），正射影像左下角图廓点地面坐标为（X_0，Y_0），正射影像比例尺分母为 M，则 P 点对应地面点坐标（X，Y）的计算公式为

$$\left.\begin{aligned} X &= X_0 + M\cdot X' \\ Y &= Y_0 + M\cdot Y' \end{aligned}\right\} \tag{7-2-3}$$

（2）计算像点坐标。

应用共线条件方程式，计算 P 点在原始像片上相应的像点 p 的坐标（x，y）：

$$\left.\begin{aligned} x &= -f\frac{a_1(X-X_s)+b_1(Y-Y_s)+c_1(Z-Z_s)}{a_3(X-X_s)+b_3(Y-Y_s)+c_3(Z-Z_s)} \\ y &= -f\frac{a_2(X-X_s)+b_2(Y-Y_s)+c_2(Z-Z_s)}{a_3(X-X_s)+b_3(Y-Y_s)+c_3(Z-Z_s)} \end{aligned}\right\} \tag{7-2-4}$$

式中，Z 为 P 点对应地面点的高程，可根据 P 点的平面坐标（X，Y）在 DEM 上内插求得。

（3）灰度内插。

由于所求得的原始像片上像点 p 的坐标（x，y）不一定正好落在其扫描采样点上，为此 p 点的灰度值不能直接读出，必须进行灰度内插。一般采用双线性插值法，内插出 p 点的灰

度值 $g(x, y)$。

（4）灰度赋值。

将内插出的像点 p 的灰度值 $g(x, y)$赋给纠正后的像元素 P，即

$$G(X, Y)=g(x, y) \tag{7-2-5}$$

依次对每个纠正像元素进行上述运算，即能获得纠正后的按要求规则排列的数字正射影像。反解法的原理和基本步骤如图 7.15 所示。

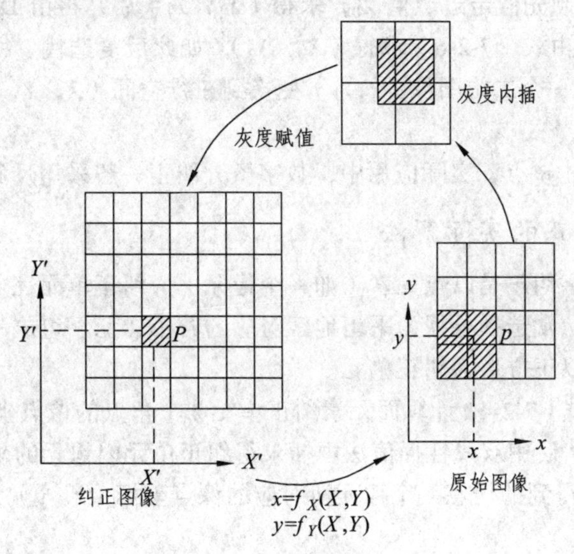

图 7.15 反解法数字纠正

3. 正解法数字微分纠正

如图 7.16 所示，正解法数字微分纠正是从原始像片出发，将原始像片上逐个像元素 p，用正解公式（7-2-2）求得纠正后的像点 P 的坐标。这一方案存在缺点，因为纠正后的正射影像上得到的纠正像点是不规则排列的，有的像元素内可能出现空白（无像点），而有的像元素可能出现重复（多个像点），因此，很难实现纠正影像的灰度内插和获得规则排列的数字影像。

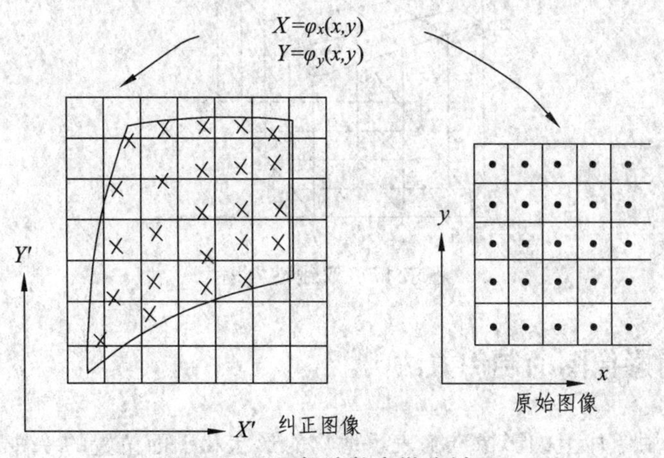

图 7.16 正解法数字微分纠正

另外，在航空摄影情况下，其正算公式为

$$\left.\begin{aligned}X=Z\cdot\frac{a_1x+a_2y-a_3f}{c_1x+c_2y-c_3f}\\Y=Z\cdot\frac{b_1x+b_2y-b_3f}{c_1x+c_2y-c_3f}\end{aligned}\right\}\qquad(7\text{-}2\text{-}6)$$

利用式（7-2-6）时，还必须先已知 Z 坐标，但是 Z 又是待定量 X、Y 的函数，为此，要由 x、y 求得 X、Y 必须先假定近似值 Z_0，求得（X_1，Y_1）后，再由 DEM 内插得该点（X_1，Y_1）的高程 Z_1，然后由式（7-2-6）求得（X_2，Y_2），如此反复迭代。所以，由式（7-2-6）计算 X、Y，实际上是由一个二维图像（x，y）变换到三维空间（X，Y，Z）的过程，是个迭代求解的过程。

由于正解法的上述缺点，实际应用中，数字微分纠正一般采用反解法。

4. 数字微分纠正的实际解法

从原理上讲，数字纠正是以点元素（如一个像元）为纠正单元完成纠正的。但在实际的数字摄影测量处理中，常选择可视为平坦地区对应的若干像元，组成一个面元素，再以面元素为纠正单元，一般以正方形为纠正单元。

首先用反解法公式（7-2-4）计算面元素纠正单元 4 个角点的像点坐标（x_1，y_1）、（x_2，y_2）、（x_3，y_3）、（x_4，y_4），然后用双线性插值法内插求得纠正单元内像元的坐标（x_{ij}，y_{ij}），原理如图 7.17 所示。内插后得到的任意一个像元所对应的像点坐标（x，y）为

$$\left.\begin{aligned}x(i,j)=\frac{1}{n^2}[(n-i)(n-j)x_1+i(n-j)x_2+(n-i)jx_4+ijx_3]\\y(i,j)=\frac{1}{n^2}[(n-i)(n-j)y_1+i(n-j)y_2+(n-i)jy_4+ijy_3]\end{aligned}\right\}\qquad(7\text{-}2\text{-}7)$$

求得点元素的坐标后，再由灰度双线性内插求得其灰度值。

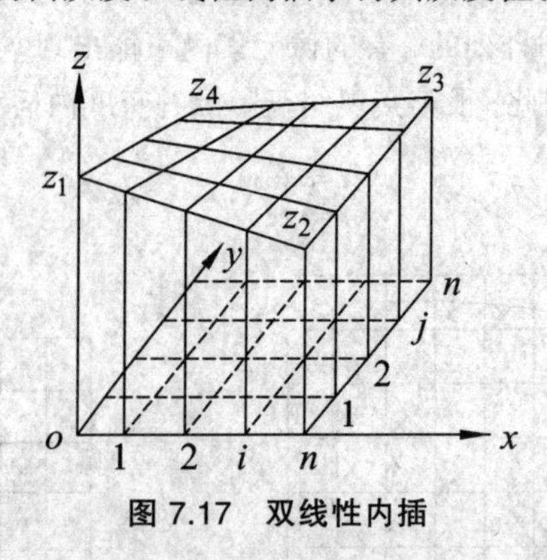

图 7.17　双线性内插

7.2.3　数字正射影像图的制作方法

正射影像图是用像片上的影像准确表示地物的形状和平面位置的一种地图形式。正射影

像图信息丰富、影像形象直观、成图快、现势性强，因而得到广泛应用。

由于获取制作正射影像的数据源不同，以及技术条件和设备的差异，数字正射影像图的制作有多种方法。概括起来有如下三种：

1. 全数字摄影测量方法

该方法是通过数字摄影测量系统来实现，即对数字影像对进行内定向、相对定向、绝对定向后，形成 DEM，按反解法进行单元数字微分纠正制作单片正射影像；再将单片正射影像进行镶嵌；最后按图廓线裁剪得到一幅数字正射影像图，并进行地名注记、公里格网和图廓整饰等；经修改后，制作成 DOM 或刻录光盘保存。

2. 单片数字微分纠正

如果一个区域内已有 DEM 数据以及像片控制成果，就可以直接使用该成果数据制作 DOM。其主要流程是对航摄像片进行影像扫描后，根据控制点坐标进行数字影像定向；再由 DEM 成果，按反解法进行单元数字微分纠正，将单片正射影像进行镶嵌；最后按图廓线裁剪得到一幅数字正射影像图，并进行地名注记、公里格网和图廓整饰等；经修改后，制作成 DOM 或刻录光盘保存。

3. 利用控制点信息制作 DOM

若已有光学投影制作的正射影像图，可直接对光学正射影像图进行影像扫描数字化，再经几何纠正就能获取数字正射影像的数据。这里的几何纠正是直接针对扫描图像变换进行数字模拟，扫描图像的总体变形过程可以看成是平移、缩放、旋转、仿射、偏扭、弯曲等基本变形的综合作用结果。纠正前后，同名点之间的坐标关系式可以选用如下多项式来表达：

$$\left.\begin{aligned} x &= a_0 + (a_1X + a_2Y) + (a_3X^2 + a_4XY + a_5Y^2) + (a_6X^3 + a_7X^2Y + a_8XY^2 + a_9Y^3) \\ y &= b_0 + (b_1X + b_2Y) + (b_3X^2 + b_4XY + b_5Y^2) + (b_6X^3 + b_7X^2Y + b_8XY^2 + b_9Y^3) \end{aligned}\right\} \quad (7\text{-}2\text{-}8)$$

式中　(x, y)——像素点的像点坐标；

(X, Y, Z)——像素点对应的地面坐标；

a_i，b_i——多项式系数（$i = 0, 1, 2, \cdots, n-1$）。

上述纠正需要借助一定数量的控制点完成。在有多余控制点的情况下，可以通过最小二乘平差法解求式（7-2-8）的系数。

7.2.4 立体正射影像对

1. 基本思想

正射影像作为影像地图，既有正确的平面位置，又保持着丰富的影像信息，这是它的优点。然而它的缺点是不包含第三维信息。将等高线套合到正射影像上，也只能部分克服这个缺点，不能取代人们在立体观察中获得的直观立体感。借助从不同摄站摄取的立体像对才能完成立体观察，所以，不妨为正射影像制作一幅所谓的立体匹配片，由正射影像和其对应的立体匹配片组成立体正射影像对，达到立体观察的目的。

以图 7.18 中地表面上 P 点为例，它相对于投影面的高差为ΔZ。该点的正射投影为 P_0，平行投影为 P_1。正射投影得到正射影像，斜平行投影得到立体匹配片。立体观测得到左右视差：

$$\Delta P = P_1 P_0 = \Delta Z \tan\alpha = k \cdot \Delta Z \tag{7-2-9}$$

可见，人造左右视差能直接反映实地高差的变化，P_0、P_1 为同名点。

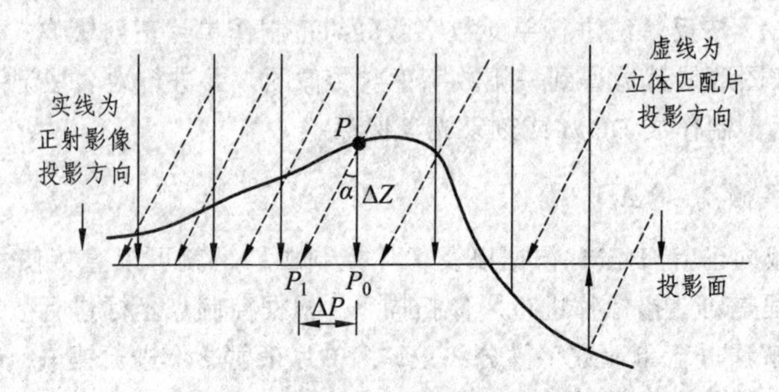

图 7.18　斜平行投影

由于斜平行投影方向平行于 XZ 面，所以，正射投影和立体匹配片的同名点坐标仅有左右视差，没有上下视差，这就满足了立体观测的条件，从而构成理想的立体正射影像对。在这样的立体像对上进行立体量测，既可以保证点的正确平面位置，又可方便地解求出点的高程。

2. 斜平行投影法制作立体正射影像对

和单片正射影像的制作一样，立体匹配片的基础依然是数字高程模型（DEM）。若从同一 DEM 出发制作立体正射影像对，其步骤如下：

（1）按 XY 平面上一定间隔的方形格网，将它正射投影到 DEM 上，获得（X_i，Y_i，Z_i）坐标，再由共线方程求出对应像点在左片上的坐标（x_i，y_i），用此影像断面数据可制作正射影像。

（2）由 XY 平面上同样的方格网，沿斜平行投影方向将格网点平行投影到 DEM 表面，该投影方向平行于 XZ 面。若按照式（7-2-9）投影，则该投影线与 DEM 表面的交点坐标（$\bar{X}_i, \bar{Y}_i, \bar{Z}_i$）为

$$\left.\begin{aligned}
&\bar{Y}_i = Y_i \\
&\bar{X}_i = [(X_{i+1} - X_i)(X_i + kZ_i) - X_i k(Z_{i+1} - Z_i)]/[X_{i+1} - k(Z_{i+1} - Z_i) - X_i] \\
&\bar{Z}_i = Z_i + (Z_{i+1} - Z_i)(\bar{X}_i - X_i)/(X_{i+1} - X_i)
\end{aligned}\right\} \tag{7-2-10}$$

式中，$k = \tan\alpha$。为了获得良好的立体感，k 值可取 0.5 ~ 0.6；地面十分平坦时，k 值可取 0.8。

（3）将斜平行投影后的地表点坐标（$\bar{X}_i$，$\bar{Y}_i$，$\bar{Z}_i$）按中心投影共线方程式变换到右方影像上去，得到一套影像数据，由此数据可制成立体匹配片。

需要注意的是：为了进行共线条件方程的解算，需已知影像的内外方位元素。它们可由区域网平差结果获得，也可由已知地面控制点用空间后方交会解得；应分别用左右影像制作正射影像和立体匹配片，有利于立体量测。

3. 立体正射影像对的高程量测精度

立体正射影像对既可以用来看立体，也可以用来量测地面点的高程。

这里出现了矛盾：为了制作立体正射影像，必须借助相应地区的 DEM。既然有了 DEM，再用立体正射影像对量测地面点高程似乎没有了意义。然而，事实并非如此。这是因为制作立体正射影像常常只能在具有摄影测量仪器和系统的生产部门，而使用立体正射影像对的则可能是在国民经济建设的各个有关部门。为了进行专业判读和量测，他们只需使用反光立体镜和其他简单设备即可。此时，将量测的左右视差ΔP，除以系数 $k=\tan\alpha$，便可换算为高差，再加上起始面高程 Z_0，便可获得地面点的高程：

$$Z_i=\Delta P/k+Z_0 \tag{7-2-11}$$

作业中，可利用任一高程控制点求出起始面的高程 Z_0。

在立体正射影像对上获得高程的量测精度常常高于用来制作该立体正射影像对的数字高程模型的高程精度。根据 Kraus 教授等人的研究，立体正射影像对的高程量测精度比用来制作立体正射影像对的 DEM 的高程精度还要高 3 倍左右。

4. 立体正射影像对的应用

与原始航空影像相比，立体正射影像具有许多明显的优点，比如：① 便于定向和量测。定向仅需将正射影像与立体匹配片在 X 方向上保持一致，量测中不会产生上下视差，所测的左右视差用简单的计算方法即可获得所需高程；② 量测用的设备简单，整个测量方法可由非摄影测量专业人员很快掌握；③ 只要已具备 DEM 高程数据库，就可以在摄影后立即方便地制作出立体正射影像对，用它来修测地形图上的地物，量测具有一定高度物体的高度。试验表明，用正射影像对修测地图比用原始航片方便，比用单眼观测正射影像可多辨认出 50%的细部。

立体正射影像对在资源调查、土地利用面积估算、交通线路的初步规划、建立地籍图、制作具有更丰富地貌形态的等高线图等方面都能发挥一定的作用。

5. 景观图的制作原理

景观图比地形图要形象、逼真，能够很好地表现地面的真实情况，它在工程设计、农林、水利、环境规划以及旅游等领域都有很好的应用。

若集合 $\boldsymbol{A}$ 表示某区域 D 上各点三维坐标向量集合

$$\boldsymbol{A}=\{(X,\ Y,\ Z)|(X,\ Y,\ Z)\in D\} \tag{7-2-12}$$

集合 $\boldsymbol{B}$ 为二维影像各像素与其灰度的集合

$$\boldsymbol{B}=\{(x,\ y,\ g)|(x,\ y)\in d\} \tag{7-2-13}$$

其中，d 为与 D 对应的影像区域。则景观图实际上就是一个由 $\boldsymbol{A}$ 到 $\boldsymbol{B}$ 的映射，（X，Y，Z）、（x，y）及观察点 S（视点）满足共线条件方程。式（7-2-13）中 g 为像点（x，y）对应的灰度值，也可以是根据地形及虚拟光源模拟出来的值。下面仅介绍基于影像灰度制作真实景观图的原理。

真实景观图是在 DEM 的基础上，对每一像素赋予灰度值（或彩色），但此时的灰度值（或彩色）并不是由模拟计算得到的明暗度，而是取自对实地所摄影影像的真实灰度值。其有两种实现形式：

（1）由 DEM 与原始影像制作景观图。

① 将每一 DEM 格网划分为 $m \times n$ 个地面元，原则依然是使景观图上像素之间无缝隙并尽可能地大；

② 依次计算各地面元在景观图上的像素行列号(I_l, J_l)；

③ 进行消隐处理；

④ 由地面元计算其对应的原始影像像素行列号(I_p, J_p)；

⑤ 由双线性内插计算(I_p, J_p)的灰度 $g_p(I_p, J_p)$；

⑥ 将原始影像灰度值 g_p 赋予景观图像素(I_l, J_l)：$g_l(I_l, J_l) = g_p(I_p, J_p)$。

以上实际是将立体透视图的绘制与正射影像图的制作结合起来的过程。

（2）由 DEM 与正射影像制作景观图。

如果已经有了正射影像图，则不需要利用原始影像，可以直接利用正射影像制作景观图。其实现的前①、②、③步与利用原始影像时完全相同，所不同的过程如下：

④ 由地面元计算其对应的正射影像像素的行列号，此时是简单的平移与缩放，不需利用共线条件方程计算；

⑤ 将正射影像相应像素的灰度值 g_0 取出赋予景观图像素（I_l, J_l）：

$$g_l(I_l, J_l) = g_0 \tag{7-2-14}$$

6. 正射影像的质量控制

作为摄影测量与遥感主要产品之一的正射影像，它首先必须是一张精确的地图，同时应该是一张优美的图像。因此，正射影像作为一种视觉影像地图产品，需要对其进行精度检查和质量控制。

正射影像的精度检查主要是指几何精度检查。可以采用以下几种方法来检验正射影像的几何精度：

（1）利用已知点检测：用于检查正射影像的绝对精度。

（2）与等高线图或线画图套合后进行目视检查。

（3）对每个立体像对分别利用左右影像制作同一地区的两幅正射影像，然后量测两幅正射影像上同名点的视差进行检查。当视差为零时，表明该地表点没有误差；当视差超出规定数值时，则表示制作的正射影像需要修正。

正射影像的影像质量主要是指影像的辐射质量，常采用目视检查。例如：整张影像色调是否均匀，反差及亮度是否适中，影像拼接处色调是否一致，影像上是否存在斑点、划痕、或其他原因造成的信息缺失等。

用正射影像制作影像地图时存在接边问题。如果 DEM 数据事先已经接好边，则正射影像接边问题比较简单。由于接边不仅仅涉及几何方面的精度问题，还涉及不同影像之间的色调不一致的问题。所以，对于大比例尺正射影像图的制作，应尽量满足一幅影像制作一幅图的原则；对于小比例尺正射影像图的制作，则通常先将 DEM 接边，形成整区统一的 DEM，保证几何接边精度，同时对色调进行调整，做到无缝镶嵌。

7.3 数字摄影测量系统

数字摄影测量的发展起源于摄影测量自动化测图。它处理的原始资料是数字影像或数字化影像，以计算机视觉代替人眼的立体观测，使用的仪器设备是通用计算机及其相应外部设备；产品为数字形式，传统的产品只是该数字产品的模拟输出。随着计算机科学、数字图像处理技术、计算机视觉等相关学科的发展，数字摄影测量在其短短的发展历程中，以程度不同的成功，应用于几乎所有与成像有关的领域。特别是在测绘相关领域，它已经占领了生产方式的主导地位。

实现数字影像自动测图的系统称为数字摄影测量系统（Digital Photogrammetry System—DPS），是基于数字影像或数字化影像来完成摄影测量作业的所有软、硬件组成的系统。

数字摄影测量工作站（Digital Photogrammetry Workstation—DPW）是一个普通计算机影像数据处理系统，其硬件设备包括：影像数字化装置、影像或图形输出装置和计算机，由预先编制的置于计算机内的软件系统来完成各种摄影测量处理工作。

数字摄影测量系统的研制由来已久。早在 20 世纪 60 年代，第一台解析测图仪 AP-1 问世不久，美国就已研制了全数字化测图系统 DAMC。其后出现了多套数字摄影测量系统，但基本上都是属于体现数字摄影测量工作站概念的试验系统。到 1996 年 7 月，在维也纳举办的 17 届国际摄影测量与遥感大会上，展出了十几套数字摄影测量工作站，表明数字摄影测量正式进入生产使用阶段。

之后，数字摄影测量得到迅速发展，数字摄影测量工作站得到越来越广泛的应用，品种越来越多，如由 Autometric、L/H System、Z/I Imaging、Erdas、Inpho、Supersoft 等公司提供的自动化功能较强的多用途数字摄影测量工作站；由 DVP Geomatics、ISM、KLT Associates、R-Wel、3D Mapper、Espa Systems 等公司提供的较少自动化功能的数字摄影测量工作站；由武汉大学张祖勋教授主持，并与适普公司合作研发的 VirtuoZo 数字摄影测量工作站以及中国测绘科学研究院刘先林院士主持研发的 Jx-4 数字摄影测量工作站，作为国产化的 DPW 得到了广泛推广和应用。

目前的数字摄影测量工作站实质上是一台用于处理数字影像的解析测图仪，基本上多是人工操作。例如：人机交互状态下进行操作的半自动模式；或需要作业员事先定义输入各种参数的自动模式；完全独立于作业员干预的全自动模式还不多。从发展的角度而言，这类数字摄影测量工作站不能属于真正意义上的全数字摄影测量范畴。因为一个好的自动化系统应该具备的条件是：所需参数少，系统对参数不敏感。

7.3.1 数字摄影测量工作站

1. 数字摄影测量工作站的组成

（1）硬件组成。

数字摄影测量工作站的硬件由计算机及其外部设备组成。包括：

① 计算机：目前可以是个人计算机或工作站。

② 外部设备：

a. 立体观测设备。包括：计算机显示屏，可以是单屏，也可以是双屏；立体观察装置，如：红绿眼镜、立体反光镜、闪闭式液晶眼镜、偏振光眼镜。

b. 操控设备。包括：手轮、脚盘、三维鼠标、普通鼠标。

c. 输入设备：影像数字化仪（扫描仪）。

d. 输出设备：矢量绘图仪、栅格绘图仪。

（2）软件组成。

数字摄影测量工作站的软件由数字影像处理软件、模式识别软件、解析摄影测量软件及辅助功能软件组成。

① 数字影像处理软件，包括影像旋转、影像滤波、影像增强、特征提取。

② 模式识别软件，包括特征识别与定位、影像匹配、目标识别。

③ 解析摄影测量软件，包括定向参数计算、空三解算、核线关系解算、坐标计算与变换、数值内插、数字微分纠正、投影变换。

④ 辅助功能软件，包括数据输入输出、数据格式转换、注记、质量报告、图廓整饰、人机交互。

2. 数字摄影测量工作站的功能

数字摄影测量工作站主要具有如下功能：

（1）影像数字化。利用高精度影像扫描仪，将像片转化为数字影像。

（2）影像处理。通过反差增强、几何变换、噪声滤除等基本的数字图像处理，使影像的亮度与反差合适、色彩适度、方位正确。

（3）量测。包括：基于单像的特征提取与定位；基于双像匹配及立体量测；基于多像间的匹配的交互量测。

（4）影像定向。包括：

① 内定向：通过框标的自动识别和定位，并结合相机检校参数，计算扫描坐标系与像平面坐标系之间的变换参数。

② 相对定向：提取影像中的特征点，利用二维相关算法寻找同名点，计算相对定向参数，自动进行相对定向。

③ 绝对定向：现阶段主要通过人工刺点在影像上定位控制点，由影像匹配确定同名点，计算绝对定向参数。

（5）自动空中三角测量。人工或全自动内定向、选点、刺点、相对定向，半自动绝对定向，航带法区域网平差和光束法区域网平差，自动整理成果，建立各模型的参数文件。

（6）构建核线影像。按同名核线重新采样，形成按核线方向排列的核线影像；在核线影像上进行核线匹配，确定同名点，对匹配结果进行交互式编辑。

（7）建立数字高程模型 DEM。由影像匹配结果和定向元素计算地面点的地面坐标，直接构建不规则三角网 TIN，或内插建立精确的规则格网数字高程模型 DEM。

（8）基于 DEM 或 TIN 跟踪自动绘制等高线。

（9）制作生成数字正射影像 DOM。基于规则格网 DEM 和原始影像，通过数字微分纠正，自动生成数字正射影像 DOM。

（10）正射影像的镶嵌和修补。根据相邻正射影像重叠部分的差异，对相邻正射影像进行几何、色彩或灰度的调整，达到无缝镶嵌。对正射影像上遮挡或异常的部分，用邻近的影像块或适当的纹理代替。

（11）数字测图。基于数字影像的机助测图、矢量编辑、符号化表达和注记，完成数字测图。

（12）制作影像地图。将等高线、矢量数据和正射影像叠加，制作影像地图。

（13）制作透视图和景观图。根据 DEM 和透视变换原理制作透视图，将 DOM 叠加到 DEM 上制作真三维景观图。

（14）制作立体匹配片。根据 DEM 引入视差，由正射影像制作相应的立体匹配片。

3. 数字摄影测量工作站的工作流程

数字摄影测量工作站的一般流程如图 7.19 所示。

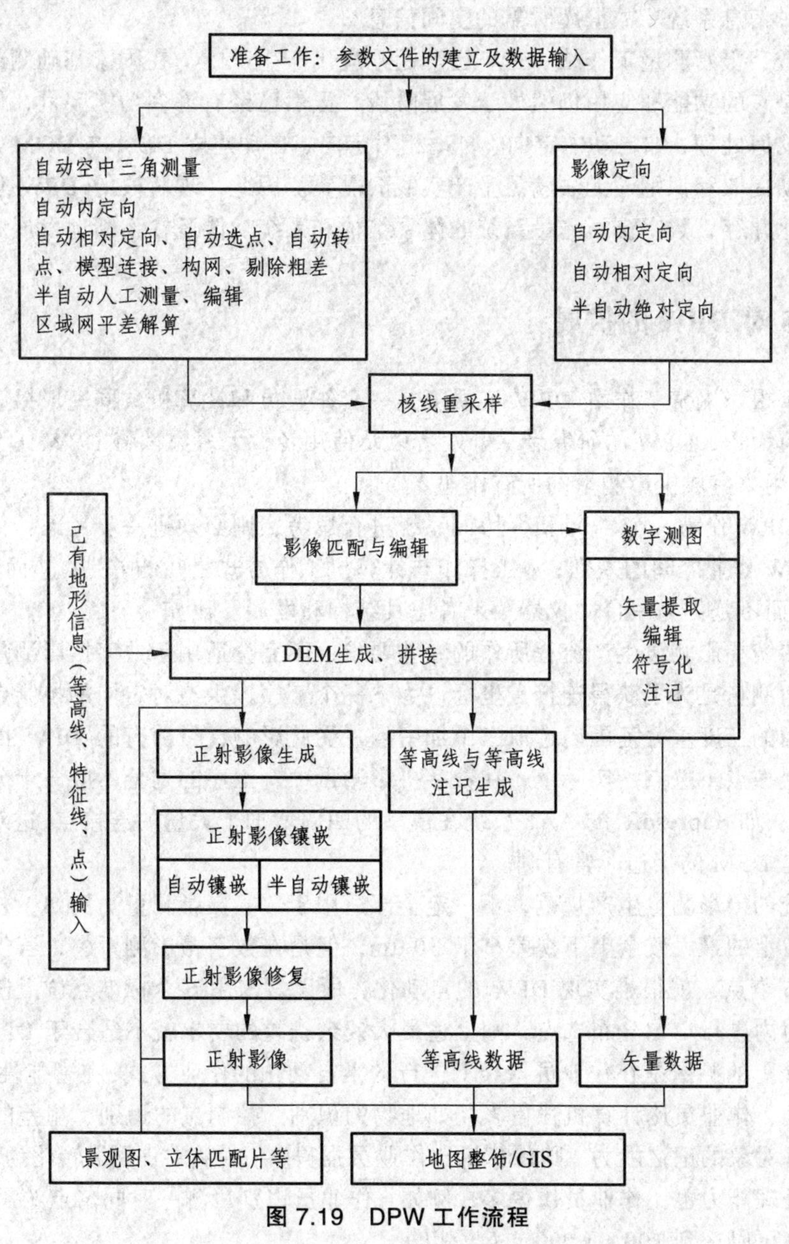

图 7.19　DPW 工作流程

4. 数字摄影测量工作站的主要产品

数字摄影测量工作站的主要产品有：

（1）影像参数（空中三角测量加密成果或影像定向结果）。

（2）数字高程模型 DEM。

（3）数字正射影像 DOM。

（4）数字地图。

（5）影像地图、透视图、立体景观图及其他可视化产品。

（6）各种工程设计所需的地形数据。

（7）各种信息系统、数据库所需的空间信息。

目前，数字摄影测量工作站 DPW 已广泛地应用于生产中，在国家基础测绘中担当着重要角色。但是它的功能和应用仍然处于发展阶段，虽然已经有许多功能问世，但其自动化功能还仅限于几何处理，如自动内定向、自动相对定向、自动建立 DEM 与 DOM 等，对影像物理信息的自动提取和识别还无法满足生产实践的需要。因此，现阶段的 DPW 仍然是人工与计算机自动化并存，数字摄影测量系统的体系结构和系统功能还在不断地发展和完善之中。

7.3.2 DPS 对 DPW 的扩展

上述数字摄影测量工作站 DPW 实质上是一套作业员和计算机共同完成摄影测量作业的系统。到目前为止，DPW 的研究者、开发者以及使用者，大多数都将 DPW 作为一台摄影测量“仪器”，用来完成摄影测量的所有作业。

如果将 DPW 作为一个“人-机”协同系统进行思考，则必须进一步考虑：传统的摄影测量作业与 DPW 作业之间的差别；人工操作与计算机工作方式之间的差别，从而将 DPW 按一个“系统”，而不是作为一台“仪器”来考虑其结构和发展。比如：

（1）按传统摄影测量生产流程所作的一些要求，不完全适用于数字摄影测量。例如：传统的空中三角测量是为了获得连接点坐标，为下一个工序提供绝对定向的控制点，为此，一般要求在影像的三度重叠范围内选取三个加密点。受此影响，目前有的 DPW 的自动空三采用标准点位上按点组选点。实际上，在数字摄影测量中，工序的划分不应该十分清晰，而应该更强调集成，如 Supresoft 的 AAT 系统在模型的四周增加了大量的连接点，这对于 DEM 的生成，特别是 DEM 的接边非常有利。

（2）传统的摄影测量生产规范，不一定全部适用于数字摄影测量。例如：相对定向，有的要求定向点上的最大残余上下视差小于 10 μm，但是在数字摄影测量中，若仅限于量测标准点位上的 6 个点，就很难实现 DPW 的自动化，所以常采用 6 个标准点位上按点组选点，或在整个像对内进行均匀分布选点，则上述最大残余误差的要求就不适合于 DPW。

（3）DPW 上的测图是在作业员指导下进行的半自动化的作业方式，在智能性，尤其是“识别”能力方面，作业员比计算机强得多，如地物的识别、控制点的识别、粗差的识别等；而对当前所处理对象的记忆能力，则计算机比作业员强得多；对将“识别”转化为计算的问题，则计算机的处理能力也比作业员快得多，例如：作业员识别量测一对同名点约需 0.5 s，而计算机匹配速度可以达到 100 ~ 1 000 点/s 及以上。

（4）计算机是由软件进行工作的，不会疲劳，不需要休息；而作业员会因疲劳出现错误，需要休息。两者相比，前者生产效率高，成本低。所以，如何提高生产效率，降低成本，是数字摄影测量发展的根本目的之一。

（5）对于 DPW 系统的运行方式有两种：一是人机交互的作业方式；二是计算机作业方式。在目前的 DPW 中还没有认真细致地考虑两者的区分，常常被混在一起，所以不能充分发挥其效率。

基于上述考虑，今后的数字摄影测量系统 DPS 的设计应注意：

（1）DPS 应该是由几台计算机加相应的软件构成，用网络构成一个完整的数字摄影测量系统。

（2）DPS 应该将自动化工作方式与交互式作业方式分开，分给不同的计算机。前者可视为主机，它可以 24 h 工作；后者由多台从属计算机组成，它们可以根据需要，选择工作时间，主要可以充分发挥 DPS 的整体效率。其中主机与从属机的硬件配置不同，对主机，运算速度、内存、磁盘容量的要求高，适用于存放整个测区的影像数据、中间成果和最后需上交的结果。从属机主要适用于基于模型、图幅的作业，与 DPW 的要求一样。

（3）DPS 不仅仅是完成摄影测量生产的系统，而且还是一个生产的管理系统。随着计算机技术的发展，数字摄影测量系统处理的数据量越来越大，如何有效管理生产过程和数据，在数字摄影测量中显得越来越重要。

（4）DPS 与 DPW 不同，它不是按传统摄影测量的工序进行模块划分，比如空中三角测量、影像匹配、地物的识别等都是密切相关、无法严格分开的。

（5）DPS 的软件应该按自动化与交互（或半自动）两种方式分开，分别安装在主机和从属机内，方便处理时按需要选择。

7.3.3 数字摄影测量系统

1. 数字摄影测量网格系统

数字摄影测量网格 DPGrid 系统是武汉大学遥感信息工程学院研究开发的。它结合了当今先进的数字影像匹配技术、计算机网络技术、并行处理技术、高性能计算技术、海量存储与网络通信技术以及数字摄影测量技术，是新一代高性能的航空航天数字摄影测量系统。

DPGrid 系统由两大部分组成：

（1）自动空中三角测量与正射影像子系统。它是由高性能集群计算机系统与磁盘阵列组成硬件平台，以最新影像匹配理论与实践为基础的全自动数据并行处理系统。其功能为数据预处理、影像匹配、自动空中三角测量、数字地面模型以及正射影像的生成等。

（2）基于网络的无缝测图子系统。系统硬件由服务器+客户机组成。其中，服务器负责任务的调度、分配和监控；客户机是由摄影测量生产作业员进行人机交互生产线画图的客户端。整个系统是一个分布式集成、相互协调、基于区域的网络无缝测图系统。

DPGrid 系统不仅可以快速自动化生产正射影像，还能完成等高线绘制和地物的测绘。是新一代的数字摄影测量系统。

DPGrid 系统具有如下特点：

（1）DPGrid 系统是完整的数字摄影测量系统。

（2）应用高性能并行计算、海量存储与网络通信等技术，系统效率大大提高。

（3）采用改进的影像匹配算法，实现自动空三、自动 DEM 与 DOM 生成，自动化程度大大提高。

（4）采用基于图幅的无缝测图系统，可以多人合作协调工作，避免了图幅接边等过程，生产流程大大简化，大大提高了作业效率。

（5）系统结构清晰，自动化、人机交互彻底分割进行。

（6）系统的透明性：相邻接边的作业员之间、作业员与检查员之间相互协调，在一个环境下完成。

2. 像素工厂系统

像素工厂（Pixel Factory—PF）是法国 Inforterra 公司开发的海量遥感数据的自动处理系统。由于高性能台式机的出现，摄影测量工作站有可能在硬件上使用基于多核 64 位 CPU 刀片计算机，在软件上使用 64 位操作系统、64 位高级语言 C++以及能够作并行化的计算处理，这为摄影测量工作站从全数字化过渡到全自动化提供了基础。

像素工厂被设计用于进行自动处理海量存档卫星影像和航空摄影机数据，是当今世界一流的遥感影像自动化处理系统。它集自动化、并行处理、多种影像兼容性、远程管理等特点于一身，通过机柜系统解决海量数据问题，大大缩短了数码相机影像处理的周期，代表了当前摄影测量与遥感影像数据处理技术的发展方向，主要用于地形测绘、城市规划、城市环境变化监测等领域，可制作一系列测绘产品，如 DEM、DOM、DSM、真正射影像、城市变化监测图、三维城市模型等。

目前，像素工厂在国内市场尚处于起步阶段，在法国、日本、德国、美国都已有许多成功的项目案例，在数码相机越来越流行的今天，该系统必将得到测绘领域越来越广泛的应用。

与传统方法相比，像素工厂具有如下特点：

（1）像素工厂是能生成真正射影像的系统。若要生产真正射影像，影像需要较高的重叠度，保证地面无遮挡现象。

（2）多传感器兼容性。像素工厂系统能够兼容当前市场上的主流传感器，可以处理 ADS40、UCD、DMC 等数字影像，也能处理 RC30 等传统胶片扫描影像。

（3）并行计算和海量在线存储能力。通过并行计算技术，像素工厂能够同时处理多个海量数据项目。系统根据不同项目的优先级自动安排和分配系统资源，使系统资源最大限度地得到利用，以提高生产效率，缩短工程的工期。像素工厂使用磁盘阵列实现海量的在线存储技术，并周期性地对数据进行备份，避免意外情况下的数据丢失，确保数据安全。

（4）自动处理。传统软件生产 DEM 和 DOM 是以像对为单位，一个一个进行处理的，而像素工厂是将整个测区的影像一次性导入处理。从空三解算到最终产品，系统根据计划自动将整个任务划分为多个子任务交给计算节点进行处理，最后自动整合得到整个测区的影像产品。

（5）开放式的系统构架。由于像素工厂是基于标准 J2EE 应用服务开发的系统，使用 XML 实现不同节点之间的交流和对话，在 XML 中嵌入数据、任务以及工作流等，支持跨平台管理，兼容 Linux、Unix、True64 和 Windows。像素工厂有外部访问功能，支持 Inernet 网络连接，并可以通过 Internet 对系统进行远程操作。可以通过 XML/PHP 接口整合任何第三方软件，辅助系统完成不同的数据处理任务。

（6）像素工厂的自动处理需要一些前提条件。像素工厂处理航空影像需要提供 POS 数据和适量的地面控制点。如果航空影像不带有 POS 数据，只有地面控制点，则像素工厂需要使用其他软件进行空三解算，使用其结果进行后续的处理任务。

（7）像素工厂只是影像处理软件，只能生产 DSM、DEM、DOM、True Ortho 以及等高线等地形产品，不是测图软件，制作 DLG 等图需使用其他测图软件完成。

（8）像素工厂系统庞大复杂，需操作人员有较高的技术水平和一定的生产经验。

思 考 题

1. 什么是数字高程模型？它们有何应用？

2. 获取建立数字高程模型的数据点有哪些方法？数字高程模型的建模方法有哪些？各有何特点？

3. 试比较各种 DEM 内插方法的优缺点。

4. 简述基于规则矩形格网绘制等高线的主要过程，绘出其程序流程图。

5. 简述从 DEM 绘制立体透视图的主要过程，绘出其程序流程图。

6. 什么是正射影像图？正射影像图有何特点？

7. 试述数字微分纠正中反解法数字微分纠正的原理，绘出其程序流程图。

8. 什么是立体正射影像对？如何制作立体匹配片？它们有什么特点？可应用于什么领域？

9. 试述制作真实景观图的过程，绘出其程序流程图。

10. 数字摄影测量工作站的主要功能是什么？主要组成有哪些？主要产品有哪些？

参考文献

[1] 王之卓. 摄影测量原理. 北京：测绘出版社，1979.

[2] 张剑清，潘励，王树根. 摄影测量学. 2版. 武汉：武汉大学出版社，2010.

[3] 李德仁，周月琴，金为铣. 摄影测量与遥感概论. 北京：测绘出版社，2001.

[4] 张祖勋，张剑清.数字摄影测量学. 武汉：武汉测绘科技大学出版社，1997.

[5] 金为铣，杨先宏，邵鸿潮，崔仁愉. 摄影测量学. 武汉：武汉大学出版社，1996.

[6] 王佩军，徐亚明. 摄影测量学. 武汉：武汉大学出版社，2005.

[7] 王树根.摄影测量原理与应用. 武汉：武汉大学出版社，2009.

[8] 李德仁，郑肇葆. 解析摄影测量学. 北京：测绘出版社，1992.

[9] 林君建，苍桂华. 摄影测量学. 北京：国防工业出版社，2009.

[10] GB/T 7931—2008 航空摄影测量外业规范.

[11] GB/T 6962—2005 地形图航空摄影规范.

[12] 张祖勋. 数字影像定位与核线排列. 武汉测绘学院学报，1983（1）.

[13] 张玮. 核线几何关系解析的探讨岩土工程（勘测），2007，2（1）.

[14] 张剑清. 数字摄影测量. 城市勘测，1995.4—1996.4.

[15] 张祖勋. 相关系数匹配的理论精度. 测绘学报，1987，3（16）.

[16] 张祖勋. 跨接法之扩展及整体影像匹配. 武汉测绘科技大学学报，1991，9（16）.